国家自然科学基金项目
陕西省自然科学基础研究计划项目

高等学校人工智能教育丛书

智能视频分析与步态识别

Intelligent Video Analytics and Gait Recognition

李占利　李洪安　著

西安电子科技大学出版社

内 容 简 介

本书系统介绍了智能视频处理和步态识别的理论、方法及其改进方案。全书共分为两部分：第一部分为智能视频分析，介绍了智能视频分析常用优化方法、摄像机标定与迭代优化方法、视频中运动目标检测方法、视频中运动目标跟踪方法及非重叠视域多摄像机目标跟踪方法；第二部分为步态识别，介绍了视频中步态身份识别技术、基于轮廓特征的步态识别方法、基于协同表示与核协同表示的步态识别方法及基于步态帧差熵图的视角归一化步态识别方法。

本书可供人工智能、机器学习、计算机视觉、数字图像处理和计算机图形学等专业研究人员或研究生参考使用。

图书在版编目(CIP)数据

智能视频分析与步态识别/李占利，李洪安著. —西安：西安电子科技大学出版社，2020.7(2023.8 重印)
ISBN 978-7-5606-5683-0

Ⅰ. ①智… Ⅱ. ①李… ②李… Ⅲ. ①视频系统—研究 ②步态—图像识别—研究 Ⅳ. ①TN94 ②TP391.41

中国版本图书馆 CIP 数据核字(2020)第 081316 号

策　　划　李惠萍
责任编辑　武翠琴
出版发行　西安电子科技大学出版社(西安市太白南路 2 号)
电　　话　(029)88202421　88201467　　邮　　编　710071
网　　址　www.xduph.com　　电子邮箱　xdupfxb001@163.com
经　　销　新华书店
印刷单位　西安日报社印务中心
版　　次　2020 年 7 月第 1 版　2023 年 8 月第 2 次印刷
开　　本　787 毫米×960 毫米　1/16　印 张　14
字　　数　282 千字
定　　价　35.00 元
ISBN 978-7-5606-5683-0/TN
XDUP 5985001-2

前言 PREFACE

众所周知，人工智能已上升到国家发展的重大战略层面，其中，计算机视觉是人工智能的“眼睛”，而智能视频分析是计算机视觉重要的研究方向。近几年，智能视频分析技术飞速发展，并已广泛应用在人脸识别、智能安防报警、机器人导航、智能家庭、智能语音助理、车辆识别等方方面面，智能视频技术用于工农业安全生产上的众多产品和一些智能化的监测平台也逐渐面世。步态身份识别旨在通过人们走路的姿态进行身份识别，是一种发展前景非常广阔的生物特征身份识别技术，与其他的生物识别技术相比，步态识别具有非接触、远距离和不容易伪装等优点，具有深远的研究意义。本书从智能视频分析和步态识别两个方面展开了相关基础理论和创新方法的研究。

本书共 10 章，分为智能视频分析和步态识别两大部分。第 1 章到第 6 章为第一部分，系统地介绍了智能视频分析常用优化方法、摄像机标定与迭代优化方法、视频中运动目标检测方法、视频中运动目标跟踪方法、非重叠视域多摄像机目标跟踪方法。其中，智能视频分析常用优化方法、摄像机标定与迭代优化方法是智能视频分析的运算基础，视频中运动目标检测方法、视频中运动目标跟踪方法、非重叠视域多摄像机目标跟踪方法等是智能视频分析的重要研究方向。第 7 章到第 10 章为第二部分，主要对步态识别技术展开创新性方法研究，分别介绍视频中步态身份识别技术、基于轮廓特征的步态识别方法、基于协同表示与核协同表示的步态识别方法、基于步态帧差熵图的视角归一化步态识别方法。

注：在学习本书内容时，读者需要具备一定的专业知识，如最优化方法、计算机图形学、计算机视觉计算等。

本书的主要特点体现在以下几个方面：

(1) **以基础理论为起点。**本书从智能视频分析的基础知识讲起，包括智能视频分析常用优化方法、摄像机标定与迭代优化方法及步态识别基本流程和预处理技术，使读者了解和掌握与本书理论、应用和改进方法有关的基础知识，有助于读者迅速掌握智能视频分析的理论和方法。

(2) **以解决问题、创新方法为目的。**本书内容包括应用背景、基础理论、研究现状、基本方法、应用及改进方法，即包含了一个课题研究的全部环节，能使读者系统地了解和掌握智能视频处理和步态识别研究方向的知识。特别是对本科生、硕士或博士研究生开展一项新的研究课题，从一个课题的应用背景、研究现状中发现问题、提炼问题、一直到提出自己的创新方法来解决问题的整个过程，有一定的指导意义。书中每章都附有参考文献，可以作为扩展阅读资料，读者可以有选择性地阅读某篇文献，以深入研究相关内容及拓宽知识视野。

(3) **以实际实验为手段。**“纸上得来终觉浅，绝知此事要躬行”。本书以实际生产生活中的需求为实验目的，特别是针对煤矿井下生产中对视频处理的具体需求，有针对性地引导读者将理论与实践相结合，进行实验验证与改进。矿井下环境较为恶劣，光线差，照度低，对煤矿井下的视频进行处理比一般的视频处理更具有难度和代表性，本书部分实验以煤矿井下监控视频为例进行实验验证。步态识别主要以中科院自动化研究所提供的CASIA步态数据库进行实验，在公用数据库上实验有助于验证基本方法及改进方法的有效性和性能。

本书的部分研究工作得到国家自然科学基金项目(U1261114)和陕西省自然科学基础研究计划项目(2019JM－162)的支持。在本书的编写过程中，西安科技大学硕士研究生党琪、邢金莎和王佳莹对全书进行了校稿，孙瑜博士及硕士研究生张敏、谢爱玲、崔磊磊、郝卓娅、陈佳迎、孙卓、杨芳、何倩和李茜等为本书做了大量实验并提供了宝贵资料。在实验过程中，我们研读了一些非常优秀的文献资料和程序代码，在每章的参考文献中未能全部列出，在此向所有参考文献作者及对本书出版提供帮助的人员一并表示诚挚的感谢！

本书共282千字，其中李占利编写180千字，李洪安编写102千字。

由于作者水平有限，书中难免会有疏漏之处，恳请广大读者批评指正，不吝赐教，并欢迎与作者直接沟通交流相关问题。作者Email：honganli@xust.edu.cn，lizl@xust.edu.cn。

作者于西安科技大学
2020年3月

目录 CONTENTS

第一部分　智能视频分析

第二部分　步态识别

第一部分　智能视频分析

第1章 绪论

随着科学技术的快速发展，人工智能作为计算机科学的一个分支，受到越来越多的关注。2018年12月，欧盟发布的《人工智能协调计划》提出了要在“增加投资、提供更多数据、培养人才和确保信任”这四个关键领域发力，加强人工智能(Artificial Intelligence，AI)技术的研究与创新，有针对性地在欧洲推广AI应用。美国总统特朗普于2019年2月签署了《美国人工智能倡议》行政令，启动了“美国人工智能倡议”，旨在从国家战略层面调动更多联邦资金和资源投入人工智能的研发。2019年3月，中共中央国务院《关于促进人工智能和实体经济深度融合的指导意见》明确倡导“推进构建智能经济、智能社会，全面推进人工智能与实体经济的深度融合”。目前，人工智能已成为当下最热门的技术领域，促进人工智能在公共安全领域的深度应用、利用人工智能提高公共安全的保障能力、推动构建公共安全的智能化监测预警与控制体系等都成为人们关注的焦点。与此同时，围绕社会综合治理、新型犯罪侦查、反恐等安全领域的迫切需求，研发集成多种探测传感技术、视频图像信息分析识别技术、生物特征识别技术于一体的智能安防、警用等产品并建立智能化监测平台的工作也正在积极进行。本书主要介绍智能视频分析(Intelligent Video Analytics，IVA)技术和步态识别(Gait Recognition，GR)技术的基础理论与创新性解决方法。

1.1 智能视频分析

人类从外界获取的信息有80%来自视觉，出于先天性对视觉的依赖，人类一次又一次在视频监控领域取得突破。从20世纪90年代初的模拟视频监控到现如今的数字网络化监控，视频技术的更新换代为人类展现了一个全新的世界。在社会经济高速发展的今天，呈爆炸式增长的互联网数据催生出大数据和云计算等信息技术，目前大数据和云计算技术已得到迅猛发展，这给同样海量增长的视频信息带来新的曙光，智能分析产品开始进入人们的视线。随着中国第一个智能视频分析方面的国家标准GB/T30147—2013《安防监控视频实时智能分析设备技术要求》的实施，近几年，智能监控视频分析技术飞速发展，其应用领域涉及人脸识别、智能安防报警、机器人导航、智能家庭、车辆识别等。海量视频信息已进入人们的工作、生活等方方面面，如图1.1所示。

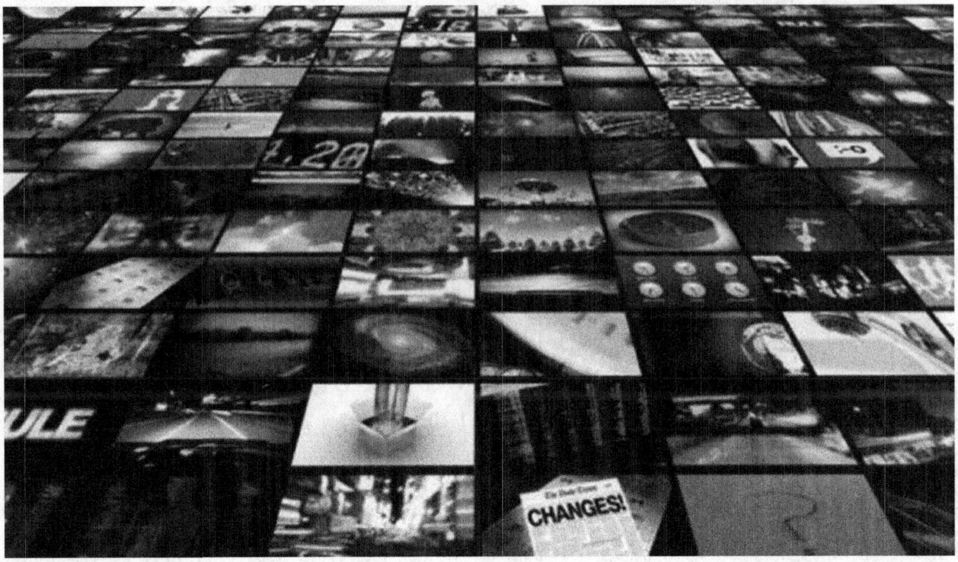

图 1.1　海量视频信息

1.1.1　智能视频分析概述

智能视频分析是人工智能中一个重要的研究方向，是计算机图像视觉技术应用的一个分支，其分析技术是一种基于目标行为的智能影像分析技术。该技术涉及图像处理、跟踪技术、模式识别、人工智能、数字信号处理等多个领域，它对视频内容的分析依赖于视频算法，是通过提取视频中的关键信息并对其进行标记或相关处理，从而使人们可以通过相应事件或警告等各种属性描述对图像进行快速检查的一种信息处理技术。简单来说，智能视频分析技术就是借助处理器的强大计算功能，对视频画面中的海量数据进行高速分析，获取人们需要的信息。如图 1.2 所示，图(a)为煤矿井下目标跟踪算法结果图，从中可以清晰地锁定目标并对目标进行实时跟踪；图(b)为多摄像机网络拓扑连接关系示意图，从中可以实现多摄像机间的准确跟踪。两幅图均属智能视频分析示例图，都应用了智能视频分析技术。

1.1.2　智能视频分析面临的问题

目前，我们的生活工作与图像视频越来越息息相关，在铺天盖地的视频信息源源不断涌现出来的今天，视频分析处理技术显得尤为重要，而从研究情况来看，相对于文字处理，视频分析处理技术一直处于薄弱环节，具体表现在以下几个方面。

(a) 目标跟踪算法结果图

(b) 多摄像机网络拓扑连接关系示意图

图 1.2 智能视频分析示例图

1. 智能视频分析的优化

由于优化方法在计算机视觉中占有举足轻重的地位，因此研究优化方法具有重要的理论意义和实际应用价值。一般情况下，摄像机图像分辨率有限，图像大小也有限，当成像畸变较大时，换算后的空间距离存在着一定的误差，这使计算所得的结果在三维立体测量、视觉检测、运动测量等方面往往不能满足所需精度的要求。因此，我们需要采用一定的方法来对这些计算结果进行优化，使其达到所需的精度要求。

2. 摄像机标定与迭代优化

摄像机标定与优化是智能视频分析的关键步骤，其结果直接影响获取视频数据的精确性，对智能视频分析效果会产生较大的影响。简单来说，摄像机标定就是建立摄像机图像像素位置与场景点位置之间的关系，其途径是根据摄像机模型，由已知特征点的图像坐标和世界坐标求解摄像机的模型参数。

摄像机标定技术在视频图像精密测量、视觉测距、三维重建等智能视频分析任务中发挥着重要的作用。对当前的摄像机标定研究来说，如何针对实际应用中的具体问题，设计特定的简便实用的标定方法是工作的重点。在实际应用中，很多情况下标定的成像质量并不能满足理想的要求，如光学像差、散焦、系统噪声以及标定物超越景深范围等，都会造成图像的模糊和变形。无论采用何种标定方法，都不能通过直接计算的方法得到准确的摄像机参数，因此，进行迭代优化成为图像处理必不可少的步骤之一。

3. 视频中的目标检测

视频中的目标检测是智能视频分析中一项重要的研究内容，它是指在视频图像序列中将场景中感兴趣的目标从背景中提取出来，这项技术是目标跟踪、目标分类、目标行为理解等智能分析的基础与重要前提条件。其主要目的是从监测视频中提取目标及其特征信息，如颜色、形状、轮廓等。常用的运动目标检测方法有光流法、帧差法和背景减除法等，但目前的目标检测方法还存在一些不足。例如，经典的检测方法虽然能够比较精确地得到目标检测的结果，但是这种方法消耗了太多时间，而且没有将实际应用场景中的空域信息考虑进去，且对于背景图像中存在较多具有相同灰度值的像素时，目标检测的难度便有所增加，故而需要我们进一步对目标检测进行深入研究。

4. 视频中运动目标的跟踪

运动目标跟踪是计算机视觉技术的重要研究内容之一，是智能视频分析的重要组成部分。运动目标跟踪是指通过对图像的预处理操作，在当前图像中准确标记出感兴趣的目标信息，这些信息包括目标大小、位置或运动规律等，为下一步图像中运动目标的行为分析奠定基础。其研究过程涉及许多方面的先进技术，如人工智能、图像分析、三维重构以及模式识别等，同时该方法的研究与应用也促进了视觉导航、医疗诊断、战场警戒、智能机器人以及虚拟现实等许多方面的快速发展。当然，运动目标跟踪技术在现阶段还面临一些挑战，比如在井下运动目标的实际应用场合中，由于目标形状多变、易被遮挡、井下环境复杂、光照变化明显等这些问题的存在，该如何实现一个同时满足实时性和鲁棒性的目标跟踪算法呢？因此，对于运动目标跟踪，我们需要进一步深入了解。

5. 非重叠视域多摄像机的目标跟踪

在大范围非重叠的监控视频中，运动目标往往会穿越多个摄像机的视域。如果要实施多摄像机下的目标跟踪，就必须清楚目标从一个摄像机中消失后进入的是哪一个摄像机，只有这样才能将不同视域下的目标运动轨迹连接起来。因此，各个摄像机之间需要互相传递目标的一系列运动信息，例如目标何时离开、目标何时进入、目标的特征、目标在该摄像机下的运动轨迹等。在摄像机之间进行目标状态信息交接之后，再通过目标匹配、识别等方法为每个目标赋予身份标签，才能获得目标相应的运行轨迹，进而继续目标跟踪。然而在非重叠视域的监控网络里，摄像机之间的连接关系较为复杂，每个摄像机的监控覆盖范围(视域)也是不同的。如何在大范围摄像机监控视域内实现运动目标连续跟踪的难题便产生了。不同于单摄像机的是，多摄像机视域中光照、目标姿势和摄像机属性等因素更具复杂性，尤其在非重叠视域下目标的运动在时空上都是离散的，这为多摄像机目标跟踪带来了巨大的挑战。

1.1.3 本书关于智能视频分析的研究内容

针对智能视频分析所面临的问题，本书主要从以下几个方面进行论述：

（1）**智能视频分析的优化。**本书首先从整体上对最优化理论和方法进行了简要概述，然后着重介绍了最优化问题的数学模型、计算机视觉中最常用的几种优化方法以及计算机视觉基础及优化问题。通过学习，可使读者掌握智能视频分析的一些基础知识。

（2）**摄像机标定与迭代优化。**本书主要介绍了摄像机标定优化模型、摄像机标定方法。针对实际测量中的情况及高精度需求，结合在大型工件特征点三维测量问题中测量场景只含少量已知真实物三维坐标的点(称为控制点)、不能应用一般的平面标定方法的问题，设计了一种基于迭代优化的摄像机标定方法。该方法能够在具有少量控制点的情况下进行标定，并且能有效校正摄像机镜头的畸变，提高标定精度。

（3）**视频中运动目标的检测方法。**首先，本书论述了几种常用的运动目标检测方法，简单分析了每种方法的基本思想及其在应用过程中的不足之处；然后，针对煤矿井下这一应用领域，介绍了相关视频的特点，并针对煤矿井下的复杂环境引入了帧差分法和背景减除法相结合的计算方法，同时对其基本原理及关键步骤进行了说明；最后，针对煤矿井下视频的有效性，对井下抽取的视频图像序列进行了实验(检测运动中的机车)，并将新提出的检测算法与几种常用的目标检测算法(光流法、帧差分法、背景减除法)进行了分析比较。最终得出新提出的算法能够克服背景复杂和噪声的影响，并且相较于其他方法，新方法具有更强的准确性和鲁棒性。

（4）**视频中运动目标的跟踪方法。**本书主要介绍了基于滤波理论的跟踪方法、基于Mean-Shift(均值漂移)的跟踪方法和基于活动轮廓模型的跟踪方法等，并针对煤矿井下这一应用领域，对这几类方法进行了实验对比分析。最终得出，对于井下情况，基于粒子滤波的改进算法能够满足煤矿井下运动目标的跟踪要求，具有较高的鲁棒性。

（5）**非重叠视域多摄像机目标跟踪方法。**本书主要介绍了基于高斯和互相关函数的拓扑估计方法、摄像机间目标关联及基于拓扑关系和表观模型相融合的目标关联方法等内容，同时进行了相应的实验分析。结果表明，这些方法解决了摄像机间的轨迹关联问题，也实现了运动目标在多摄像机网络中的连续跟踪。

1.2 步态识别

1.2.1 步态识别概述

步态识别是一种新兴的生物特征识别技术，是人工智能一个重要的研究方向，旨在通过人们走路的姿态进行身份识别。基于视频的步态识别具有非接触、远距离和不容易伪装等优点，与指纹识别、虹膜识别和面部识别等一般的生物识别技术相比，步态识别更具优势。

1．步态识别与常见生物识别技术的对比

常见的生物识别技术和步态识别技术如图 1.3 所示。常见的生物识别技术有指纹识别、人脸识别、虹膜识别、手形识别、掌纹识别、语音识别、DNA 识别、签名识别等多种形式。

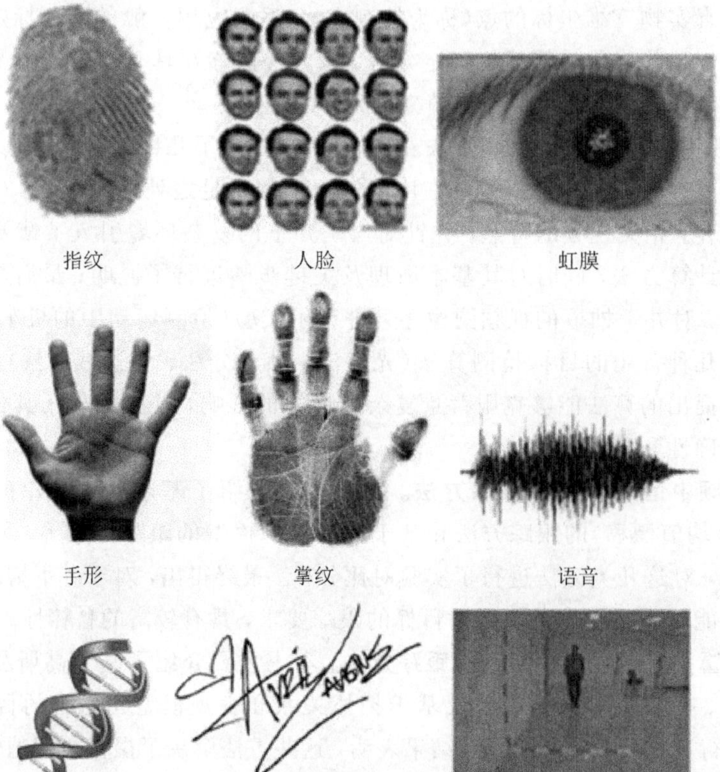

图 1.3　常见的生物识别技术和步态识别技术

一般用于描述生物识别方法的特征有距离远近、采集难易度、应用环境范围、分辨率、伪装难易度、可靠性、通用性、稳定性等。表 1.1 给出了常见生物特征与步态特征之间的特点对比。

表 1.1 常见生物特征与步态特征之间的特点对比

特征	距离远近	采集难易度	应用环境范围	分辨率	伪装难易度	可靠性	通用性	稳定性
指纹	接触	中	较小	高	难	高	中	高
人脸	远	易	较广	中	易	中	高	差
虹膜	近	中	较小	高	难	高	高	高
手形	接触	易	较广	高	中	中	高	差
掌纹	接触	中	较小	高	难	中	中	高
语音	远	中	较广	无	易	低	高	差
DNA	接触	中	较小	无	难	高	高	高
签名	接触	易	较小	低	难	低	中	差
步态	最远	易	较小	低	难	低	高	差

从表 1.1 可以看出，识别可靠且稳定性高的生物特征有指纹、虹膜、掌纹和 DNA，但是这些特征需要采集设备与目标的近距离接触或完全接触，而且应用环境范围较小。另外，指纹、虹膜、掌纹对采集的图像的分辨率有着较高的要求，这就导致其在一般场景中应用时具有局限性。人脸、语音不需要目标与设备的接触，且可以在远距离情况下完成识别，但是其识别可靠性和稳定性太差，不能达到人们的要求。而步态特征可以在远距离情况下采集并且对采集到的图像质量要求不高，同时特征在采集的过程中也不需要与目标有任何的交互性接触，从而增强了人们的可接受性。步态的这种非交互性及目标随意改变自身走路方式的低概率性，使得特征采集更加准确。这些优点使步态成为了一种具有重大研究价值的生物特征，同时引起了众多科研工作者浓厚的研究兴趣。

另外，步态识别在高清摄像头下，识别距离可达 50 m，无需识别对象主动配合参与。因步态难以伪装，故不同的体型、头型、肌肉力量特点、运动神经灵敏度、走路姿态等特征共同决定了步态具有较好的区分能力。其他生物识别技术有各种各样条件的限制，如指纹识别需要用手指接触指纹采集器，虹膜识别需要目标在 30 cm 以内、有红外光照的条件，人脸识别需要目标在 1 m～5 m 以内、脸部基本为正面、有良好光照的条件，而步态识别则打破了这些条件的限制。

2. 步态识别的基本原理

一个智能视频监控的自动步态识别系统主要由监控摄像机、一台计算机与一套好的步态视频序列处理识别软件所组成。首先，由监控摄像机采集人的步态，通过检测与跟踪获得步态的视频序列，经过预处理分析提取该人的步态特征，即对图像序列中的步态运动进行运动检测、运动分割、特征提取等步态识别前期的关键处理；其次，通过进一步处理使其与已存储在数据库中的步态信息具有相同模式，采用特征描述方法对人体的步态特征进行刻画；最后，将新采集的步态特征与步态数据库中的步态特征进行比对，通过分类器实现目标的分类，从而确定目标的身份。

1.2.2 步态识别面临的问题

生活中，我们可以观察到不同人行走时会有不同的步伐和姿态，即不同人相同部位摆动的频率、幅度不同，其中有些人的步态看起来极为相似，不易进行识别区分。因此，我们需借助计算机来研究步态。步态识别面临的问题主要有以下几个方面：

(1) 同一个人的同一段步态序列、不同帧的步态图像在相同区域内的面积不同，而且随着帧数的变化，不同步态区域面积的变化幅度不同，即身体此部分的运动幅度不同，故步态区域面积(轮廓特征)可以作为步态特征。但单一的步态特征较难完整地刻画出一个人的特征，识别率低，致使步态识别的准确率不高。因此，基于轮廓特征的步态识别还需要进一步研究。

(2) 对于步态识别来说，它属于小样本问题，即每类的步态样本较少，基于稀疏表示的方法会受到步态样本集及训练样本数目的影响，训练样本构成的字典对测试样本的线性表示可能不太准确。同时，对于步态识别时间长、图像中存在角度变换的情况，步态特征的识别率较低。

(3) 在实际场景中，人的行走方向和摄像机的光轴之间总会存在一定的夹角，而且人时而直行时而转向，导致同一目标可能会有来自不同方向的多个步态图像序列。若能够将获取到的视频图像都变换到某个固定的视角下，则在识别时就不用再考虑该图像序列来自于哪个视角，只需直接将其变换到所固定的视角后就可以完成识别。通常同一目标不同视角的步态图像之间存在着一定的变换关系，要完成不同视角下步态图像的变换，就需要寻找不同视角步态图像中对应特征点或特征区域之间的关系。

1.2.3 本书关于步态识别的研究内容

针对步态识别所面临的问题，本书主要从以下几个方面进行论述：

(1) **基于轮廓特征的步态识别方法。** 为了提高步态识别率，解决单一轮廓特征识别率低的问题，我们将多种轮廓特征进行融合，提出了基于轮廓特征的步态识别方法，并分析了序列步态关键距离、序列步态变化量和序列最大宽度这三类轮廓特征；针对单一轮廓特征，提出了基于序列轮廓变化特征的步态识别方法；由于步态既有静态图像特征又有动态速度变化特征，因此，本书还提出了基于双特征匹配层融合的步态识别方法，即用匹配层融合方法将静态的Hu矩6个不变矩特征和动态的帧差百分比特征融合后进行步态身份识别，也取得了较好的识别效果。

(2) **基于协同表示与核协同表示的步态识别方法。** 基于协同表示的步态识别方法用所有类来协同表示测试样本，并采用正则化的最小二乘方法求解，根据测试样本的最小重构残差进行分类。针对特征提取过程中仅利用步态的线性特征可能导致识别错误的问题，本书进一步提出了基于核协同表示的步态识别方法。利用核方法的非线性数据处理能力，将步态能量图投影到高维的特征空间可以提取有效的步态特征，采用协同表示的方法可以得到分类结果。该方法降低了步态识别的复杂性，并提高了步态识别的速度。

（3）**基于视角归一化的步态识别方法。**本书在介绍视角归一化的步态识别方法时主要介绍视角归一化原理、步态帧差熵图和基于步态帧差熵图的视角归一化方法，目的是寻找某种变换关系，完成步态图像的视角归一化，实现在步态识别时不用考虑该图像序列来自于哪个视角，而是可以直接识别。

本章小结

本章对智能视频分析和步态识别进行了概述，重点分析了它们所面临的问题，进而提出了本书的研究内容。

参考文献

[1] 36Kr 研究院. 2019 人工智能商业化研究报告[R]. 图灵人工智能，2019. https://mp.weixin.qq.com/s/Gdrc-acKczUc5cyLv_2_-Q.

[2] Wright J, Yang A Y, Ganesh A, et al. Robust face recognition via sparse representation[J]. IEEE Transactions on Pattern Analysis and Machine Intelligence, 2008, 31(2): 210-227.

[3] LI Z L, HU A M, LI H A, et al. Gait recognition based on optimized neural network[C]. Tenth International Conference on Digital Image Processing, 2018, 10806 ON-127: 1-12.

[4] 崔磊磊. 基于协同表示的步态识别方法研究[D]. 西安：西安科技大学，2016.

[5] 李洪安，杜卓明，李占利，等. 基于双特征匹配层融合的步态识别方法[J]. 图学学报，2019(3)：441-446.

[6] LI Z L, WANG J C. An adaptive corner detection algorithm based on edge features[C]. 10th International Conference on Intelligent Human-Machine Systems and Cybernetics, IEEE Computer Society, 2018: 191-194.

[7] 牟琦，魏妍妍，李姣，等. 改进的 Retinex 低照度图像增强算法研究[J]. 哈尔滨工程大学学报，2018，39(12)：2001-2010.

[8] LI Z L, WANG J C, CHEN J Y. Estimating path in camera network with non-overlapping FOVs[C]. The 2018 5th International Conference on Systems and Informatics, 2018: 604-609.

[9] LI Z L, GAO T, YE O, et al. Human behavior recognition based on regional fusion feature[C]. International Conference on Intelligent Human-Machine Systems & Cybernetics, IEEE Computer Society, 2018: 370-374.

[10] LI Z L, YUAN P R, YANG F, et al. View-normalized gait recognition based on gait frame difference entropy image[C]. International Conference on Computational Intelligence and Security, IEEE Computer Society, 2017: 456-459.

[11] 郝卓娅. 基于能量图与线性判别分析的步态识别方法研究[D]. 西安: 西安科技大学, 2016.

[12] 孙卓. 基于序列轮廓特征的步态识别研究[D]. 西安: 西安科技大学, 2017.

[13] 杨芳. 基于视角归一化的步态识别研究[D]. 西安: 西安科技大学, 2017.

[14] 李占利, 孙卓, 崔磊磊, 等. 基于核协同表示的步态识别[J]. 广西大学学报（自然科学版）, 2017, 42(2): 705-711.

[15] 李占利, 陈佳迎, 李洪安, 等. 胶带输送机智能视频监测与预警方法[J]. 图学学报, 2017, 38(2): 230-235.

[16] 李占利, 孙卓, 杨晓强. 基于步态高斯图及稀疏表示的步态识别[J]. 科学技术与工程, 2017, 17(4): 250-254.

[17] 李占利, 陈佳迎, 李洪安, 等. 安全时间模型下的井下运动目标防撞预警方法[J]. 西安科技大学学报, 2017, 36(6): 875-881.

[18] LI Z L, YANG F, LI H A. Improved moving object detection and tracking method[C]. 1st International Workshop on Pattern Recognition, 2016: 11-13.

[19] 陈佳迎. 非重叠视域多摄像机目标跟踪方法研究[D]. 西安: 西安科技大学, 2017.

[20] 叶鸥, 李占利. 视频数据质量与视频数据检测技术[J]. 西安科技大学学报, 2017, 37(6): 919-926.

[21] 李占利, 崔磊磊, 刘金瑄. 基于协同表示的步态识别[J]. 计算机应用研究, 2016, 33(9): 2878-2880.

[22] LI Z L, CUI L L, XIE A L. Target tracking algorithm based on particle filter and mean shift under occlusion[C]. The 2015 IEEE International Conference on Signal Processing, Communications and Computing, 2015: 1-4.

[23] 李占利, 赵文博. 基于视觉计算的胶带运输机跑偏监测[J]. 煤矿安全, 2014, 45(5): 118-121.

[24] 李茜. 计算机视觉中迭代优化方法研究[D]. 西安: 西安科技大学, 2012.

[25] LI Z L, HE J Y. Automatic counting of anchor rods based on target tracking[J]. Journal of Chemical and Pharmaceutical Research, 2014, 6(7): 1948-1954.

[26] 谢爱玲. 井下运动目标跟踪及预警方法研究[D]. 西安: 西安科技大学, 2015.

[27] LI Z L, XIE A L. Research on target tracking and early-warning for the safety of coal mine production[J]. Applied Mechanics and Materials, 2014: 925-929.

[28] LI Z L, LIU M. Research on decoding method of coded targets in close range photogrammetry[J]. Journal of Computational Information Systems, 2010, 6(8): 2699-2705.

[29] 李占利, 刘梅, 孙瑜. 摄影测量中圆形目标中心像点计算方法研究[J]. 仪器仪表学报, 2011, 32(10): 2235-2241.

[30] 李占利, 刘航. 一种改进的人工标记点匹配方法[J]. 计算机应用研究, 2011, 28(9): 2235-2241.

[31] LI Z L, ZHANG Y J. Hermite surface fitting base on normal vector constrained[J]. Journal of

Applied Sciences，2013，13(22)：5398-5403.

[32] 何倩．基于视觉技术的井下胶带运输机运动监测方法研究[D]．西安：西安科技大学，2012.

[33] LI Z L，HE Q. Research on speed monitoring method of coal belt conveyor based on video image [J]. Journal of Computational Information Systems，2012，8(12)：5093-5101.

[34] 李洪安．一种基于图像轮廓特征的步态身份识别软件 V1.0：中国,2018SR197226[P]．2018-03-23.

[35] 武金浩．基于视觉计算的煤矿巷道形变监测方法的研究[D]．西安：西安科技大学，2013.

[36] LI Z L，WANG Y. Research on 3D reconstruction procedure of marked points for large work piece measurement[C]. Proceedings of 5th International Conference on Information Assurance and Security，2009，1：273-276.

[37] LI Z L，XI Y. Research on artificial target image matching[C]. Proceedings of 2009 International Conference on Environmental Science and Information Application Technology，2009，2：526-529.

[38] 董立红，李占利，张杰慧．基于图像处理技术的煤矿井下钻孔深度测量方法：中国，CN201310132223.9[P]．2017-04-12.

[39] 李洪安．一种基于多特征匹配层融合的步态身份识别装置：中国，ZL201820593252[P]．2018-12-11.

第2章 智能视频分析常用优化方法

智能视频分析(Intelligent Video Analytics, IVA)有时也称为视频内容分析(Video Content Analysis, VCA)或视频分析(Video Analysis, VA),它是一种基于视频分析的智能监控技术,是计算机视觉技术的一个分支。而计算机视觉是一门研究如何使机器"看"的学科,更进一步地说,是把摄像机和计算机相结合,对目标进行识别、跟踪和测量等,并对拍摄的图形图像利用计算机进行处理,使计算机处理的结果可以作为数据传送给后续装置,同时便于人眼观察。因此,为了在本质上掌握智能视频分析的原理与方法,有必要掌握计算机视觉中常用的优化模型与方法、常用坐标系和成像模型等基础知识。

在计算机视觉中,优化方法有着举足轻重的地位,往往我们通过摄像机采集到的图像分辨率和图像大小有限,当成像畸变较大时,换算后的图像的空间距离将存在一定的误差,这就造成了在三维立体测量、视觉检测、运动测量等过程中所获得的初始图像参数值达不到所要求的精度,从而使所求结果包含一定的误差。所以,我们需要采取一定的优化方法,以使最终得到的图像结果符合所需精度要求。由此可见,优化问题的重要性日趋突显,进而使得"采用什么样的优化模型以及采用什么样的优化方法来求解,同时提高计算结果的精度"成为了一项重要的研究课题。

2.1 最优化理论和方法概述

最优化理论和方法是一门应用相当广泛的学科,它讨论决策问题最佳选择的特性,构造寻求最优解的计算方法,并研究这些计算方法的理论性质及实际计算表现。随着计算机的高速发展和优化计算方法的不断改进,规模越来越大的优化问题得到了解决。本书涉及的智能视频分析中的大多数问题最后都归结为求解最优化问题。

关于最优化问题的求解通常有以下几类方法:

(1) 解析法。这是一种利用高等数学中求极值的解析方法。这种方法概念简明、计算精确,但在复杂的实际问题中常常无能为力,因此不经常使用。

(2) 图解法。对于二维最优化问题,可以采用图示的方法求解。在求解的过程中,首先将可行域用图示的方式标记在坐标系中,然后把目标函数用等高线的形式在坐标系中画出,最后根据等高线的变化趋势得到二维最优化问题的最优解。

(3) 经典方法。这种方法主要包括单纯形法、动态规划法、分支定界法等传统算法，这类算法在理论上比较完善，对于特定类型的最优化问题，求解优势明显。

(4) 迭代搜索方法。这种方法从某一选定的初始点出发，根据目标函数、约束函数在该点的某些信息，按照某种迭代搜索的方法，找到一个更好的点，然后从新得到的点出发用同样的方法继续搜索，如此不断重复，直到满足某个迭代终止条件。此类方法有步长加速法、旋转方向法、可行方向法等。

(5) 转化方法。这种方法先将问题转化为另一优化问题，然后求解，如罚函数法。

(6) 演化方法。这种方法将优化过程转化为系统动态的演化过程，用基于系统动态的演化来实现优化，如遗传算法。

随着 20 世纪 70 年代初期计算复杂性理论的形成，科学工作者发现上述方法在求解实际应用中的大规模组合优化问题时是非常困难的，例如 0-1 背包问题、旅行商问题、装箱问题等都被证明为非确定多项式(Nondeterministic Polynominal，NP)问题。如果用确定性的传统优化算法求 NP 完全问题的最优解，会因为对实际问题设定的最优化方程过于复杂以及求解最优值的计算量过大而使获得最优解的计算时间随着问题规模的增加以指数速度增长。如果采用近似算法，如启发式算法，则求解得到的近似解不能保证其可行性和最优性，甚至无法知道所得解同最优解的近似程度。因此，在求解大规模组合优化问题时，传统优化方法就显得无能为力了。

20 世纪 80 年代初期，应运而生了一系列现代优化方法，如遗传算法、模拟退火算法、蚁群算法等。这些算法的目标是希望能够求解 NP 完全问题的全局最优解，有一定的普适性。在实际应用问题中，涉及不同的应用领域时，相应会有不同的改进优化算法。如在计算机视觉中常用的优化方法主要分为以下几类：

(1) 传统方法。这种方法首先采用线性方法求解出参数的初值，然后通过非线性优化方法进行优化。

(2) 混合优化方法。这是一种将改进的遗传算法和列文伯格-马夸尔特(Levenberg Marquardt，LM)算法混合优化的摄像机自标定方法。首先，将 Kruppa 方程(即通过绝对二次曲线建立的关于摄像机内参数矩阵的约束方程)通过对基础矩阵进行奇异值分解，得到简化的 Kruppa 方程；然后用改进的遗传算法对建立在 Kruppa 方程上的代价函数进行优化，得到摄像机内参数的初值；最后，将遗传算法所求得的值作为 LM 算法的初始值进一步进行优化，以实现对摄像机内参数的自标定。

(3) 线性和准线性方法。线性方法采用全线性标定方法和矢量分析法，可以逐步求出电荷耦合元件(Charge-Coupled Device，CCD)的参数，该方法适用于一般视觉检测系统的摄像机参数的标定，尤其是有多视觉传感器的摄像机参数的标定。准线性光束平差(Quasi-linear Bundle Adjustment，QBA)方法利用深度因子等于投影矩阵的第三行与摄影空间点相乘的特性，采用重投影点和已知图像点的代数距离建立目标函数，线性迭代地求解投影矩阵和摄影空间点，最后完成摄影重建。

虽然目前的优化方法较多，但各种方法由于其自身的特点在使用时都有其局限性。因此，在进行优化问题研究时应考虑以下几个方面：

(1) 有效性。这是研究者应该考虑的首要问题，即根据实际的优化问题设计与之相适应的优化方法。

(2) 准确性。首先，应对优化问题模型进行准确的描述；其次，要求模型的求解结果是准确的。

(3) 评价准则。如何正确地评价优化的结果，对优化问题的求解也具有重要的意义。

2.2 最优化问题的数学模型

最优化问题的数学模型包含三个要素：目标函数、决策变量、约束条件。

最优化问题的数学模型的一般形式为

$$\min f(\boldsymbol{x})$$
$$\text{s.t.}\begin{cases} g_i(\boldsymbol{x}) \geqslant 0 & i \in I = \{1, 2, \cdots, m\} \\ h_j(\boldsymbol{x}) = 0 & j \in J = \{1, 2, \cdots, l\} \end{cases} \tag{2.1}$$

其中，$\boldsymbol{x}=(x_1, x_2, \cdots, x_n)^{\mathrm{T}} \in \mathbf{R}^n$ 称为决策变量或设计向量，n 为该问题的维数；$f: \mathbf{R}^n \to \mathbf{R}$ 称为目标函数；$g_i \geqslant 0 (i \in I)$，$h_j = 0 (j \in J)$ 称为约束函数或约束条件；$g_i: \mathbf{R}^n \to \mathbf{R} (i \in I)$ 与 $h_j: \mathbf{R}^n \to \mathbf{R} (j \in J)$ 分别称为不等式约束和等式约束。

令 $D=\{\boldsymbol{x} | g_i \geqslant 0, i \in I, h_j = 0, j \in J\}$，称 D 为式(2.1)所示问题的可行域。D 中的点，即满足约束条件的点，称为可行点或可行解。若一个最优化问题的可行域是整个空间，则称该问题为无约束问题。若可行域是有限集，则该问题为组合优化问题。

如果设计变量与时间无关，则该问题属于静态最优化问题，否则称为动态最优化问题。如果目标函数和约束条件均为设计变量的线性函数，则称该问题为线性规划问题，否则称该问题为非线性规划问题。如果约束中要求设计变量取整数值，则称该问题为整数规划问题。

下面给出最优化问题的最优解概念。

定义 2-1 设 $f(\boldsymbol{x})$ 为目标函数，D 为可行域，$\boldsymbol{x}^* \in D$，若对每一个 $\boldsymbol{x} \in D$，都有 $f(\boldsymbol{x}) \geqslant f(\boldsymbol{x}^*)$，则称 $\boldsymbol{x}^*$ 为极小化问题 $\min f(\boldsymbol{x})$，$\boldsymbol{x} \in D$ 的最优解(整体最优解)。

定义 2-2 设 $f(\boldsymbol{x})$ 为目标函数，D 为可行域，$\boldsymbol{x}^* \in D$，若存在 $\boldsymbol{x}^*$ 的邻域 $N_D(\boldsymbol{x}^*) = \{\boldsymbol{x} | \|\boldsymbol{x}-\boldsymbol{x}^*\| < \varepsilon, \varepsilon > 0\}$，使对每一个 $\boldsymbol{x} \in D \cap N_D(\boldsymbol{x}^*)$，都有 $f(\boldsymbol{x}) \geqslant f(\boldsymbol{x}^*)$，则称 $\boldsymbol{x}^*$ 为极小化问题 $\min f(\boldsymbol{x})$，$\boldsymbol{x} \in D$ 的局部最优解。

2.3 计算机视觉中常用的优化方法

根据约束条件与目标函数的不同，最优化问题常被分为不同的类别。按约束条件不同，可分为有约束的最优化问题和无约束的最优化问题。按目标函数不同，如式(2.1)，当 $f(\boldsymbol{x})$、$g_i(\boldsymbol{x})$、$h_j(\boldsymbol{x})$均为线性函数时，最优化问题称为线性规划问题；当 $f(\boldsymbol{x})$为二次函数，$g_i(\boldsymbol{x})$、$h_j(\boldsymbol{x})$为线性函数时，最优化问题称为二次规划问题；当 $f(\boldsymbol{x})$或 $g_i(\boldsymbol{x})$、$h_j(\boldsymbol{x})$中有非线性函数时，最优化问题称为非线性规划问题。二次规划问题也是一种特殊的非线性规划问题。

计算机视觉中的优化问题以非线性无约束的优化问题占主要部分。无约束最优化问题的求解方法分为解析法和直接法两大类。解析法需要计算函数的梯度，直接法仅通过比较目标函数值的大小来移动迭代点。一般来说，无约束最优化问题的求解是通过一系列一维搜索来实现的。因此，如何选择搜索方向是求解无约束最优化问题的核心，搜索方向的不同选择，形成了不同的求解方法。

下面我们介绍计算机视觉中常用的几种优化方法。

2.3.1 最小二乘法

最小二乘法在科学实验、科学计算、预测预报、设计与工程技术等许多领域有着广泛的应用。对于无约束最优化问题，最小二乘问题的一般形式为

$$\min f(\boldsymbol{x}) = \sum_{i=1}^{m} f_i^2(\boldsymbol{x}) \qquad \boldsymbol{x} \in \mathbf{R}^n,\ m \geqslant n \tag{2.2}$$

其中，$f_i(\boldsymbol{x})(i=1, 2, \cdots, m)$称为残量函数。当 $f_i(\boldsymbol{x})(i=1, 2, \cdots, m)$是 $\boldsymbol{x}$ 的线性函数时，称为线性最小二乘问题，否则称为非线性最小二乘问题。

1. 线性最小二乘问题的求解

对于线性最小二乘问题，设

$$f_i(\boldsymbol{x}) = \boldsymbol{p}_i^{\mathrm{T}}\boldsymbol{x} - b_i \qquad i = 1, 2, \cdots, m \tag{2.3}$$

其中，$\boldsymbol{p}_i$ 是 n 维列向量，b_i 是实数。令

$$\boldsymbol{A} = \begin{bmatrix} \boldsymbol{p}_1^{\mathrm{T}} \\ \boldsymbol{p}_2^{\mathrm{T}} \\ \vdots \\ \boldsymbol{p}_m^{\mathrm{T}} \end{bmatrix}, \quad \boldsymbol{b} = \begin{bmatrix} b_1 \\ b_2 \\ \vdots \\ b_m \end{bmatrix}$$

则

$$f(\boldsymbol{x}) = \sum_{i=1}^{m} f_i^2(\boldsymbol{x}) = \| \boldsymbol{A}\boldsymbol{x} - \boldsymbol{b} \|^2$$

$$= (\boldsymbol{Ax}-\boldsymbol{b})^{\mathrm{T}}(\boldsymbol{Ax}-\boldsymbol{b}) = \boldsymbol{x}^{\mathrm{T}}\boldsymbol{A}^{\mathrm{T}}\boldsymbol{Ax} - 2\boldsymbol{b}^{\mathrm{T}}\boldsymbol{Ax} + \boldsymbol{b}^{\mathrm{T}}\boldsymbol{b} \tag{2.4}$$

令$\nabla f(\boldsymbol{x})=2\boldsymbol{A}^{\mathrm{T}}\boldsymbol{Ax}-2\boldsymbol{A}^{\mathrm{T}}\boldsymbol{b}=\boldsymbol{0}$，即 $f(\boldsymbol{x})$的平稳点满足

$$\boldsymbol{A}^{\mathrm{T}}\boldsymbol{Ax} = \boldsymbol{A}^{\mathrm{T}}\boldsymbol{b} \tag{2.5}$$

称式(2.5)为法方程组(由法方程联立的方程组)或正规方程组。设 $\boldsymbol{A}$ 列满秩，即 $\boldsymbol{A}$ 的列向量组线性无关，则 $\boldsymbol{A}^{\mathrm{T}}\boldsymbol{A}$ 为 n 阶对称正定矩阵，从而目标函数 $f(\boldsymbol{x})$的平稳点为

$$\boldsymbol{x}^{*} = (\boldsymbol{A}^{\mathrm{T}}\boldsymbol{A})^{-1}\boldsymbol{A}^{\mathrm{T}}\boldsymbol{b} \tag{2.6}$$

由于 $f(\boldsymbol{x})$是凸函数，因此 $\boldsymbol{x}^{*}$ 是全局极小点。

为求解方程组(2.5)，可以用直接法、迭代法等。由于$\boldsymbol{A}^{\mathrm{T}}\boldsymbol{A}$正定，因此也可以对$\boldsymbol{A}^{\mathrm{T}}\boldsymbol{A}$进行 Cholesky 分解，将$\boldsymbol{A}^{\mathrm{T}}\boldsymbol{A}$ 分解成$\boldsymbol{LL}^{\mathrm{T}}$ 或 $\boldsymbol{LDL}^{\mathrm{T}}$ 的形式求解。但是，由于线性最小二乘问题的特殊结构，通常可采用对增广矩阵$[\boldsymbol{A} \quad \boldsymbol{b}]$作 QR 正交分解的方法。

设 $\boldsymbol{A}$ 列满秩，由于在欧氏范数下正交变换具有不变性，即

$$\| \boldsymbol{Q}(\boldsymbol{Ax}-\boldsymbol{b}) \|_2^2 = \| \boldsymbol{QAx}-\boldsymbol{Qb} \|_2^2 = \| \boldsymbol{Ax}-\boldsymbol{b} \|_2^2 \tag{2.7}$$

设

$$\boldsymbol{A} = \boldsymbol{QR} = [\boldsymbol{Q}_1 \quad \boldsymbol{Q}_2]\begin{bmatrix}\boldsymbol{R}_1\\ \boldsymbol{0}\end{bmatrix} = \boldsymbol{Q}_1\boldsymbol{R}_1,\ [\boldsymbol{A} \quad \boldsymbol{b}] = \boldsymbol{Q}[\boldsymbol{R} \quad \bar{\boldsymbol{b}}] \tag{2.8}$$

其中，$\boldsymbol{Q}$ 为 m 阶正交矩阵，$\boldsymbol{Q}_1$ 为 $m\times n$ 阶矩阵，$\boldsymbol{Q}_2$ 为 $m\times(m-n)$阶矩阵，$\bar{\boldsymbol{b}}=\boldsymbol{Q}^{\mathrm{T}}\boldsymbol{b}$，$\boldsymbol{R}_1$ 为 n 阶上三角矩阵。

由式(2.5)有 $\boldsymbol{R}_1^{\mathrm{T}}\boldsymbol{R}_1\boldsymbol{x}=\boldsymbol{R}_1^{\mathrm{T}}\boldsymbol{Q}_1^{\mathrm{T}}\boldsymbol{b}=\boldsymbol{R}_1^{\mathrm{T}}\bar{\boldsymbol{b}}_n$。因此，最优解 $\boldsymbol{x}^{*}$ 可由三角方程组

$$\boldsymbol{R}_1\boldsymbol{x} = \bar{\boldsymbol{b}}_n \tag{2.9}$$

经回代确定，其中 $\bar{\boldsymbol{b}}_n=\boldsymbol{Q}_1^{\mathrm{T}}\boldsymbol{b}$($\bar{\boldsymbol{b}}_n$ 为 $\boldsymbol{b}$ 的前 n 项)。

综上所述，线性最小二乘问题的正交分解算法如下：

(1) 对增广矩阵$[\boldsymbol{A} \quad \boldsymbol{b}]$作 QR 正交分解得向量 $\boldsymbol{R}_1$ 和 $\bar{\boldsymbol{b}}$；

(2) 取 $\bar{\boldsymbol{b}}_n$ 为 $\bar{\boldsymbol{b}}$ 的前 n 个分量；

(3) 用回代法解方程组 $\boldsymbol{R}_1\boldsymbol{x}=\bar{\boldsymbol{b}}_n$，得解 $\boldsymbol{x}^{*}$。

2. 非线性最小二乘问题

求解非线性最小二乘问题的基本思想是通过解一系列线性最小二乘问题来求非线性最小二乘问题的解。设 $\boldsymbol{x}^{(k)}$ 是解的第 k 次近似，在 $\boldsymbol{x}^{(k)}$ 处将函数 $f_i(\boldsymbol{x})$线性化，把问题转化为线性最小二乘问题，用式(2.6)求得新的近似解 $\boldsymbol{x}^{(k+1)}$，直到 $\| \boldsymbol{x}^{(k+1)}-\boldsymbol{x}^{(k)} \| \leqslant \varepsilon$。令

$$\phi(\boldsymbol{x}) = \sum_{i=1}^{m}\phi_i^2(\boldsymbol{x}) \tag{2.10}$$

其中

$$\begin{aligned}\phi_i(\boldsymbol{x}) &= f_i(\boldsymbol{x}^{(k)}) + \nabla^{\mathrm{T}} f_i(\boldsymbol{x}^{(k)})(\boldsymbol{x}-\boldsymbol{x}^{(k)}) \\ &= \nabla^{\mathrm{T}} f_i(\boldsymbol{x}^{(k)})\boldsymbol{x} - [\nabla^{\mathrm{T}} f_i(\boldsymbol{x}^{(k)})\boldsymbol{x}^{(k)} - f_i(\boldsymbol{x}^{(k)})] \qquad i = 1, 2, \cdots, m\end{aligned} \tag{2.11}$$

用 $\phi(\boldsymbol{x})$ 近似 $f(\boldsymbol{x})$，从而用 $\phi(\boldsymbol{x})$ 的极小点作为目标函数 $f(\boldsymbol{x})$ 的极小点的估计。记

$$\boldsymbol{A}_k = \begin{bmatrix} \nabla^{\mathrm{T}} f_1(\boldsymbol{x}^{(k)}) \\ \vdots \\ \nabla^{\mathrm{T}} f_m(\boldsymbol{x}^{(k)}) \end{bmatrix} = \begin{bmatrix} \dfrac{\partial f_1(\boldsymbol{x}^{(k)})}{\partial x_1} & \dfrac{\partial f_1(\boldsymbol{x}^{(k)})}{\partial x_2} & \cdots & \dfrac{\partial f_1(\boldsymbol{x}^{(k)})}{\partial x_n} \\ \vdots & \vdots & & \vdots \\ \dfrac{\partial f_m(\boldsymbol{x}^{(k)})}{\partial x_1} & \dfrac{\partial f_m(\boldsymbol{x}^{(k)})}{\partial x_2} & \cdots & \dfrac{\partial f_m(\boldsymbol{x}^{(k)})}{\partial x_n} \end{bmatrix}$$

$$\boldsymbol{f}^{(k)} = \begin{bmatrix} f_1(\boldsymbol{x}^{(k)}) \\ \vdots \\ f_m(\boldsymbol{x}^{(k)}) \end{bmatrix}, \ \boldsymbol{b} = \begin{bmatrix} \nabla^{\mathrm{T}} f_1(\boldsymbol{x}^{(k)})\boldsymbol{x}^{(k)} - f_1(\boldsymbol{x}^{(k)}) \\ \vdots \\ \nabla^{\mathrm{T}} f_m(\boldsymbol{x}^{(k)})\boldsymbol{x}^{(k)} - f_m(\boldsymbol{x}^{(k)}) \end{bmatrix} = \boldsymbol{A}_k\boldsymbol{x}^{(k)} - \boldsymbol{f}^{(k)}$$

则式(2.10)可写成

$$\phi(\boldsymbol{x}) = (\boldsymbol{A}_k\boldsymbol{x} - \boldsymbol{b})^{\mathrm{T}}(\boldsymbol{A}_k\boldsymbol{x} - \boldsymbol{b}) \tag{2.12}$$

由式(2.5)，$\phi(\boldsymbol{x})$ 的极小点应满足正则方程 $\boldsymbol{A}_k^{\mathrm{T}}\boldsymbol{A}_k\boldsymbol{x} = \boldsymbol{A}\boldsymbol{A}_k^{\mathrm{T}}(\boldsymbol{A}_k\boldsymbol{x}^{(k)} - \boldsymbol{f}^{(k)})$，即

$$\boldsymbol{A}_k^{\mathrm{T}}\boldsymbol{A}_k(\boldsymbol{x} - \boldsymbol{x}^{(k)}) = -\boldsymbol{A}_k^{\mathrm{T}}\boldsymbol{f}^{(k)} \tag{2.13}$$

若 $\boldsymbol{A}_k$ 是列满秩的，则 $\boldsymbol{A}_k^{\mathrm{T}}\boldsymbol{A}_k$ 对称正定，从而可得到 $\phi(\boldsymbol{x})$ 的极小点为

$$\boldsymbol{x}^{(k+1)} = \boldsymbol{x}^{(k)} - (\boldsymbol{A}_k^{\mathrm{T}}\boldsymbol{A}_k)^{-1}\boldsymbol{A}_k^{\mathrm{T}}\boldsymbol{f}^{(k)} \tag{2.14}$$

把 $\boldsymbol{x}^{(k+1)}$ 作为 $f(\boldsymbol{x})$ 的极小点的第 $k+1$ 次近似。

事实上，$f(\boldsymbol{x})$ 在 $\boldsymbol{x}^{(k)}$ 处的梯度

$$\nabla f(\boldsymbol{x}^{(k)}) = \begin{bmatrix} 2\sum_{i=1}^{m} \dfrac{\partial f_i(\boldsymbol{x}^{(k)})}{\partial x_1} f_i(\boldsymbol{x}^{(k)}) \\ \vdots \\ 2\sum_{i=1}^{m} \dfrac{\partial f_i(\boldsymbol{x}^{(k)})}{\partial x_n} f_i(\boldsymbol{x}^{(k)}) \end{bmatrix}$$

$$= 2\begin{bmatrix} \dfrac{\partial f_1(\boldsymbol{x}^{(k)})}{\partial x_1} & \dfrac{\partial f_1(\boldsymbol{x}^{(k)})}{\partial x_2} & \cdots & \dfrac{\partial f_1(\boldsymbol{x}^{(k)})}{\partial x_n} \\ \vdots & \vdots & & \vdots \\ \dfrac{\partial f_m(\boldsymbol{x}^{(k)})}{\partial x_1} & \dfrac{\partial f_m(\boldsymbol{x}^{(k)})}{\partial x_2} & \cdots & \dfrac{\partial f_m(\boldsymbol{x}^{(k)})}{\partial x_n} \end{bmatrix} \begin{bmatrix} f_1(\boldsymbol{x}^{(k)}) \\ \vdots \\ f_m(\boldsymbol{x}^{(k)}) \end{bmatrix} = 2\boldsymbol{A}_k^{\mathrm{T}}\boldsymbol{f}^{(k)}$$

而 $\phi(\boldsymbol{x})$ 的 Hesse 阵 $\boldsymbol{G}_k = 2\boldsymbol{A}_k^{\mathrm{T}}\boldsymbol{A}_k$，所以式(2.14)相当于牛顿公式，只不过 Hesse 阵用的是逼近函数 $\phi(\boldsymbol{x})$ 的 Hesse 阵 $\boldsymbol{G}_k$，通常称式(2.14)为 Causs-Newton 公式，称

$$\boldsymbol{p}^{(k)} = -(\boldsymbol{A}_k^{\mathrm{T}}\boldsymbol{A}_k)^{-1}\boldsymbol{A}_k^{\mathrm{T}}\boldsymbol{f}^{(k)} \tag{2.15}$$

为在点 $\boldsymbol{x}^{(k)}$ 处的 Causs-Newton 方向。这样，从 $\boldsymbol{x}^{(k)}$ 出发，沿该方向进行一维搜索：

$$\min_{\lambda} f(\boldsymbol{x}^{(k)} + \lambda\boldsymbol{p}^{(k)}) \tag{2.16}$$

求出步长 λ_k 后，令 $\boldsymbol{x}^{(k+1)} = \boldsymbol{x}^{(k)} + \lambda_k\boldsymbol{p}^{(k)}$，来确保在 $\boldsymbol{x}^{(k+1)}$ 处目标函数下降。

2.3.2 最速下降法

最速下降法是由法国著名数学家 Cauchy 于 1847 年首先提出的，这是一种求解无约束最优化问题的最简单的方法，许多优化算法都借鉴了最速下降法的思想。

1. 最速下降法的原理

设目标函数 $f(\boldsymbol{x})$ 连续可微，且 $\nabla f(\boldsymbol{x}^{(k)})\neq 0$。任意 $\boldsymbol{p}\in\mathbf{R}^n(\boldsymbol{p}\neq\mathbf{0})$，若 $\nabla^{\mathrm{T}} f(\boldsymbol{x}^{(k)})\boldsymbol{p}<\mathbf{0}$，则 $\boldsymbol{p}$ 是 $f(\boldsymbol{x})$ 在 $\boldsymbol{x}^{(k)}$ 处的下降方向。最速下降法的基本思想是：以负梯度方向 $-\nabla f(\boldsymbol{x}^{(k)})$ 作为下降迭代法的迭代公式 $\boldsymbol{x}^{(k+1)}=\boldsymbol{x}^{(k)}+\lambda_k\boldsymbol{p}^{(k)}$ 中的 $\boldsymbol{p}^{(k)}$，并通过求解

$$\min_{\lambda>0} f(\boldsymbol{x}^{(k)}-\lambda\,\nabla f(\boldsymbol{x}^{(k)})) \tag{2.17}$$

确定最佳步长 λ_k，每一次迭代都力求做到目标函数值最大幅度的下降。

若 $f(\boldsymbol{x})$ 具有二阶连续偏导，在 $\boldsymbol{x}^{(k)}$ 作 $f(\boldsymbol{x}^{(k)}-\lambda\,\nabla f(\boldsymbol{x}^{(k)}))$ 的二阶泰勒展开式，即

$$f(\boldsymbol{x}^{(k)}-\lambda\,\nabla f(\boldsymbol{x}^{(k)}))\approx f(\boldsymbol{x}^{(k)})-\nabla^{\mathrm{T}} f(\boldsymbol{x}^{(k)})\lambda\,\nabla f(\boldsymbol{x}^{(k)})+\frac{1}{2}\lambda\,\nabla^{\mathrm{T}} f(\boldsymbol{x}^{(k)})H(\boldsymbol{x}^{(k)})\lambda\,\nabla f(\boldsymbol{x}^{(k)}) \tag{2.18}$$

式(2.18)中对 λ 求导并令其等于零，得最佳步长为

$$\lambda_k=\frac{\nabla^{\mathrm{T}} f(\boldsymbol{x}^{(k)})\,\nabla f(\boldsymbol{x}^{(k)})}{\nabla^{\mathrm{T}} f(\boldsymbol{x}^{(k)})H(\boldsymbol{x}^{(k)})\,\nabla f(\boldsymbol{x}^{(k)})} \tag{2.19}$$

也可以用精确一维搜索的方法求解 $\min\limits_{\lambda>0} f(\boldsymbol{x}^{(k)}+\lambda\boldsymbol{p}^{(k)})$，从而确定最佳步长。

2. 最速下降法的计算步骤

最速下降法的计算步骤如下：

步骤(1)：给定初始点 $\boldsymbol{x}^{(0)}$，允许误差 $\varepsilon>0$，置 $k=0$；

步骤(2)：计算搜索方向 $\boldsymbol{p}^{(k)}=-\nabla f(\boldsymbol{x}^{(k)})$；

步骤(3)：若 $\|\boldsymbol{p}^{(k)}\|<\varepsilon$，则停止计算，否则，确定最佳步长 λ_k；

步骤(4)：令 $\boldsymbol{x}^{(k+1)}=\boldsymbol{x}^{(k)}+\lambda_k\boldsymbol{p}^{(k)}$，置 $k=k+1$，转步骤(2)。

最速下降法程序设计简单，计算工作量小，存储量小，对初始点没有特别的要求，而且具有全局收敛性，并且是线性收敛的。为避免锯齿现象对收敛速度的影响，在计算初期可使用最速下降法，在迭代一段时间以后，再改用其他更有效的方法，如牛顿法等。

2.3.3 牛顿法

牛顿法是一种具有广泛应用的用于求解无约束最优化问题的经典算法。牛顿法的基本思想是：利用二次函数来近似目标函数。设 $f(\boldsymbol{x})$ 是二次可微的实函数，$\boldsymbol{x}\in\mathbf{R}^n$，$\boldsymbol{x}^{(k)}$ 是 $f(\boldsymbol{x})$ 的极小点的一个估计，作 $f(\boldsymbol{x})$ 在 $\boldsymbol{x}^{(k)}$ 处的二阶泰勒展开式，即

$$f(\boldsymbol{x})\approx\phi(\boldsymbol{x})=f(\boldsymbol{x}^{(k)})+\boldsymbol{g}_k^{\mathrm{T}}(\boldsymbol{x}-\boldsymbol{x}^{(k)})+\frac{1}{2}(\boldsymbol{x}-\boldsymbol{x}^{(k)})^{\mathrm{T}}\boldsymbol{G}_k(\boldsymbol{x}-\boldsymbol{x}^{(k)}) \tag{2.20}$$

为求 $\phi(\boldsymbol{x})$的驻点，令$\nabla\phi(\boldsymbol{x})=\boldsymbol{0}$，即

$$\boldsymbol{g}_k+\boldsymbol{G}_k(\boldsymbol{x}-\boldsymbol{x}^{(k)})=\boldsymbol{0} \tag{2.21}$$

设 $f(\boldsymbol{x})$在 $\boldsymbol{x}^{(k)}$ 处的 Hesse 矩阵 $\boldsymbol{G}_k$ 可逆，由式(2.21)可得到牛顿法的迭代公式为

$$\boldsymbol{x}^{(k+1)}=\boldsymbol{x}^{(k)}-\boldsymbol{G}_k^{-1}\boldsymbol{g}_k \tag{2.22}$$

称$-\boldsymbol{G}_k^{-1}\nabla f(\boldsymbol{x}^{(k)})$为牛顿方向。

可以证明，若 $f(\boldsymbol{x})$是二次连续可微函数，$\boldsymbol{x}\in\mathbf{R}^n$，$\boldsymbol{x}^*$ 满足$\nabla f(\boldsymbol{x}^*)=\boldsymbol{0}$，且 $\boldsymbol{G}_k^{-1}$ 存在，当初始点 $\boldsymbol{x}^{(0)}$充分接近 $\boldsymbol{x}^*$ 时，在一定条件下由牛顿迭代公式(2.22)产生的序列$\{\boldsymbol{x}^{(k)}\}$收敛于 $\boldsymbol{x}^*$。

特别地，对于正定二次函数的极小值问题，用牛顿法求解时，一次迭代就可达到极小点。事实上，由于 $\boldsymbol{G}=\boldsymbol{A}$，任取初始点 $\boldsymbol{x}^{(0)}$，由牛顿迭代公式(2.22)，则有

$$\boldsymbol{x}^{(1)}=\boldsymbol{x}^{(0)}-\boldsymbol{A}^{-1}\nabla f(\boldsymbol{x}^{(0)})=\boldsymbol{x}^{(0)}-\boldsymbol{A}^{-1}(\boldsymbol{A}\boldsymbol{x}^{(0)}+\boldsymbol{b})=-\boldsymbol{A}^{-1}\boldsymbol{b} \tag{2.23}$$

由于$\nabla f(\boldsymbol{x}^{(1)})=\boldsymbol{A}\boldsymbol{x}^{(1)}+\boldsymbol{b}=\boldsymbol{A}(-\boldsymbol{A}^{-1}\boldsymbol{b})+\boldsymbol{b}=\boldsymbol{0}$，因此 $\boldsymbol{x}^{(1)}=-\boldsymbol{A}^{-1}\boldsymbol{b}$ 是极小点。

牛顿法具有二阶收敛速度，这是它的最大优点。对于二次正定函数，仅需一步迭代即可达到最优解，具有二次终结性。但牛顿法还具有以下缺点：

(1) 牛顿法是局部收敛的，即初始点选择不当可能会导致不收敛；

(2) 牛顿法不是下降算法，当二阶 Hesse 阵非正定时，不能保证是下降方向；

(3) 二阶 Hesse 阵 $\boldsymbol{G}_k$ 必须可逆，否则算法将无法进行下去；

(4) 对函数性质(如可导性、可微性、单调性)要求苛刻，计算量大，仅适合小规模优化问题。

由于牛顿法具有良好的收敛速度，因此人们对它的缺点进行了多方面的改进和修正。

上述最速下降法和牛顿法是经典的求解无约束最优化问题的解析法。

2.3.4 拟牛顿法

拟牛顿法，又称变尺度法，是一种用于求解无约束最优化问题的有效方法。它既吸收了适合求解大规模优化问题的共轭梯度法计算量小的优点，又吸收了牛顿法收敛速度快的优点，同时避免了牛顿法计算 Hesse 阵 $\boldsymbol{G}_k$ 及其求逆过程，对高维问题来说，该方法比牛顿法的计算量小。从收敛速度、计算工作量、所需内存等各项指标综合衡量，拟牛顿法是求解中小规模无约束优化问题的最有效的算法。

拟牛顿法的基本思想如下：在 $\boldsymbol{x}^{(k)}$处，按某种规则产生一个对称正定矩阵 $\overline{\boldsymbol{H}}_{k+1}$(称之为尺度矩阵)，并以

$$\boldsymbol{p}^{(k)}=-\overline{\boldsymbol{H}}_{k+1}\boldsymbol{g}_k \tag{2.24}$$

作为 $\boldsymbol{x}^{(k)}$处的搜索方向。显然，只要 $\boldsymbol{g}_k\neq\boldsymbol{0}$，$\boldsymbol{p}^{(k)}$就是下降方向。若取 $\overline{\boldsymbol{H}}_{k+1}=\boldsymbol{I}$(单位阵)，则 $\boldsymbol{p}^{(k)}$就是最速下降方向；若取 $\overline{\boldsymbol{H}}_{k+1}=\boldsymbol{G}_k^{-1}$，则 $\boldsymbol{p}^{(k)}$就是牛顿法下降方向(如果存在)。我们已

经知道，前者收敛太慢，有锯齿现象；而后者计算量较大，可能不收敛。

设 $\boldsymbol{x}^{(k)}$ 和 $\boldsymbol{x}^{(k+1)}$ 是两个相继的迭代点，作 $\nabla f(\boldsymbol{x}^{(k)})$ 在 $\boldsymbol{x}^{(k+1)}$ 处的泰勒展开式，即

$$\nabla f(\boldsymbol{x}^{(k)}) \approx \nabla f(\boldsymbol{x}^{(k+1)}) + \nabla^2 f(\boldsymbol{x}^{(k+1)})(\boldsymbol{x}^{(k)} - \boldsymbol{x}^{(k+1)}) \tag{2.25}$$

从而

$$\nabla f(\boldsymbol{x}^{(k+1)}) - \nabla f(\boldsymbol{x}^{(k)}) \approx \nabla^2 f(\boldsymbol{x}^{(k+1)})(\boldsymbol{x}^{(k+1)} - \boldsymbol{x}^{(k)})$$

亦即 $\Delta\boldsymbol{g}_k \approx \boldsymbol{G}_{k+1}\Delta\boldsymbol{x}_k$。对于二次正定函数，有 $\Delta\boldsymbol{g}_k = \boldsymbol{G}_{k+1}\Delta\boldsymbol{x}_k$ 成立。称

$$\Delta\boldsymbol{g}_k = \boldsymbol{G}_{k+1}\Delta\boldsymbol{x}_k \tag{2.26}$$

或者

$$\boldsymbol{G}_{k+1}^{-1}\Delta\boldsymbol{g}_k = \Delta\boldsymbol{x}_k \tag{2.27}$$

为拟牛顿方程或拟牛顿条件。

我们要构造对称正定矩阵 $\overline{\boldsymbol{H}}_{k+1}$ 满足拟牛顿方程，即满足式(2.27)，则有

$$\overline{\boldsymbol{H}}_{k+1}\Delta\boldsymbol{g}_k = \Delta\boldsymbol{x}_k \tag{2.28}$$

也可先构造 $\boldsymbol{B}_{k+1}$ 满足拟牛顿方程(2.26)，再令 $\overline{\boldsymbol{H}}_{k+1} = \boldsymbol{B}_{k+1}^{-1}$，即

$$\begin{cases} \boldsymbol{B}_{k+1}\Delta\boldsymbol{x}_k = \Delta\boldsymbol{g}_k \\ \overline{\boldsymbol{H}}_{k+1} = \boldsymbol{B}_{k+1}^{-1} \end{cases} \tag{2.29}$$

由式(2.28)导出的算法称为 DFP(Davidon Fletcher Powell)算法，由式(2.29)导出的算法称为 BFGS(Broyden Fletcher Goldfarb Shanno)算法。

1. DFP 拟牛顿法

构造 Hesse 逆矩阵最早的、最巧妙的一种算法是由 Davidon 于 1959 年首先提出的，后来由 Fletcher 和 Powell 作了改进，称为 DFP 法。

为了构造在 $\boldsymbol{x}^{(k+1)}$ 处对称正定且满足式(2.28)的尺度矩阵 $\overline{\boldsymbol{H}}_{k+1}$，假定在 $\boldsymbol{x}^{(k)}$ 处已经有对称正定阵 $\overline{\boldsymbol{H}}_k$($\overline{\boldsymbol{H}}_0$ 可取任一对称正定阵，如 $\overline{\boldsymbol{H}}_0 = \boldsymbol{I}$)。考虑到算法的迭代性，我们希望在 $\overline{\boldsymbol{H}}_k$ 的基础上加上一个修正项 $\Delta\overline{\boldsymbol{H}}_k$ 就能得到 $\overline{\boldsymbol{H}}_{k+1}$。所得 $\overline{\boldsymbol{H}}_{k+1}$ 的结构及要求如下：

(1) $\overline{\boldsymbol{H}}_{k+1} = \overline{\boldsymbol{H}}_k + \Delta\overline{\boldsymbol{H}}_k$；

(2) $\overline{\boldsymbol{H}}_{k+1}\Delta\boldsymbol{g}_k = \Delta\boldsymbol{x}_k$；

(3) $\overline{\boldsymbol{H}}_{k+1}$ 正定(当 $\overline{\boldsymbol{H}}_k$ 对称正定时)。

显然，关键是构造 $\Delta\overline{\boldsymbol{H}}_k$。因为 $\overline{\boldsymbol{H}}_k$ 对称，所以要使 $\overline{\boldsymbol{H}}_{k+1}$ 对称，必须使 $\Delta\overline{\boldsymbol{H}}_k$ 对称。设

$$\Delta\overline{\boldsymbol{H}}_k = \boldsymbol{u}\boldsymbol{u}^{\mathrm{T}} + \boldsymbol{v}\boldsymbol{v}^{\mathrm{T}} \tag{2.30}$$

其中，$\boldsymbol{u}, \boldsymbol{v} \in \mathbf{R}^n$。式(2.30)称为对称秩二校正公式(DFP 校正)。为使 $\overline{\boldsymbol{H}}_{k+1}$ 满足要求(2)，必须使

$$(\overline{\boldsymbol{H}}_k + \boldsymbol{u}\boldsymbol{u}^{\mathrm{T}} + \boldsymbol{v}\boldsymbol{v}^{\mathrm{T}})\Delta\boldsymbol{g}_k = \Delta\boldsymbol{x}_k \tag{2.31}$$

即

$$\boldsymbol{u}\boldsymbol{u}^{\mathrm{T}}\Delta\boldsymbol{g}_k + \boldsymbol{v}\boldsymbol{v}^{\mathrm{T}}\Delta\boldsymbol{g}_k = \Delta\boldsymbol{x}_k - \overline{\boldsymbol{H}}_k\Delta\boldsymbol{g}_k \tag{2.32}$$

由于 $\boldsymbol{u}^{\mathrm{T}}\Delta\boldsymbol{g}_k$ 和 $\boldsymbol{v}^{\mathrm{T}}\Delta\boldsymbol{g}_k$ 都是一个数值，因此上式可变换为

$$(\boldsymbol{u}^{\mathrm{T}}\Delta\boldsymbol{g}_k)\boldsymbol{u}+(\boldsymbol{v}^{\mathrm{T}}\Delta\boldsymbol{g}_k)\boldsymbol{v}=\Delta\boldsymbol{x}_k-\overline{\boldsymbol{H}}_k\Delta\boldsymbol{g}_k \tag{2.33}$$

为使式(2.33)成立，只要选择 $\boldsymbol{u}$、$\boldsymbol{v}$，使得

$$(\boldsymbol{u}^{\mathrm{T}}\Delta\boldsymbol{g}_k)\boldsymbol{u}=\Delta\boldsymbol{x}_k \tag{2.34}$$

$$(\boldsymbol{v}^{\mathrm{T}}\Delta\boldsymbol{g}_k)\boldsymbol{v}=-\overline{\boldsymbol{H}}_k\Delta\boldsymbol{g}_k \tag{2.35}$$

即可。式(2.34)说明 $\boldsymbol{u}$ 和 $\Delta\boldsymbol{x}_k$ 共线，故可设 $\boldsymbol{u}=\alpha\Delta\boldsymbol{x}_k$，将其代入式(2.34)，得到

$$\alpha^2=\frac{1}{\Delta\boldsymbol{x}_k^{\mathrm{T}}\Delta\boldsymbol{g}_k},\quad \boldsymbol{u}\boldsymbol{u}^{\mathrm{T}}=\frac{\Delta\boldsymbol{x}_k\Delta\boldsymbol{x}_k^{\mathrm{T}}}{\Delta\boldsymbol{x}_k^{\mathrm{T}}\Delta\boldsymbol{g}_k} \tag{2.36}$$

对式(2.35)经过同样的推理，得到

$$\boldsymbol{v}\boldsymbol{v}^{\mathrm{T}}=-\frac{\overline{\boldsymbol{H}}_k\Delta\boldsymbol{g}_k\Delta\boldsymbol{g}_k^{\mathrm{T}}\overline{\boldsymbol{H}}_k}{\Delta\boldsymbol{g}_k^{\mathrm{T}}\overline{\boldsymbol{H}}_k\Delta\boldsymbol{g}_k} \tag{2.37}$$

于是，最终得到

$$\overline{\boldsymbol{H}}_{k+1}=\overline{\boldsymbol{H}}_k+\frac{\Delta\boldsymbol{x}_k\Delta\boldsymbol{x}_k^{\mathrm{T}}}{\Delta\boldsymbol{x}_k^{\mathrm{T}}\Delta\boldsymbol{g}_k}-\frac{\overline{\boldsymbol{H}}_k\Delta\boldsymbol{g}_k\Delta\boldsymbol{g}_k^{\mathrm{T}}\overline{\boldsymbol{H}}_k}{\Delta\boldsymbol{g}_k^{\mathrm{T}}\overline{\boldsymbol{H}}_k\Delta\boldsymbol{g}_k} \tag{2.38}$$

式(2.38)即称为 DFP 公式。至于要求(3)，可以证明，当 $\overline{\boldsymbol{H}}_k$ 正定时，$\overline{\boldsymbol{H}}_{k+1}$ 也正定。

2. BFGS 拟牛顿法

BFGS 拟牛顿法的尺度矩阵构造是依据式(2.29)推导得到的，推导过程与 DFP 公式完全类似。实际上只要将 $\Delta\boldsymbol{g}_k$ 与 $\Delta\boldsymbol{x}_k$ 互换，即可得到

$$\boldsymbol{B}_{k+1}=\boldsymbol{B}_k+\frac{\Delta\boldsymbol{g}_k\Delta\boldsymbol{g}_k^{\mathrm{T}}}{\Delta\boldsymbol{g}_k^{\mathrm{T}}\Delta\boldsymbol{x}_k}-\frac{\boldsymbol{B}_k\Delta\boldsymbol{x}_k\Delta\boldsymbol{x}_k^{\mathrm{T}}\boldsymbol{B}_k}{\Delta\boldsymbol{x}_k^{\mathrm{T}}\boldsymbol{B}_k\Delta\boldsymbol{x}_k} \tag{2.39}$$

由于 $\overline{\boldsymbol{H}}_{k+1}=\boldsymbol{B}_{k+1}^{-1}$，经变换可得到 BFGS 法尺度矩阵修正公式为

$$\overline{\boldsymbol{H}}_{k+1}=\left[\boldsymbol{I}-\frac{\Delta\boldsymbol{x}_k\Delta\boldsymbol{g}_k^{\mathrm{T}}}{\Delta\boldsymbol{x}_k^{\mathrm{T}}\Delta\boldsymbol{g}_k}\right]\overline{\boldsymbol{H}}_k\left[\boldsymbol{I}-\frac{\Delta\boldsymbol{x}_k\Delta\boldsymbol{g}_k^{\mathrm{T}}}{\Delta\boldsymbol{x}_k^{\mathrm{T}}\Delta\boldsymbol{g}_k}\right]+\frac{\Delta\boldsymbol{x}_k\Delta\boldsymbol{x}_k^{\mathrm{T}}}{\Delta\boldsymbol{x}_k^{\mathrm{T}}\Delta\boldsymbol{g}_k} \tag{2.40}$$

或

$$\overline{\boldsymbol{H}}_{k+1}=\overline{\boldsymbol{H}}_k+\left[1+\frac{\Delta\boldsymbol{g}_k^{\mathrm{T}}\overline{\boldsymbol{H}}_k\Delta\boldsymbol{g}_k}{\Delta\boldsymbol{x}_k^{\mathrm{T}}\Delta\boldsymbol{g}_k}\right]\frac{\Delta\boldsymbol{x}_k\Delta\boldsymbol{x}_k^{\mathrm{T}}}{\Delta\boldsymbol{x}_k^{\mathrm{T}}\Delta\boldsymbol{g}_k}-\frac{\Delta\boldsymbol{x}_k\Delta\boldsymbol{g}_k^{\mathrm{T}}\overline{\boldsymbol{H}}_k+\overline{\boldsymbol{H}}_k\Delta\boldsymbol{g}_k\Delta\boldsymbol{x}_k^{\mathrm{T}}}{\Delta\boldsymbol{x}_k^{\mathrm{T}}\Delta\boldsymbol{g}_k} \tag{2.41}$$

采用不同的方法来构造尺度矩阵 $\overline{\boldsymbol{H}}_{k+1}$，就形成了不同的拟牛顿法。DFP 法和 BFGS 法只是拟牛顿法中常用的两种方法，当然还有其他形式的拟牛顿法。

无论是 DFP 法还是 BFGS 法，初始尺度矩阵 $\overline{\boldsymbol{H}}_0$ 的选取对算法的效果有一定的影响。开始时由于没有任何信息，只好取 $\overline{\boldsymbol{H}}_0=\boldsymbol{I}$，但当得到 $\boldsymbol{x}^{(1)}$ 后，就要用 $\Delta\boldsymbol{g}_0$ 与 $\Delta\boldsymbol{x}_0$ 对 $\overline{\boldsymbol{H}}_0$ 进行修正，使 $\overline{\boldsymbol{H}}_0$ 与 $\boldsymbol{G}_0^{-1}$ 更接近。常用的方法是令 $\widetilde{\boldsymbol{H}}_0=\gamma\overline{\boldsymbol{H}}_0$，使式(2.28)成立，即

$$\widetilde{\boldsymbol{H}}_0\Delta\boldsymbol{g}_0=\Delta\boldsymbol{x}_0 \tag{2.42}$$

从而可得

$$\gamma=\frac{\Delta\boldsymbol{g}_0^{\mathrm{T}}\Delta\boldsymbol{x}_0}{\Delta\boldsymbol{g}_0^{\mathrm{T}}\overline{\boldsymbol{H}}_0\Delta\boldsymbol{g}_0} \tag{2.43}$$

即
$$\widetilde{\boldsymbol{H}}_0=\frac{\Delta\boldsymbol{g}_0^{\mathrm{T}}\Delta\boldsymbol{x}_0}{\Delta\boldsymbol{g}_0^{\mathrm{T}}\overline{\boldsymbol{H}}_0\Delta\boldsymbol{g}_0}\overline{\boldsymbol{H}}_0 \tag{2.44}$$

综上，得拟牛顿法的计算步骤如下：

步骤(1)：取初始点 $\boldsymbol{x}^{(0)}$，允许误差 $\varepsilon>0$，$\overline{\boldsymbol{H}}_0=\boldsymbol{I}$，置 $k=0$；

步骤(2)：计算 $\boldsymbol{g}_k$，若 $\|\boldsymbol{g}_k\|<\varepsilon$，则得到极小点 $\boldsymbol{x}^*=\boldsymbol{x}^{(k)}$，停止迭代；

步骤(3)：令 $\boldsymbol{p}^{(k)}=-\overline{\boldsymbol{H}}_k\boldsymbol{g}_k$，$\boldsymbol{x}^{(k+1)}=\boldsymbol{x}^{(k)}+\lambda_k\boldsymbol{p}^{(k)}$，其中 λ_k 为最佳步长，即

$$f(\boldsymbol{x}^{(k)}+\lambda_k\boldsymbol{p}^{(k)})=\min_{\lambda>0}f(\boldsymbol{x}^{(k)}+\lambda\boldsymbol{p}^{(k)}) \tag{2.45}$$

步骤(4)：计算 $\boldsymbol{g}_{k+1}$，若 $\|\boldsymbol{g}_{k+1}\|<\varepsilon$，则得到极小点 $\boldsymbol{x}^*=\boldsymbol{x}^{(k+1)}$，停止迭代；

步骤(5)：若 $k=n-1$，令 $\boldsymbol{x}^{(0)}=\boldsymbol{x}^{(k+1)}$，置 $k=0$，转步骤(3)；

步骤(6)：若 $k=0$，计算 $\Delta\boldsymbol{g}_0$ 和 $\Delta\boldsymbol{x}_0$，按式(2.44)对 $\overline{\boldsymbol{H}}_0$ 进行修正；

步骤(7)：计算 $\Delta\boldsymbol{g}_k$ 和 $\Delta\boldsymbol{x}_k$，对于 DFP 法，按式(2.38)计算 $\overline{\boldsymbol{H}}_{k+1}$，对于 BFGS 法，按式(2.40)或式(2.41)计算 $\overline{\boldsymbol{H}}_{k+1}$，置 $k=k+1$，然后转步骤(3)。

2.4 计算机视觉基础及优化问题

本节首先介绍计算机视觉中的常用坐标系和成像模型等基础知识，然后在此基础上介绍视觉测量系统与优化问题。

2.4.1 计算机视觉常用坐标系和摄像机模型

1. 计算机视觉常用坐标系

在摄像机成像几何模型中，要用到三种坐标系，如图 2.1 所示，从左到右依次为摄像机坐标系、图像坐标系与世界坐标系。

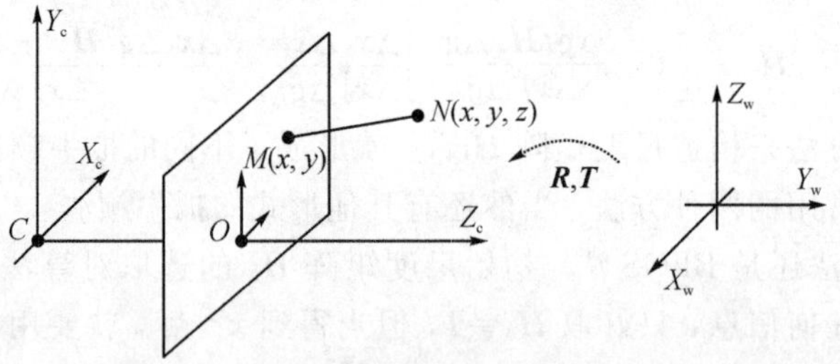

图 2.1 摄像机坐标系、图像坐标系与世界坐标系

在图 2.1 中，由点 C 与 X_c 轴、Y_c 轴、Z_c 轴组成的坐标系称为摄像机坐标系。它的原点 C 称为摄像机中心，X_c 轴和 Y_c 轴与图像的 x 轴和 y 轴平行，Z_c 轴为摄像机的光轴。光轴与图像平面垂直，与平面的交点 O 为图像主点。CO 之间的距离为摄像机的焦距。

由于摄像机可安放在环境中的任意位置，因此需要选择一个基准坐标系来描述摄像机的位置，并用它描述环境中任何物体的位置，该坐标系称为世界坐标系。世界坐标系可以由用户定义，也是最终进行测量所在的坐标系。如图 2.1 所示，由 X_w 轴、Y_w 轴和 Z_w 轴组成的坐标系就是世界坐标系。

摄像机坐标系与世界坐标系之间的关系可以用旋转矩阵 $\boldsymbol{R}$ 与平移向量 $\boldsymbol{T}$ 来描述。它们之间的关系是一种刚体变换。因此，空间中某一点 P 在世界坐标系与摄像机坐标系下的坐标如果分别是 $\boldsymbol{X}_w=[X_w \quad Y_w \quad Z_w]^T$ 与 $\boldsymbol{X}_c=[X_c \quad Y_c \quad Z_c]^T$，则它们的关系如下：

$$\boldsymbol{X}_c = \boldsymbol{R}^* (\boldsymbol{X}_w - \boldsymbol{T}) \tag{2.46}$$

其中，$\boldsymbol{R}=\begin{bmatrix} r_{11} & r_{12} & r_{13} \\ r_{21} & r_{22} & r_{23} \\ r_{31} & r_{32} & r_{33} \end{bmatrix}$ 为 3×3 的正交旋转矩阵，$\boldsymbol{T}=[t_1 \quad t_2 \quad t_3]^T$ 为三维平移向量。

摄像机采集的图像以标准电视信号的形式经高速图像采集系统转换为数字图像，并输入计算机。每幅数字图像在计算机内以 $M\times N$ 数组的形式存储，M 行 N 列的图像中的每一个元素(称为像素，pixel)的数值即是图像点的亮度。

如图 2.2 所示，在图像上定义直角坐标系 u、v，每一像素的坐标(u, v)分别是该像素点在数字图像 $M\times N$ 数组中的列数与行数。所以，(u, v)是以像素为单位的图像坐标系的坐标。由于图像坐标系只表示像素位于数组中的列数与行数，并没有用物理单位表示出该像素在图像中的位置，因而，需要再建立以物理单位(例如毫米)表示的成像平面坐标系 $xO'y$。该坐标系以图像内某一点 O' 为原点，x 轴和 y 轴分别与 u 轴和 v 轴平行。

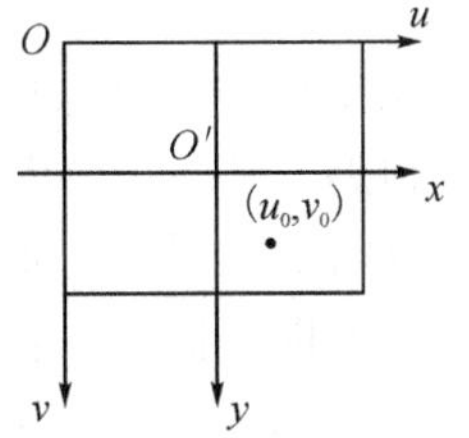

图 2.2　图像坐标系与成像平面坐标系

在 $xO'y$ 坐标系中，原点 O' 定义在摄像机光轴与图像平面的交点处，称为图像的主点，该点一般位于图像中心处，但由于摄像机制作的原因，也会有些偏离。若在 uOv 坐标系中的坐标为(u_0, v_0)，每一个像素在 x 轴与 y 轴方向上的物理尺寸分别为 d_x 与 d_y，则图像中任意一个像素在两个坐标系下的坐标有如下关系：

$$\begin{cases} u = \dfrac{x}{d_x} + u_0 \\ v = \dfrac{y}{d_y} + v_0 \end{cases} \tag{2.47}$$

将式(2.47)表示为齐次坐标的形式，则有

$$\begin{bmatrix} u \\ v \\ 1 \end{bmatrix} = \begin{bmatrix} \dfrac{1}{d_x} & 0 & u_0 \\ 0 & \dfrac{1}{d_y} & v_0 \\ 0 & 0 & 1 \end{bmatrix} \begin{bmatrix} x \\ y \\ 1 \end{bmatrix} \tag{2.48}$$

2. 摄像机模型

在计算机视觉的发展过程中，出现了多种不同性能的摄像机模型来描述摄像机特性。其中多数摄像机模型是基于摄像机物理参数的，称为显式摄像机模型(Explicit Camera Model，ECM)；也存在一些模型只是反映三维世界到二维图像的映射关系，并不求解摄像机的物理参数，这类模型称为隐式摄像机模型(Implicit Camera Model，ICM)。

在充分了解了各种摄像机模型的基础上，根据各种摄像机模型的特点与性质，我们知晓，显式摄像机模型包括针孔摄像机模型、直线线性变换模型、扩张的直线线性模型、摄影测量法模型等，这些模型提供摄像机的焦距、主点、畸变系数和摄像机在空间中的位置等物理参数；隐式摄像机模型包括双平面模型，这种模型不提供摄像机的任何物理参数。

1）理想的摄像机模型

针孔摄像机模型是一种最基本、最简单的摄像机模型，一般计算机视觉中都会假设摄像机的模型为针孔模型，它是在透视投影的基础上加上刚体的旋转与平移得到的摄像机模型。由于这种模型没有考虑实际的镜头并不是理想的透视成像，而是带有不同程度的畸变，因此针孔摄像机模型又称为线性摄像机模型，是其他模型的基础。

如图2.3所示，在针孔摄像机模型中，摄像机镜头被形象地比喻为针孔，物体上的每一点都通过“针孔”成像到像平面，物点、像点及镜头三点共线。P 表示某一空间点，O 点为摄像机光心，x 轴和 y 轴与摄像机坐标系的 X_c 轴和 Y_c 轴平行，Z_c 轴为摄像机光轴，它与图像平面垂直。光轴与图像平面的交点即为图像坐标系的原点。

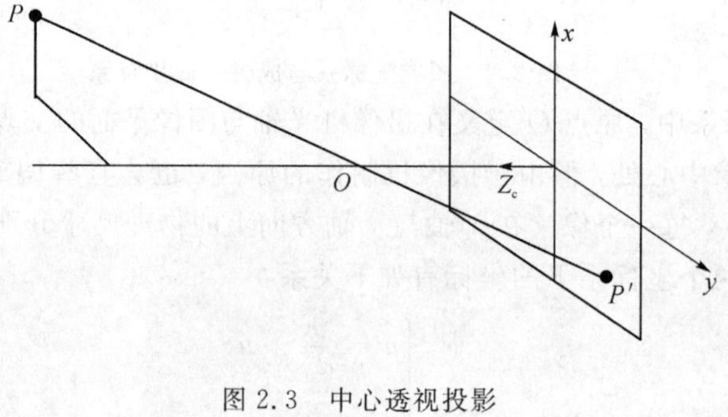

图2.3　中心透视投影

根据透视投影关系，可以得到式(2.49)：

$$\begin{cases} x = f\dfrac{X_c}{Z_c} \\ y = f\dfrac{Y_c}{Z_c} \end{cases} \tag{2.49}$$

其中，(x, y)为像点 P'图像坐标；(X_c, Y_c, Z_c)为点 P 在摄像机坐标系下的坐标。利用齐次坐标与矩阵表示上述中心投影关系，得到

$$Z_c\begin{bmatrix} x \\ y \\ 1 \end{bmatrix} = \begin{bmatrix} f & 0 & 0 & 0 \\ 0 & f & 0 & 0 \\ 0 & 0 & 1 & 0 \end{bmatrix}\begin{bmatrix} X_c \\ Y_c \\ Z_c \\ 1 \end{bmatrix} \tag{2.50}$$

根据摄像机坐标与世界坐标之间的关系，将式(2.46)用齐次坐标表示可以得到

$$\begin{bmatrix} X_c \\ Y_c \\ Z_c \\ 1 \end{bmatrix} = \begin{bmatrix} \boldsymbol{R} & \boldsymbol{T} \\ \boldsymbol{0} & 1 \end{bmatrix}\begin{bmatrix} X_w \\ Y_w \\ Z_w \\ 1 \end{bmatrix} \tag{2.51}$$

将式(2.51)代入式(2.50)，转换为图像坐标 $\boldsymbol{x}=(x, y)$与世界坐标 $\boldsymbol{X}=(X_w, Y_w, Z_w)$的关系，如下：

$$Z_c\begin{bmatrix} x \\ y \\ 1 \end{bmatrix} = \begin{bmatrix} f & 0 & 0 & 0 \\ 0 & f & 0 & 0 \\ 0 & 0 & 1 & 0 \end{bmatrix}\begin{bmatrix} \boldsymbol{R} & \boldsymbol{T} \\ \boldsymbol{0} & 1 \end{bmatrix}\begin{bmatrix} X_w \\ Y_w \\ Z_w \\ 1 \end{bmatrix} \tag{2.52}$$

将式(2.52)转化为图像坐标 $\boldsymbol{x}$ 与世界坐标 $\boldsymbol{X}$ 的关系，如下：

$$s^* \boldsymbol{x} = \boldsymbol{F}^* \boldsymbol{R}^* (\boldsymbol{X} - \boldsymbol{T}) \tag{2.53}$$

$$s\begin{bmatrix} x \\ y \\ 1 \end{bmatrix} = \begin{bmatrix} f & 0 & u_0 \\ 0 & f & v_0 \\ 0 & 0 & 1 \end{bmatrix}\begin{bmatrix} r_{11} & r_{12} & r_{13} & t_1 \\ r_{21} & r_{22} & r_{23} & t_2 \\ r_{31} & r_{32} & r_{33} & t_3 \end{bmatrix}\begin{bmatrix} X_c \\ Y_c \\ Z_c \\ 1 \end{bmatrix} \tag{2.54}$$

其中，s 为比例因子，等号右侧第一个矩阵为相机内参数矩阵，第二个矩阵为相机外参数矩阵。

在针孔摄像机模型中，空间物体上的任一点和“针孔”的连线与像平面相交的点就是其对应的像点，而且这种对应是唯一的，但反过来不成立，一个像点可与连线上的任意一点对应，物点距离摄像机光心(即针孔位置)的深度无法确定。

2）实际的摄像机模型

现实中，由于实际的镜头并不是理想的透视成像，而是带有不同程度的畸变，在受到

镜头失真的影响下，空间点所成的像并不在线性模型所描述的坐标位置，而是有所偏移，且线性模型不能准确地描述成像几何关系。在高精度测量中，对摄像机进行标定的根本目的是找出成像畸变的因素(它与图像点在图像中的位置有关)，进而对图像畸变做出修正，为后续三维测量提供理想的图像，从而提高测量结果的精度。畸变造成偏移的像点坐标与实际坐标的差值将直接影响世界坐标的计算精度，因此，必须对成像畸变进行校正。

摄像机在实际成像时与理想状态的针孔模型总有一些微小的变化。如图 2.4 所示，投影中心与相应的空间点之间的共线关系会受到破坏，投影点与实际成像的像点会存在一定的误差(Δx，Δy)，因此在构建摄像机模型时，必须对这种误差进行修正。

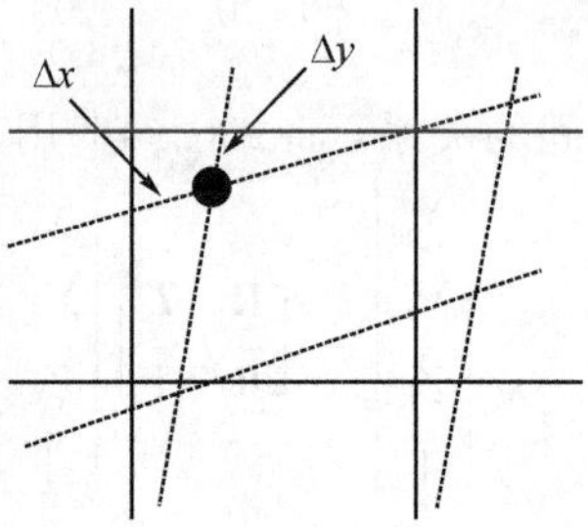

图 2.4 投影点偏离投影几何中心

由于成像过程是线性的，可将式(2.52)写成矩阵的形式：

$$Z_c\begin{bmatrix}u\\v\\1\end{bmatrix}=\begin{bmatrix}\frac{1}{d_x}&0&u_0\\0&\frac{1}{d_y}&v_0\\0&0&1\end{bmatrix}\begin{bmatrix}f&0&0&0\\0&f&0&0\\0&0&1&0\end{bmatrix}\begin{bmatrix}\boldsymbol{R}&-\boldsymbol{T}\\\boldsymbol{0}&1\end{bmatrix}\begin{bmatrix}X_c\\Y_c\\Z_c\\1\end{bmatrix}\tag{2.55}$$

式(2.55)是假定主点在图像平面的物理坐标原点上，实际情况中由于摄像机制作等因素的影响，主点会产生偏移，因此可得到下式：

$$Z_c\begin{bmatrix}u\\v\\1\end{bmatrix}=\begin{bmatrix}\frac{1}{d_x}&0&u_0\\0&\frac{1}{d_y}&v_0\\0&0&1\end{bmatrix}\begin{bmatrix}f&0&0&0\\0&f&0&0\\0&0&1&0\end{bmatrix}\begin{bmatrix}\boldsymbol{R}&\boldsymbol{T}\\\boldsymbol{0}&1\end{bmatrix}\begin{bmatrix}X_c\\Y_c\\Z_c\\1\end{bmatrix}=\boldsymbol{M}_1\boldsymbol{M}_2\begin{bmatrix}X_w\\Y_w\\Z_w\\1\end{bmatrix}=\boldsymbol{M}\begin{bmatrix}X_w\\Y_w\\Z_w\\1\end{bmatrix}\tag{2.56}$$

其中，$\boldsymbol{M}_1$ 完全由焦距 f 和主点的坐标(u_0，v_0)决定，只与摄像机内部结构有关，称为摄像机内部参数矩阵；$\boldsymbol{M}_2$ 完全由摄像机相对世界坐标系的方位决定，称为摄像机外部参数矩阵。M 为 3×4 矩阵，称为投影矩阵。每张图片的摄像机方位是不一样的，故每张图片的摄像机外参也不一样。

摄像机的旋转矩阵 $\boldsymbol{R}$ 虽然有 9 个参数，但这 9 个参数并不是相互独立的，实际上 $\boldsymbol{R}$ 只有 3 个自由度，可以用旋转角向量来表示。被称为欧拉角的 3 个角度 ω、φ、κ 能很好地描述这种旋转变换，绕 X_c 轴旋转 ω 角度，绕 Y_c 轴旋转 φ 角度，绕 Z_c 轴旋转 κ 角度，则旋转角向量与旋转矩阵的关系如下：

$$\begin{aligned}\boldsymbol{R} &= \boldsymbol{R}_z(\kappa)\Delta\boldsymbol{R}_y(\varphi)\Delta\boldsymbol{R}_x(\omega)\\ &= \begin{bmatrix}\cos\varphi\cos\kappa & -\cos\varphi\sin\kappa+\sin\omega\sin\varphi\cos\kappa & \sin\omega\sin\kappa+\cos\omega\sin\varphi\cos\kappa\\ \cos\varphi\sin\kappa & \cos\varphi\cos\kappa+\sin\omega\sin\varphi\sin\kappa & -\sin\omega\cos\kappa+\cos\omega\sin\varphi\cos\kappa\\ -\sin\varphi & \sin\omega\cos\varphi & \cos\omega\cos\varphi\end{bmatrix}\end{aligned} \tag{2.57}$$

其中：

$$\boldsymbol{R}_x(\omega)=\begin{bmatrix}1&0&0\\0&\cos\omega&-\sin\omega\\0&\sin\omega&\cos\omega\end{bmatrix},\ \boldsymbol{R}_y(\varphi)=\begin{bmatrix}\cos\varphi&0&\sin\varphi\\0&1&0\\-\sin\varphi&0&\cos\varphi\end{bmatrix},\ \boldsymbol{R}_z(\kappa)=\begin{bmatrix}\cos\kappa&-\sin\kappa&0\\\sin\kappa&\cos\kappa&0\\0&0&1\end{bmatrix}$$

在深入分析各种畸变模型和实验的基础上，采用 J. Weng 的畸变模型，即包括径向畸变、偏心畸变与薄棱镜畸变，下面详细分析。

（1）径向畸变模型。

径向畸变是由光学镜头径向曲率变化而引起的一种畸变，发生在世界坐标向图像平面坐标的初始投影中。这种变形会造成图像点沿着径向产生移动，离中心点越远变形量越大，故又称为对称的径向失真或桶形失真，如图 2.5 所示。径向畸变是最重要的镜头畸变，而且当镜头的焦距(和价格)减少时，该误差会更显著。这种畸变主要是由组成摄像机光学系统的透镜组不完善和表面曲率存在误差造成的，有正负两种偏移效应。负的径向畸变使得外部的点向内部集中，尺寸随之缩小；反过来，正的径向畸变使得外部的点继续向外扩散，尺寸随之变大。径向畸变关于光轴严格对称。径向畸变的数学模型如下：

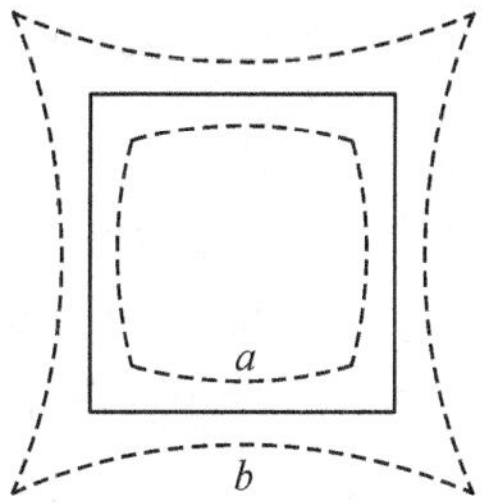

图 2.5　径向畸变

$$\begin{cases}\delta_{1x}=(x-x_p)(k_1r^2+k_2r^4+k_3r^6)\\ \delta_{1y}=(y-y_p)(k_1r^2+k_2r^4+k_3r^6)\end{cases} \tag{2.58}$$

其中，(x, y)是实际获取的图像点坐标；(x_p, y_p)是径向畸变的中心，在实际应用中使用主点作为径向畸变的中心；r 为向径，并且 $r^2=(x-x_p)^2+(y-y_p)^2$；k_1、k_2、k_3 是径向畸变系数。

（2）偏心畸变模型。

摄像机的光学系统一般是由多个光学镜片组成的，由于装配误差的存在，这些光学镜片的光轴不会完全共线，从而产生了偏心畸变。偏心畸变可以理解为光心在成像面横轴和纵轴方向的偏移量，这种偏移是由径向变形分量和切向变形分量共同构成的。偏心畸变的数学模型如下：

$$\begin{cases}\delta_{2x} = p_1(r^2 + 2(x - x_p)^2) + 2p_2(x - x_p)(y - y_p) \\ \delta_{2y} = 2p_1(x - x_p)(y - y_p) + p_2(r^2 + 2(y - y_p)^2)\end{cases} \tag{2.59}$$

其中，p_1、p_2 为偏心畸变系数，其余参数同式(2.58)。

(3) 薄棱镜畸变模型。

薄棱镜畸变主要是由于成像面不平整而造成的失真，例如透镜的光轴与面阵摄像机的平面之间存在倾角误差。成像面的不平整会影响摄影系统三角剖分的精度，而成像面不平整造成的失真可看成是成像过程中入射光线角度的函数。因此，当摄像机采用普通镜头和长焦距时，薄棱镜畸变造成的误差较小；但当采用广角镜头和短焦距对物体进行近距离拍摄时，则误差较大。薄棱镜畸变的数学模型如下：

$$\begin{cases}\delta_{3x} = s_1(x^2 + y^2) \\ \delta_{3y} = s_2(x^2 + y^2)\end{cases} \tag{2.60}$$

其中，s_1、s_2 为薄棱镜畸变系数，其余参数同式(2.55)。

(4) 完整的畸变模型。

通过以上的分析，得到完整的畸变修正模型如下：

$$\begin{cases}\delta_x(x, y) = \bar{x}(k_1r^2 + k_2r^4 + k_3r^6) + p_1(r^2 + 2\bar{x}^2) + 2p_2\overline{xy} + s_1(x^2 + y^2) \\ \delta_y(x, y) = \bar{y}(k_1r^2 + k_2r^4 + k_3r^6) + p_2(r^2 + 2\bar{y}^2) + 2p_1\overline{xy} + s_2(x^2 + y^2)\end{cases} \tag{2.61}$$

其中，$\bar{x}=x-x_0$，$\bar{y}=y-y_0$，x_0、y_0 是图像中心点，其余参数同上。

(5) 完整的摄像机模型。

在不考虑畸变的线性模型上加入畸变的修正，就建立了实际的摄像机模型，如下所示：

$$\begin{cases}x' = x + \delta_x(x, y) \\ y' = y + \delta_y(x, y)\end{cases} \tag{2.62}$$

其中，x'、y'是理想情况下的图像点，x、y 是实际获取的像点，$\delta_x(x, y)$、$\delta_y(x, y)$为畸变修正项，可以通过式(2.61)求出。

2.4.2 视觉测量系统及计算机视觉中的优化问题

1. 视觉测量系统

视觉测量系统是基于光学、图像处理、模式识别与软件工程等技术开发而成的集成系统。如图 2.6 所示，该系统在测量场景及被测物体上粘贴大量标记点作为特征点，通过数码摄像机在不同的位置和方向对测量现场拍摄一组数字化照片(至少 3 幅以上)，然后经计算机图像识别、匹配、摄像机标定、三维重建等一系列处理可得到特征点精确的三维坐标。

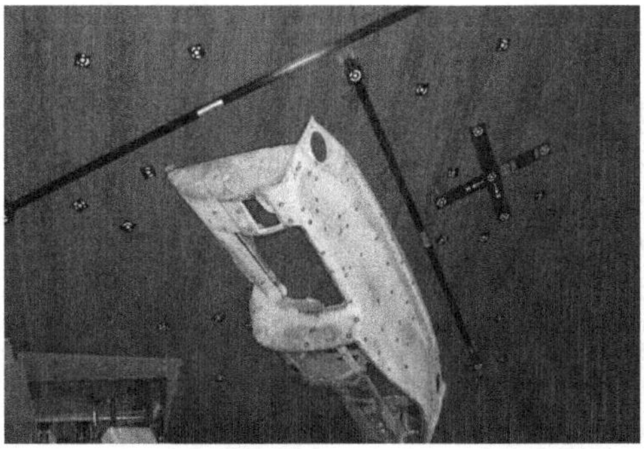

图 2.6　视觉测量系统示例图

1）视觉测量系统的组成

一套完整的视觉测量系统主要由硬件和软件组成。其中，硬件主要包括人工特征点、十字靶标、标准比例尺、摄像机、计算机等。

（1）人工特征点。

该系统采用的人工特征点分为两种。一种是编码特征点，如图 2.7(a)、(b)所示，其中心为圆形“目标点”，目标点周围为与目标点同一圆心的分段环状区域，用来确定编码元的身份信息，称为编码带。该圆环按照角度平均分为 15 份，每份 24°，相当于一个二进制位，每一位可以取前景色(白色)或背景色(黑色)，相应的二进制码为 1 或 0。这种特征点具有唯一的编码特征，根据其编码可以容易地确定匹配关系。为了能够表现出物体的轮廓和深度，特征点的大小不宜太大，而在这么小的面积上设计编码是很困难的，因此我们引入了另一种特征点，即非编码特征点，如图 2.7(c)所示。非编码特征点的形状是一个黑底的白色圆形，面积较小，可以根据需要选择粘贴的数量，用来形成测量点云。

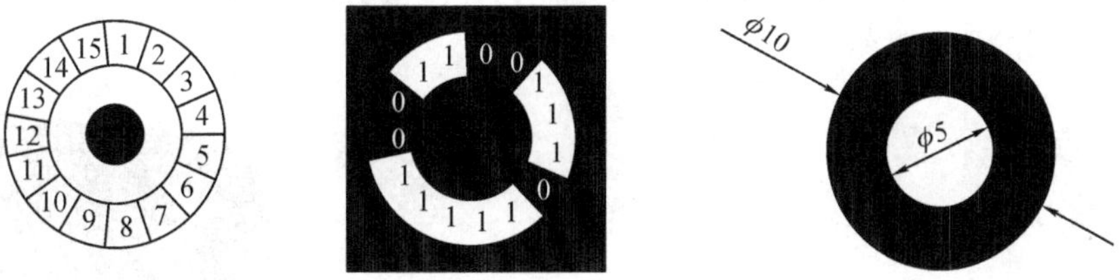

(a) 编码特征点结构　(b) 编码特征点示例　(c) 非编码特征点示例

图 2.7　人工特征点

（2）十字靶标。

十字靶标是用来定义世界坐标系的，X 轴和 Z 轴方向如图 2.8 所示，Y 轴方向指向十字靶标背面。十字靶标中心及四端各有一个编码特征点，编号为 501～505，如图 2.9 所示。以 501 所在位置为世界坐标系的原点，这 5 个点的三维坐标都是规定好的，如表 2.1 所示。

图 2.8　十字靶标

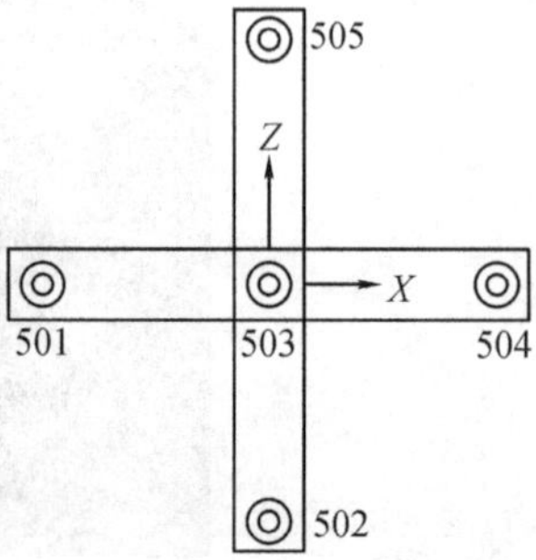

图2.9　十字靶标编号示意图

表 2.1　控制点三维坐标

点号	**501**	**502**	**503**	**504**	**505**
X/mm	0	180	180	360	180
Y/mm	0	0	0	0	0
Z/mm	0	−180	0	0	180

(3) 标准比例尺。

如图 2.10 所示，可以在场景中放置两根标准比例尺，比例尺两端编码特征点的距离是个标准值，可以根据需要进行调节，以用来约束重建的特征点三维坐标。

(4) 摄像机。

这里介绍的视觉测量系统使用的是 NIKON D2Xs 单反相机，如图 2.11 所示。该相机的传感器类型为 CMOS，最大像素数为 1 284 万，最高分辨率为 4288×2848，等效焦距为 35 mm，采用 AF 尼克尔镜头。

图 2.10　比例尺示意图

图 2.11　NIKON D2Xs 单反相机

(5) 计算机。

普通视觉测量系统使用的计算机的主要配置如表 2.2 所示。

表 2.2　计算机主要配置

项目	配　置
CPU 主频	Inter(R) Pentium(R) Dual E2180 2.0 GHz
内存	2.0 G
显卡	NVIDIA GeForce 8500 GT

(6) 视觉测量系统软件。

软件是视觉测量系统的核心部分，其主要功能包括像点精确定位、编码标志识别及定位、图像匹配、摄像机标定、三维重建等。

2) 视觉测量系统的工作流程

视觉测量系统的工作流程如下：

(1) 获取数字图像。

获取数字图像是进行图像处理和实现三维测量的前提条件。在视觉测量系统中，获取数字图像的常用硬件设备一般是数码相机或 CCD 摄像机。图像采集不仅要满足系统的应用要求，还要考虑视点差异、光照条件、摄像机性能以及底片的分辨率等因素的影响，以便于进行立体视觉计算。

(2) 进行图像预处理。

得到数字图像后，需要对数字图像进行处理以获取图像中的特征信息。摄像机成像过程中包含了各种各样的随机噪声和畸变，因此在提取特征时需要对原始图像进行预处理，以突出有用信息，抑制无用信息。

(3) 进行特征匹配。

从两个以上不同角度拍摄的图像中提取三维信息，关键是要得到同一空间点在这些图像平面上像点之间的对应关系，这就要进行特征匹配。特征匹配是指根据前面所选取的特征，建立特征间的对应关系，将同一个空间点在不同图像平面上的投影点对应起来。

(4) 标定摄像机。

摄像机标定的目的是建立有效的成像模型，并确定摄像机的内、外部参数，以便正确地建立空间坐标系中物点和它在图像平面上像点之间的对应关系。一旦摄像机被标定，则图像中对应点的三维空间坐标就可以确定。摄像机模型除了提供图像上对应点空间与实际场景空间之间的映射关系外，还可以用于约束寻找对应点时的搜索空间，从而降低匹配算法的复杂性，减小误匹配率。

(5) 计算特征点的三维坐标。

通过摄像机标定得到摄像机的参数，并且利用特征匹配得到匹配点集合之后，就可得到所给的两幅以上图像的摄像机的位置关系，从而可确定深度图像并重建特征点的三维坐标信息。影响三维坐标计算精度的主要因素有摄像机标定误差、数字量化效应、特征点识别与匹配定位精度等。因此，设计一个精确的三维测量系统，必须要综合考虑各方面的因素，保证各环节都具有较高的精度。

2. 计算机视觉中的优化问题

20 世纪 80 年代初形成的 Marr 计算框架，以及随后发展的其他计算理论框架，使得人们相信通过计算手段能实现从二维图像对三维现实世界的感知，因此计算机视觉问题可归结为两件事情，一是为计算机视觉问题建立数学模型，二是模型的估计与选择。这使得计算机视觉中的优化问题贯穿于数学模型的建立与模型的求解之中。对于优化问题，站在不同的角度，面对的优化问题就有所不同。

1) 从视觉测量系统的环节上进行优化

从视觉测量系统的环节上讲，优化问题主要存在于摄像机标定和特征点的三维坐标计算之中，这是环节内部的优化问题。建立完整的摄像机模型是计算机视觉的一个基本问题。由于描述特征点在图像平面的位置与空间物体表面相应点的几何位置是由摄像机成像的几何模型决定的，因此能否有效地描述摄像机的真实成像模型，在很大程度上影响着测量的精度。

在建立摄像机模型之后，通过实验和计算的方法来确定摄像机参数的过程称为摄像机标定。摄像机标定中的优化问题是计算机视觉中获取三维空间信息的前提和基础。标定的精度直接影响着三维测量的精度和三维重建的结果。然而，直接求解得到的摄像机参数往往不能达到精度的要求，不能为后续的特征点三维坐标计算提供良好的基础。因此，我们需要对摄像机参数进行优化求精。

特征点三维坐标计算是计算机视觉研究的主要内容之一，它是通过二维图像中的基元图来恢复三维空间，也就是要研究三维空间点、线、面的三维坐标与二维图像中对应点、线、面的二维坐标间的关系，实现定量分析物体的大小和空间物体的相互位置关系。在实际应用中，摄像机图像分辨率有限，图像大小也有限，若成像畸变较大，则变换后的空间距离将存在很大的误差，这在高精度的三维立体测量、视觉检测、运动测量中是不能接受的。因此，如何得到高精度的三维坐标，也是一个重要的优化问题。

2) 从整个视觉测量系统的角度出发进行优化

从整个视觉测量系统的角度出发，编码点匹配到摄像机标定到非编码点的匹配再到特征点三维坐标的计算，这是一个大的优化过程，是系统各环节之间的优化问题。

在进行标记目标的识别后，首先要进行的是编码标记目标的匹配工作，即从不同图像中找到同一物点在这些相片上的像点坐标的过程。由于编码标记点携带了编码信息，能够有较高精度的准确率，虽数量有限，但我们可以根据这些有限的编码标记点对摄像机进行标定。在标定过程中，由于相机和相片都会有不同程度的畸变以及误差的引入，因此需要校正畸变，得到比较精确的相机参数来进行下一步的非编码点的匹配工作。非编码特征点大多粘贴在被测物体上，并且差异性不明显，匹配起来比较困难。因此，需要摄像机标定和特征点三维坐标进行辅助匹配。当所有的非编码点完成匹配后，根据已经校正的相机参数和像点坐标，就可以求解特征点的三维坐标。

由于各个环节紧密联系，每个环节的精度都将影响到最后的精度，同时，单个环节的精度受到相关环节的影响，因此，我们可以根据不同的需要，有选择性地进行整体优化或者局部优化。例如，将摄像机标定和特征点的三维坐标计算作为一个优化问题，进行整体优化求解，也能达到测量精度的要求。只有将这两部分的优化问题处理得当，才能提高最终的测量精度。

本章小结

本章首先介绍了优化问题的基本概念与数学模型；然后介绍了计算机视觉中常用优化方法（最小二乘法、最速下降法、牛顿法、拟牛顿法）的基本思想、计算步骤以及自身的优缺点和应用范围；最后介绍了计算机视觉基础及优化问题。计算机视觉中的主要优化问题分为两类，一类是单独工作流程内部的优化问题，一类是从整个视觉测量系统的角度出发，各个环节之间的整体优化问题。

参考文献

[1] 李占利，张卫国，库向阳. 最优化理论与方法[M]. 徐州：中国矿业大学出版社，2012.

[2] 黄凯奇，陈晓棠，康运锋，等. 智能视频监控技术综述[J]. 计算机学报，2015，38(6)：1093-1118.

[3] 李洪安. 信号稀疏化与应用[M]. 西安：西安电子科技大学出版社，2017.

[4] 李占利. 运筹学简明教程[M]. 2版. 西安：西北工业大学出版社，2001.

[5] 陈宝林. 最优化理论与算法[M]. 2版. 北京：清华大学出版社，2005.

[6] 李茜. 计算机视觉中迭代优化方法研究[D]. 西安：西安科技大学，2012.

[7] LI Z L, ZHANG Y J. Hermite surface fitting base on normal vector constrained[J]. Journal of Applied Sciences, 2013, 13(22): 5398-5403.

[8] 李占利，刘航. 一种改进的人工标记点匹配方法[J]. 计算机应用研究，2011，28(9)：2235-2241.

[9] LI Z L, HAN Z. Research and development of vision measurement system with marked targets[C]. 2013 2nd International Conference on Measurement, Instrumentation and Automation, 2013: 2003-2007.

[10] 吴祈宗. 运筹学与最优化方法[M]. 北京：机械工业出版社，2003.

[11] 李占利，刘梅，孙瑜. 摄影测量中圆形目标中心像点计算方法研究[J]. 仪器仪表学报，2011，32(10)：2235-2241.

[12] LI Z L，LIU M. Research on decoding method of coded targets in close range photogrammetry[J]. Journal of Computational Information Systems，2010，6(8)：2699-2705.

[13] 孙文瑜，徐成贤，朱德通. 最优化方法[M]. 北京：高等教育出版社，2004.

[14] 徐成贤，陈志平，李乃成. 近代最优化方法[M]. 北京：科学出版社，2002.

[15] 万仲平，费浦生. 优化理论与方法[M]. 武汉：武汉大学出版社，2004.

[16] 董立红，李占利，张杰慧. 基于图像处理技术的煤矿井下钻孔深度测量方法：中国，CN201310132223.9[P]. 2017-04-12.

[17] MALAMAS E，PETRAKIS E G M，ZERVAKIS M，et al. A survey on industrial vision systems，applications and tools[J]. Image & Vision Computing，2003，21(2)：171-188.

[18] 赵高长，武风波，周彬. 基于DLT模型的摄像机标定简化方法[J]. 应用光学，2009，30(4)：585-589.

[19] TSAI R. A versatile camera calibration technique for high-accuracy 3D machine vision metrology using off-the-shelf TV cameras and lenses[J]. IEEE Journal on Robotics and Automation，1987，3(4)：323-344.

[20] ZHANG Z. A flexible new technique for camera calibration[J]. IEEE Transactions on Pattern Analysis and Machine Intelligence，2000，22(11)：1330-1334.

[21] LI Z L，LI Q. Iterative methods for solving optimization problems in photogrammetry[J]. Lecture Notes in Information Technology，2012，25：42-53.

第3章 摄像机标定与迭代优化方法

摄像机标定与优化是智能视频分析的关键步骤，其结果直接影响获取的视频数据的精确性，从而对智能视频分析效果产生较大影响。

在图像测量过程以及计算机视觉应用中，为确定空间物体表面某点的三维几何位置与其在图像中对应点之间的相互关系，必须建立摄像机成像的几何模型，这些几何模型参数就是摄像机参数。在大多数条件下，这些参数必须通过实验和计算才能得到，这个求解参数的过程就称之为摄像机标定。摄像机参数可分为内部参数(简称内参)和外部参数(简称外参)。内部参数是指能够描述摄像机成像行为和本质特性的物理参数，包括镜头的焦距、畸变系数和图像中心等参数；外部参数是指表示摄像机在世界坐标系中的位置的几何参数，包括世界坐标系与摄像机坐标系之间的旋转矩阵和平移向量等参数。

摄像机标定技术在视频图像的精密测量、视觉测距、三维重建等智能视频分析任务中发挥着重要的作用。目前在摄像机标定的研究方面，如何针对实际应用中的具体问题去设计特定的、简便的且实用的标定方法是研究工作的重点。在实际应用中，很多情况下标定得到的成像质量并不满足要求，如成像光学带来的像差、光学图像成像过程中的图像散焦、系统噪声以及标定物超越景深范围等等，都会造成图像的模糊和变形。通常使用标定方法直接进行计算往往不能得到较准确的摄像机参数，因此，优化成为必不可少的步骤之一。下面就摄像机标定与迭代优化的相关理论与方法进行阐述。

3.1 摄像机标定优化模型

根据摄像机模型，将模型的特征点投影到平面上，可得到特征点的模型图像坐标 (U_i, V_i)。模型图像坐标 (U_i, V_i) 与摄像机实际探测到的图像坐标 (u_i, v_i) 存在残差，非线性优化的目的就是要使这种残差最小，由此得到的使残差最小时的参数即为摄像机参数的估计值。优化的目标函数解析表达式如下：

$$\min \sum_{i=1}^{n} \sum_{j=1}^{m} d^2 \left[Q(a_j, b_i), x_{ij} \right] \tag{3.1}$$

其中，x_{ij} 表示第 i 个空间点在第 j 幅图像上的 2D 像点坐标，它是在图像上直接提取得到的；$Q(a_j, b_i)$ 是根据已知的 3D 点坐标和外参数值通过投影关系得到的投影点 2D 坐标，a_j

表示第 j 张图像，b_i 表示第 i 个 3D 点坐标；$d(\ )$表示的是两者的欧氏距离。优化的目标就是使这两种不同途径得到的 2D 坐标残差最小。

在摄像机标定环节，只需对摄像机参数进行优化。被优化的对象包括：摄像机外参旋转矩阵 $\boldsymbol{\Phi}$、平移向量 $\boldsymbol{T}$、摄像机内参 Ψ。特征点的三维坐标虽然参与运算，但是不进行修正，只是辅助摄像机参数的优化。

对于三维标定靶标，一幅图像就能够估计出全部内部参数和外部参数；而对于二维共面靶标，至少需要获得两个不同位置的靶标的两幅图像，才能够估计出全部的内部参数和外部参数。

3.2　摄像机标定方法分析

根据标定方式的不同，摄像机标定方法主要分为三类：传统标定方法、自标定方法和基于主动视觉的标定方法。传统的摄像机标定方法需要有已知形状、尺寸的标定参照物，通过建立标定参照物上已知三维坐标的点与其图像点之间的对应关系，利用一系列数学变换和计算，求取摄像机模型的内参、外参和畸变系数。传统标定方法精度高，但是需要有高精度的标定物，在应用时有较大的局限性。自标定方法不需要特定的参照物，仅仅通过摄像机获取的图像信息来确定摄像机参数，灵活性较强，但是需要利用场景中的几何信息，并且鲁棒性和精度都不是很高。基于主动视觉的摄像机标定方法是根据自主地控制摄像机来获取图像数据，线性地求解摄像机参数，该方法具有计算简便、稳定性较好的特点，但其成本较高，并且在摄像机运动信息未知和无法控制的场合也不能应用。因此，为了进行高精度三维测量，本节侧重于传统标定方法的研究。

传统标定方法又包括线性法、非线性优化法和分步法三种标定方法。

1. 线性法标定

线性法标定不考虑摄像机镜头的非线性畸变，从物体点的三维空间到图像点的二维空间的变换是线性变换，如果给定足够多点的三维世界坐标及其相应的图像坐标，就可以求得摄像机的参数。因为这里用到了透视变换矩阵，所以简单说一下什么是透视变换。透视变换(Perspective Transformation)的本质是将图像投影到一个新的视平面，它常用于图像的校正。这里我们通过计算透视变换矩阵，然后由透视变换矩阵分解得到摄像机的内外参数。这类方法的优点是摄像机模型得到了简化，从而使标定过程简单、速度快，能够实现摄像机参数的实时计算；缺点是标定过程中不考虑摄像机的系统误差和镜头畸变以及噪声等的影响，使标定精度受到一定程度的影响。常见的线性标定方法有直接线性变换法、透视变换矩阵法等。

2. 非线性优化法标定

非线性优化法综合考虑了摄像机成像过程中的非线性畸变，首先建立物点三维坐标与像点二维坐标的投影关系，然后通过迭代优化方式对模型参数进行求解。这类方法的优点是可以覆盖所有的像差变形。即使摄像机模型非常复杂，只要估计模型选择恰当并且能够较好的收敛，也可以得到很高的标定精度。但是，当计算量大且优化算法取决于摄像机参数的初始值时，由于初始值如何选择没有明确的定论，因此很难通过优化程序得到正确的结果。

3. 分步法标定

分步法是在考虑非线性优化法与线性法的不足的基础上发展起来的。这种方法首先利用线性法求解摄像机部分参数，再以求得的这些参数为初始值，考虑畸变因素，并利用非线性优化法进一步提高标定精度，这就形成了两步法。该方法用于迭代的参数相对于非线性优化法来说较少，而且能够自动提供较好的初始值，同时又考虑了摄像头的畸变，从而降低了参数求解的复杂性，提高了运算速度。因此，采用分步法可使标定过程快捷、准确。其中，以 Tsai 和张正友提出的标定方法为代表，得到了广泛的应用。

1）Tsai 的两步法

Tsai 提出了考虑畸变因素的两步法标定方法，该方法采用摄像机的径向畸变模型，利用“径向准直约束”条件，通过中间参数对摄像机进行两步标定。该方法首先用径向准直约束通过线性求解得到摄像机系统中的外参的大部分，然后根据求得的外参，采用非线性优化法求解畸变系数、有效焦距及一个平移参数。这种方法利用共面点就可以标定出摄像机的大部分内外参数(无法标定图像的主点坐标)，相对以前需要立体标定物的传统标定法，实验条件和要求大大降低。由于切向畸变是非线性畸变多项式中的三阶因子，考虑切向畸变需要引进更多的标定参数，会使求解过程变得相当复杂，因此，Tsai 的标定方法只考虑径向畸变而不考虑切向畸变。

2）张正友的平面标定法

张正友提出了一种可以利用旋转矩阵的正交条件及非线性最优化进行摄像机标定的方法。该方法也是基于两步法的思想，即先线性求解部分参数的初始值，然后利用计算好的内部参数和平面模板映射矩阵求出外部参数，最后考虑径向畸变(一阶和二阶)并基于极大似然准则对结果进行非线性优化。该方法需要摄像机从不同的角度拍摄一个网格状平面模板来获得若干幅图像(至少三幅)，由于平面模板上每个特征点与其图像上相应的像点之间存在一个对应关系，这个关系可用一个映射矩阵来表示，因此对于每幅图像，都可以确定一个映射矩阵，这就为内部参数的求解提供了两个约束条件。而且这种方法用平面模板代替了传统摄像机标定中的三维标定物，摄像机与平面模板间可以自由地运动，且运动参数无需知道。这种标定方法的特点是成本低，标定稳定性和精度高于一般的自标定方法。

3.3 基于迭代优化的摄像机标定方法

通过对传统摄像机标定方法的分析，可以看出两步法结合了非线性优化法和线性法标定的优点，结果精确，运算速度高。在两步法标定中以 Tsai 和张正友的方法应用最为广泛，但是 Tsai 的方法只考虑了径向畸变而没有考虑切向畸变，当切向畸变较大时不适用，无法满足测量系统的高精度需求。而张正友的方法需要利用网格状平面模板进行标定，通过大量的已知 3D－2D 关系的点计算摄像机的内外参数，在大型工件的特征点三维测量问题中，由于测量场景中只有少量已知真实物方三维坐标的点(称为控制点)，故张正友的平面标定法并不适用。因此，本节针对实际测量中的特点及高精度需求，设计了一种基于迭代优化的摄像机标定方法，该方法能够在具有少量控制点的情况下进行标定，并且能有效校正摄像机镜头畸变，提高标定精度。

3.3.1 摄像机标定迭代优化的基本思想

摄像机标定的任务就是通过成像模型获取场景中物体的三维世界坐标与其图像上二维坐标之间的关系，由一系列对应的 3D－2D 数据去计算摄像机的内外参数及畸变系数。由于在实际测量场景中往往只有少量控制点，只根据这些控制点的对应关系对摄像机参数进行高精度标定是不可能的，因此，本节设计一种基于迭代优化的标定方法。该方法首先利用已有的控制点线性估计部分摄像机参数，然后计算图像中心少量特征点的三维坐标，通过逐渐增多的 3D－2D 对应关系估计其他的摄像机参数。简单来说，就是通过迭代交替的方式计算得到摄像机参数的全部初始估计值，最后求解摄像机参数。

该方法可以分为以下几个步骤：

第一，获取摄像机内参初值。

第二，线性估计摄像机外部参数。在初始控制点很少的情况下，先不考虑畸变，线性标定外参。

第三，重建特征点的三维坐标。根据图像中心畸变较小的原理，逐步由图像中心向外围重建特征点的三维坐标。

第四，用非线性优化的方法分步求解畸变系数。要求解比较准确的畸变系数，需要大量的已知 3D－2D 对应关系的点，因此这个过程与第三步特征点的三维重建过程多次迭代交替进行。

第五，在得到所有摄像机参数以后，优化摄像机参数。

算法流程如图 3.1 所示。

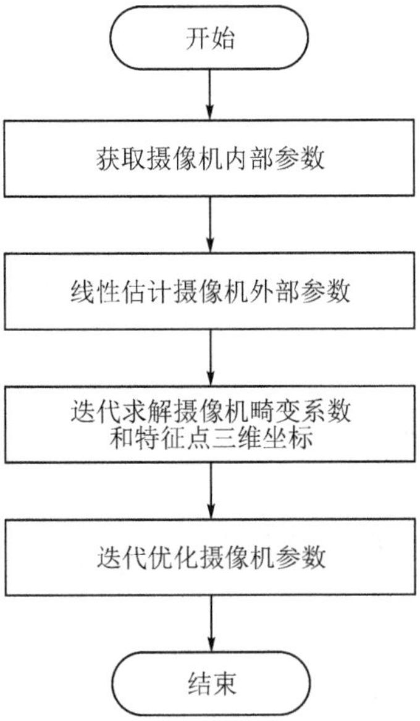

图 3.1　摄像机标定方法流程图

在常见的摄像机标定方法的相关文献中对非线性优化的具体实现过程介绍较少，但是非线性优化的实现过程是很复杂的。因此，本节在讨论标定方法时，不仅对摄像机参数的求解方法进行了介绍，而且对标定方法的非线性优化实现过程也进行了分析。

3.3.2　摄像机内参估计

摄像机的内参包括焦距 f 和主点坐标(c_x，c_y)。焦距 f 的初值使用摄像机厂家提供的参数。若假设主点坐标的初值位于图像物理坐标系的原点，则(c_x，c_y)=(0，0)(单位：mm)。

在实际模型中，由于系统误差及镜头畸变的存在，焦距和主点坐标的初值只能算是个粗略值，在后面的计算中，焦距和主点坐标还要参与迭代优化，以求得它们的最优解。

由于在计算机中，坐标一般是基于物理坐标的，而从图像中获取的是图像上的像素坐标，因此要将像素坐标转换为物理坐标。从摄像机厂家提供的参数中还可以得到分辨率(r_x，r_y)以及 CCD 阵列中感光元件的水平方向和垂直方向的间距 s_x 和 s_y。参数(d_x，d_y)=(s_x/r_x，s_y/r_y)，(u_0，v_0)=($r_x/2$，$r_y/2$)。

3.3.3　摄像机外参估计

摄像机的外参用来描述摄像机相对于世界坐标系的位置和方向，拍摄每幅图像时，摄像机在世界坐标系中的位置和方向是不同的。因此，每幅图像都有一组摄像机外参值。首先，不考虑畸变的影响，用线性方法求解摄像机的外参初值；然后，利用非线性优化方法得到相对准确的外参初值。

1. 外参初值的线性估计

外参初值是通过特征点对应的 3D－2D 关系得到的，根据已知控制点是否共面，可选用两种方法求解外参初值。第一种方法是采用张正友的平面单应性矩阵求解包含共面控制点的图像的外参初值，第二种方法是采用直线线性变换算法计算包含非共面控制点的图像的外参初值。

1）平面法标定外参初值

根据摄像机模型可以得到如下关系：

$$s\begin{bmatrix}x\\y\\1\end{bmatrix}=\boldsymbol{A}\begin{bmatrix}\boldsymbol{R} & -\boldsymbol{RT}\\ \boldsymbol{0} & 1\end{bmatrix}\begin{bmatrix}X\\Y\\0\\1\end{bmatrix}=\boldsymbol{A}\begin{bmatrix}\boldsymbol{r}_1 & \boldsymbol{r}_2 & -\boldsymbol{RT}\end{bmatrix}\begin{bmatrix}X\\Y\\1\end{bmatrix} \tag{3.2}$$

其中，s 为比例因子，$\boldsymbol{A}=\begin{bmatrix}f & 0 & c_x\\0 & f & c_y\\0 & 0 & 1\end{bmatrix}$ 为内参矩阵，$\boldsymbol{r}_i$ 为旋转矩阵 $\boldsymbol{R}$ 的第 i 列。

将式(3.2)变换后可得

$$s\boldsymbol{m}=\boldsymbol{H}\overline{\boldsymbol{M}} \tag{3.3}$$

其中，$\boldsymbol{m}=[x \quad y \quad 1]^{\mathrm{T}}$，$\boldsymbol{H}=\boldsymbol{A}[\boldsymbol{r}_1 \quad \boldsymbol{r}_2 \quad -\boldsymbol{RT}]$，$\overline{\boldsymbol{M}}=[X \quad Y \quad 1]^{\mathrm{T}}$。$\boldsymbol{H}$ 为 3×3 的矩阵，矩阵 $\boldsymbol{H}$ 反映了共面控制点的三维信息与其对应图像的二维信息之间的映射关系，利用 5 个以上已知对应关系的共面点可以计算出图像的单应性矩阵 $\boldsymbol{H}$。假设对每幅图像得到一个映射矩阵 $\boldsymbol{H}$，如下：

$$\boldsymbol{H}=[\boldsymbol{h}_1 \quad \boldsymbol{h}_2 \quad \boldsymbol{h}_3]=\lambda\boldsymbol{A}[\boldsymbol{r}_1 \quad \boldsymbol{r}_2 \quad -\boldsymbol{RT}] \tag{3.4}$$

由于内参矩阵 $\boldsymbol{A}$ 已知，每幅图像的外参值可以通过下式得到：

$$\boldsymbol{r}_1=\lambda\boldsymbol{A}^{-1}\boldsymbol{h}_1,\quad \boldsymbol{r}_2=\lambda\boldsymbol{A}^{-1}\boldsymbol{h}_2,\quad \boldsymbol{r}_3=\boldsymbol{r}_1\times\boldsymbol{r}_2,\quad \boldsymbol{RT}=\lambda\boldsymbol{A}^{-1}\boldsymbol{h}_3 \tag{3.5}$$

其中，$\lambda=\dfrac{1}{\|\boldsymbol{A}^{-1}\boldsymbol{h}_1\|}=\dfrac{1}{\|\boldsymbol{A}^{-1}\boldsymbol{h}_2\|}$。

2）DLT 算法标定外参初值

由摄像机针孔模型可以得到

$$s\begin{bmatrix}\tilde{x}_i\\ \tilde{y}_i\\1\end{bmatrix}=[\boldsymbol{R} \quad -\boldsymbol{RT}]\begin{bmatrix}X_i\\Y_i\\Z_i\\1\end{bmatrix}=\begin{bmatrix}r_{11} & r_{12} & r_{13} & w_1\\ r_{21} & r_{22} & r_{23} & w_2\\ r_{31} & r_{32} & r_{33} & w_3\end{bmatrix}\begin{bmatrix}X_i\\Y_i\\Z_i\\1\end{bmatrix} \tag{3.6}$$

其中，$\begin{bmatrix}\tilde{x}_i\\ \tilde{y}_i\\ 1\end{bmatrix}=\boldsymbol{A}^{-1}\begin{bmatrix}x_i\\ y_i\\ 1\end{bmatrix}$，$[\tilde{x}_i \quad \tilde{y}_i \quad 1]^{\mathrm{T}}$ 为第 i 个点的图像归一化坐标，$[x_i \quad y_i \quad 1]^{\mathrm{T}}$ 为对应的第 i 个点的图像物理坐标；$[X_i \quad Y_i \quad Z_i \quad 1]^{\mathrm{T}}$ 为空间第 i 个点的坐标；r_{ij} 为旋转矩阵 $\boldsymbol{R}$ 的第 i 行第 j 列元素；$w_i=r_{i1}*T_1+r_{i2}*T_2+r_{i3}*T_3$，$T_i$ 为平移向量 $\boldsymbol{T}$ 的第 i 个元素。

式(3.6)包含三个方程，将第一式除以第三式，第二式除以第三式，并分别消去 s 后，可得如下的线性方程组：

$$\begin{cases}X_ir_{11}+Y_ir_{12}+Z_ir_{13}-w_1-\tilde{x}_iX_ir_{31}-\tilde{x}_iY_ir_{32}-\tilde{x}_iZ_ir_{33}+\tilde{x}_iw_3=0\\ X_ir_{21}+Y_ir_{22}+Z_ir_{23}-w_2-\tilde{y}_iX_ir_{31}-\tilde{y}_iY_ir_{32}-\tilde{y}_iZ_ir_{33}+\tilde{y}_iw_3=0\end{cases} \tag{3.7}$$

如果有 n 个特征点，并且已经获得它们的空间点坐标与其对应的像点坐标，则可以得到 $2n$ 个关于外参矩阵的线性方程，用矩阵形式写出，如下：

$$\begin{bmatrix}X_1 & Y_1 & Z_1 & -1 & 0 & 0 & 0 & 0 & -\tilde{x}_1X_1 & -\tilde{x}_1Y_1 & -\tilde{x}_1Z_1 & \tilde{x}_1\\ 0 & 0 & 0 & 0 & X_1 & Y_1 & Z_1 & -1 & -\tilde{y}_1X_1 & -\tilde{y}_1Y_1 & -\tilde{y}_1Z_1 & \tilde{y}_1\\ \vdots & \vdots & \vdots & \vdots & \vdots & \vdots & \vdots & \vdots & \vdots & \vdots & \vdots & \vdots\\ X_n & Y_n & Z_n & -1 & 0 & 0 & 0 & 0 & -\tilde{x}_nX_n & -\tilde{x}_nY_n & -\tilde{x}_nZ_n & \tilde{x}_n\\ 0 & 0 & 0 & 0 & X_n & Y_n & Z_n & -1 & -\tilde{y}_nX_n & -\tilde{y}_nY_n & -\tilde{y}_nZ_n & \tilde{y}_n\end{bmatrix}\begin{bmatrix}r_{11}\\ r_{12}\\ r_{13}\\ w_1\\ r_{21}\\ r_{22}\\ r_{23}\\ w_2\\ r_{31}\\ r_{32}\\ r_{33}\\ w_3\end{bmatrix}=\boldsymbol{0} \tag{3.8}$$

可见，由空间 6 个以上已知点与它们的图像点坐标，可以求出外参矩阵。求出外参矩阵后，可以从中分解求出平移向量 $\boldsymbol{T}$。

2. 外参初值的优化

至此，我们得到了每幅图像的外参初值，但这只是个粗糙解，由于后续过程比较依赖于摄像机的外参初值，因此在求得每幅图像的外参初值后，需对其进行非线性优化以求得到相对准确的外参初值。建立优化外参的目标函数如下：

$$\sum_{j=1}^{m_i}\| x_{ij}-\bar{x}(R_i,\ T_i)\|^2 \tag{3.9}$$

其中，m_i 表示第 i 幅图像上已知 3D－2D 关系的点的个数；x_{ij} 为第 i 幅图像上观测得到的

第 j 个图像坐标；$\bar{x}(R_i, T_i)$为对应空间点在第 i 幅图像上的投影，R_i、T_i 为第 i 幅图像的外参初值。这里针对每幅图像的外参单独进行优化。

3.3.4 摄像机畸变系数估计

通过线性标定求出的摄像机内外参数是在不考虑摄像机畸变情况下求取的，当加入畸变系数以后，摄像机模型就变成非线性的了。因此，我们采用非线性优化方法逐步求解摄像机的畸变系数。通过建立的摄像机模型可知，畸变系数有 7 个，分别为：径向畸变系数 k_1、k_2、k_3，偏心畸变系数 p_1、p_2，薄棱镜畸变系数 s_1、s_2。要得到比较准确的畸变系数，需要大量的已知 3D - 2D 对应关系的点，而初始控制点很少，不能满足要求。因此，我们将摄像机畸变系数的估计过程与特征点的三维重建过程多次迭代交替进行。

1. 建立目标函数

在控制点较少的情况下，可考虑引入 3 个畸变系数 k_1、p_1、p_2 来提高解算精度；而当控制点数达到一定数量时，可考虑引入 3 个畸变系数 k_1、p_1、p_2 或 5 个畸变系数 k_1、k_2、k_3、p_1、p_2，以提高解算精度；当控制点数较多时，应考虑引入全部畸变系数以提高解算精度。依据这个原理，根据重建的三维点从少到多，逐步优化求解 1 个畸变系数 k_1 和 3 个畸变系数 k_1、p_1、p_2 以及全部畸变系数。这个过程同时也优化求精摄像机内外参数。因此，设 $\boldsymbol{\psi}$ 为摄像机内参，$\boldsymbol{\Phi}_i$ 为第 i 幅图像的旋转向量，$\boldsymbol{T}_i$ 为第 i 幅图像的平移向量，建立不同的摄像机畸变系数目标函数如下：

(1) 令畸变系数 k_1 初值为 0，建立摄像机外参及 k_1 的目标函数 F_1 如下：

$$F_1 = \sum_{i=1}^{n}\sum_{j=1}^{m} \| x_{ij} - \bar{x}_{ij}(\boldsymbol{\Phi}_i, \boldsymbol{T}_i, k_1) \|^2 \tag{3.10}$$

其中，x_{ij} 表示第 i 幅图像上的第 j 个图像点，$\bar{x}_{ij}$ 表示对应的重投影图像点，n 表示图像数，m 表示第 i 幅图像上的像点个数。

(2) 令畸变系数(k_1, p_1, p_2)的初值为(0, 0, 0)，建立摄像机外参及 k_1、p_1、p_2 的目标函数 F_2 如下：

$$F_2 = \sum_{i=1}^{n}\sum_{j=1}^{m} \| x_{ij} - \bar{x}_{ij}(\boldsymbol{\Phi}_i, \boldsymbol{T}_i, k_1, p_1, p_2) \|^2 \tag{3.11}$$

(3) 建立摄像机内参、外参及畸变系数 k_1、p_1、p_2 的目标函数 F_3 如下：

$$F_3 = \sum_{i=1}^{n}\sum_{j=1}^{m} \| x_{ij} - \bar{x}_{ij}(\boldsymbol{\Phi}_i, \boldsymbol{T}_i, k_1, p_1, p_2, \boldsymbol{\Psi}) \|^2 \tag{3.12}$$

(4) 令畸变系数(k_1, k_2, k_3, p_1, p_2, s_1, s_2)=(0, 0, 0, 0, 0, 0, 0)，建立摄像机所有参数的目标函数 F_4 如下：

$$F_4 = \sum_{i=1}^{n}\sum_{j=1}^{m} \| x_{ij} - \bar{x}_{ij}(\boldsymbol{\Phi}_i, \boldsymbol{T}_i, k_1, k_2, k_3, p_1, p_2, s_1, s_2, \boldsymbol{\Psi}) \|^2 \tag{3.13}$$

2. 迭代估计摄像机畸变系数

由于图像中心的畸变较小，因此随着畸变系数的逐步求解，可从图像中心向外围逐渐扩展重建特征点，其算法步骤如下所述。

1）输入参数

算法的输入参数包括：摄像机内参、外参初值，特征点匹配关系，控制点的三维坐标。

2）输出参数

算法的输出参数包括：优化后的摄像机内参、外参，畸变系数，特征点的三维坐标。

3）算法

（1）计算摄像机畸变系数。

计算摄像机畸变系数的流程如下：

```
if ConPointNum<6      /*控制点个数*/
{
  非线性优化目标函数 F1；
  选取距离图像中心 a1 范围内的特征点；
  /*由于只得到一个畸变系数，a1 取值范围应该较小，控制选择到的特征点个数在
    3 个左右*/
  用优化后的外参和畸变系数 k1 及这些点的匹配关系重建三维坐标；
  统计已知三维坐标的点的个数，更新 ConPointNum；
}
if 6<ConPointNum<10
{
  非线性优化目标函数 F2；
  选取距离图像中心 a2 范围内的特征点；         /*a2 > a1*/
  用优化后的外参和畸变系数 k1、p1、p2 及这些点的匹配关系重建三维坐标；
  统计已知三维坐标的点的个数，更新 ConPointNum；
}
if ConPointNum>10
{
  非线性优化目标函数 F3；
  选取距离图像中心 a3 范围内的特征点；       /*a3 > a2*/
  用优化后的内参、外参及畸变系数 k1、p1、p2 和这些点的匹配关系重建三维坐标；
  用更新后的点的三维坐标和其对应的像点坐标非线性优化目标函数 F4；
}
```

(2) 求解全部特征点的三维坐标值。

由于特征点是从图像中心向外围扩展逐步重建的，因此在得到全部畸变系数以后，可以逐渐扩展范围 a_3 以选取更多的特征点进行重建，然后用新得到的特征点的三维坐标优化摄像机参数，再用优化后的参数重建特征点的三维坐标，如此交替迭代，直到得到所有特征点的三维坐标值。算法流程如下：

```
while ConPointNum<=β      /*β为全部特征点的个数*/
{
  选取距离图像中心 a4 范围内的特征点；      /*a4>a3*/
  用优化后的摄像机参数和这些特征点的匹配关系重建三维坐标；
  利用新计算的三维点及其对应像点非线性优化目标函数 F4；
  统计已知三维坐标的点的个数，更新 ConPointNum；
  扩大 a4；  /*a4 是逐步扩大的，因为摄像机参数是逐步求精的，而特征点三维坐标的精度直
              接影响摄像机参数的精度，它们是互相影响的，只有逐步扩大选取范围才能控制
              三维点和摄像机参数的精度*/
}
```

3.3.5 基于 LM 算法的摄像机参数迭代优化

通过以上几步，我们已经得到了摄像机全部参数的初始估计以及一系列图像中匹配像点对应的三维坐标的初始估计，下面对其进行优化求精。

1. 建立目标函数

优化的目标是获取实际的图像坐标与重投影坐标误差最小时摄像机参数的估计值。

对于 m 幅图像，记摄像机的外参分别为 $\boldsymbol{\Phi}_i=[\omega, \varphi, \kappa]$，$\boldsymbol{T}_i=[T_{1i}, T_{2i}, T_{3i}]$，摄像机的内参为 $\boldsymbol{\Psi}=[c_x, c_y, f, k]$，畸变系数为 $\boldsymbol{k}=[k_1, k_2, k_3, p_1, p_2, s_1, s_2]$，它们都是需要被优化的参数。令

$$\boldsymbol{t}=[\boldsymbol{\Phi}_1, \boldsymbol{T}_1, \boldsymbol{\Phi}_2, \boldsymbol{T}_2, \cdots, \boldsymbol{\Phi}_n, \boldsymbol{T}_n, \boldsymbol{\Psi}] \tag{3.14}$$

其误差矢量为

$$\boldsymbol{\varepsilon}=[x_{11}-\hat{x}_{11}, x_{12}-\hat{x}_{12}, \cdots, x_{1m_1}-\hat{x}_{1m_1}, x_{21}-\hat{x}_{21}, \cdots, x_{2m_2}-\hat{x}_{2m_2}, \cdots, x_{mm_m}-\hat{x}_{mm_m}]^{\mathrm{T}} \tag{3.15}$$

其中，$\hat{x}_{ij}=f(\boldsymbol{t})$，表示第 j 个空间点通过投影函数 $f(\boldsymbol{t})$ 计算得到的在第 i 个图像平面上的重投影坐标，$\boldsymbol{t}$ 为待优化的参数；x_{ij} 是实际获取的对应空间点的图像坐标，m_i 表示第 i 幅图像上有 m_i 个像点。$\boldsymbol{\varepsilon}$ 是 $6m+10$ 个摄像机参数的函数，也就是说，它有 $N=6m+10$ 个自变量。

由此，目标函数可转化为下式：

$$\boldsymbol{G}=\boldsymbol{\varepsilon}^{\mathrm{T}}\boldsymbol{\varepsilon} \tag{3.16}$$

将摄像机参数的初始估计值记为 $\boldsymbol{t}_0$，$\boldsymbol{\varepsilon}_0=\boldsymbol{x}-f(\boldsymbol{t}_0)$，则投影函数 $f(\boldsymbol{t})$在矢量 $\boldsymbol{t}_0$ 的值由下式来近似：

$$f(\boldsymbol{t}_0+\boldsymbol{\delta})=f(\boldsymbol{t}_0+\boldsymbol{J\delta}) \tag{3.17}$$

其中，$\boldsymbol{J}=\partial f(\boldsymbol{t})/\partial \boldsymbol{t}$ 为 Jacobian 矩阵，表示线性映射。寻找 $f(\boldsymbol{t}_{k+1})$（其中 $\boldsymbol{t}_{k+1}=\boldsymbol{t}_k+\boldsymbol{\delta}$）使下式最小：

$$\|\boldsymbol{x}-f(\boldsymbol{t}_{k+1})\|=\|\boldsymbol{x}-f(\boldsymbol{t}_k)-\boldsymbol{J\delta}\|=\|\boldsymbol{\varepsilon}_k-\boldsymbol{J\delta}\| \tag{3.18}$$

即线性最小化 $\|\boldsymbol{\varepsilon}_k-\boldsymbol{J\delta}\|$。该最小化问题可以转化为求解增量正规方程组

$$(1+\lambda)\boldsymbol{J}^{\mathrm{T}}\boldsymbol{J\delta}=\boldsymbol{J}^{\mathrm{T}}\boldsymbol{\varepsilon}_k \tag{3.19}$$

其中，$\lambda>0$ 为阻尼项，$\boldsymbol{\delta}$ 是待求的摄像机参数的增量。用每次迭代所得增量对摄像机参数进行修正，当 $\boldsymbol{\delta}$ 小于给定阈值时，停止迭代，便得到了最终的摄像机参数。

2. Jacobian 矩阵的求解

Jacobian 矩阵是 ε_{ij} 对所有变量的偏导数矩阵，它的构造过程非常繁琐，这里给出 Jacobian 矩阵的具体推导过程。通过摄像机模型，可以得到投影函数 $f(\boldsymbol{t})$如下：

$$f(\boldsymbol{t})=\begin{bmatrix}F(\boldsymbol{t})\\G(\boldsymbol{t})\end{bmatrix}=\begin{bmatrix}f\dfrac{r_{11}(X-T_{11})+r_{12}(Y-T_{12})+r_{13}(Z-T_{13})}{r_{31}(X-T_{11})+r_{32}(Y-T_{12})+r_{33}(Z-T_{13})}+c_x-\delta_x\\ f\dfrac{r_{21}(X-T_{11})+r_{22}(Y-T_{12})+r_{23}(Z-T_{13})}{r_{31}(X-T_{11})+r_{32}(Y-T_{12})+r_{33}(Z-T_{13})}+c_y-\delta_y\end{bmatrix} \tag{3.20}$$

其中，(X, Y, Z)为空间中任意一点的世界坐标，(x, y)为投影点坐标，r_{ij} 为旋转矩阵$\boldsymbol{R}$ 的第 i 行第 j 列元素，(δ_x, δ_y)为畸变修正坐标，(c_x, c_y)为主点坐标。$F(\boldsymbol{t})$表示 x 坐标，$G(\boldsymbol{t})$表示 y 坐标。

构造 Jacobian 矩阵如下：

$$\boldsymbol{J}=\frac{\partial f(\boldsymbol{t})}{\partial \boldsymbol{t}}=\begin{bmatrix}\dfrac{\partial F}{\partial \boldsymbol{\Phi}_1} & \dfrac{\partial F}{\partial \boldsymbol{T}_1} & 0 & 0 & \cdots & 0 & 0 & \dfrac{\partial F}{\partial \boldsymbol{\Psi}}\\ \dfrac{\partial G}{\partial \boldsymbol{\Phi}_1} & \dfrac{\partial G}{\partial \boldsymbol{T}_1} & 0 & 0 & \cdots & 0 & 0 & \dfrac{\partial G}{\partial \boldsymbol{\Psi}}\\ 0 & 0 & \dfrac{\partial F}{\partial \boldsymbol{\Phi}_2} & \dfrac{\partial F}{\partial \boldsymbol{T}_2} & \cdots & 0 & 0 & \dfrac{\partial F}{\partial \boldsymbol{\Psi}}\\ 0 & 0 & \dfrac{\partial G}{\partial \boldsymbol{\Phi}_2} & \dfrac{\partial G}{\partial \boldsymbol{T}_2} & \cdots & 0 & 0 & \dfrac{\partial G}{\partial \boldsymbol{\Psi}}\\ \vdots & \vdots & \vdots & \vdots & & \vdots & \vdots & \vdots\\ 0 & 0 & 0 & 0 & \cdots & \dfrac{\partial F}{\partial \boldsymbol{\Phi}_n} & \dfrac{\partial F}{\partial \boldsymbol{T}_n} & \dfrac{\partial F}{\partial \boldsymbol{\Psi}}\\ 0 & 0 & 0 & 0 & \cdots & \dfrac{\partial G}{\partial \boldsymbol{\Phi}_n} & \dfrac{\partial G}{\partial \boldsymbol{T}_n} & \dfrac{\partial G}{\partial \boldsymbol{\Psi}}\end{bmatrix} \tag{3.21}$$

$f(\boldsymbol{t})$对焦距 f 的偏导数如下：

$$\frac{\partial F}{\partial f}=\frac{X_{\mathrm{c}}}{Z_{\mathrm{c}}} \tag{3.22}$$

$$\frac{\partial G}{\partial f}=\frac{Y_{\mathrm{c}}}{Z_{\mathrm{c}}} \tag{3.23}$$

$f(\boldsymbol{t})$对主点(c_x, c_y)的偏导数如下：

$$\frac{\partial F}{\partial c_x}=1+(k_1r^2+k_2r^4+k_3r^6)+2\bar{x}^2(k_1+2k_2r^2+3k_3r^4)+6p_1\bar{x}+2p_2\bar{y} \tag{3.24}$$

$$\frac{\partial G}{\partial c_x}=2\bar{x}\bar{y}(k_1+2k_2r^2+3k_3r^4)+2p_1\bar{y}+2p_2\bar{x}+s_1 \tag{3.25}$$

$$\frac{\partial F}{\partial c_y}=2\bar{x}\bar{y}(k_1+2k_2r^2+3k_3r^4)+2p_1\bar{y}+2p_2\bar{x} \tag{3.26}$$

$$\frac{\partial G}{\partial c_y}=1+(k_1r^2+k_2r^4+k_3r^6)+2\bar{y}^2(k_1+2k_2r^2+3k_3r^4)+6p_1\bar{y}+2p_2\bar{x}+s_2 \tag{3.27}$$

其中，$\bar{x}=x-c_x$，$\bar{y}=y-c_y$，$r^2=\bar{x}^2+\bar{y}^2$，r 为向径。

$f(\boldsymbol{t})$对畸变系数 $\boldsymbol{k}$ 的偏导数如式下：

$$\frac{\partial F}{\partial k_1}=-\bar{x}r^2, \qquad \frac{\partial G}{\partial k_1}=-\bar{y}r^2 \tag{3.28}$$

$$\frac{\partial F}{\partial k_2}=-\bar{x}r^4, \qquad \frac{\partial G}{\partial k_2}=-\bar{y}r^4 \tag{3.29}$$

$$\frac{\partial F}{\partial k_3}=-\bar{x}r^6, \qquad \frac{\partial G}{\partial k_3}=-\bar{y}r^6 \tag{3.30}$$

$$\frac{\partial F}{\partial p_1}=-(r^2+2\bar{x}^2), \qquad \frac{\partial G}{\partial p_1}=-2\overline{xy} \tag{3.31}$$

$$\frac{\partial F}{\partial p_2}=-2\overline{xy}, \qquad \frac{\partial G}{\partial p_2}=-(r^2+2\bar{y}^2) \tag{3.32}$$

$$\frac{\partial F}{\partial s_1}=x^2+y^2, \qquad \frac{\partial G}{\partial s_1}=0 \tag{3.33}$$

$$\frac{\partial F}{\partial s_2}=0, \qquad \frac{\partial G}{\partial s_2}=x^2+y^2 \tag{3.34}$$

$f(\boldsymbol{t})$对平移向量 $\boldsymbol{T}$ 的偏导矩阵如下：

$$\frac{\partial F}{\partial \boldsymbol{T}}=\frac{f}{Z_{\mathrm{c}}}\left(\hat{\boldsymbol{r}}_1-\frac{X_{\mathrm{c}}\hat{\boldsymbol{r}}_3}{Z_{\mathrm{c}}}\right) \tag{3.35}$$

$$\frac{\partial G}{\partial \boldsymbol{T}}=\frac{f}{Z_{\mathrm{c}}}\left(\hat{\boldsymbol{r}}_2-\frac{Y_{\mathrm{c}}\hat{\boldsymbol{r}}_3}{Z_{\mathrm{c}}}\right) \tag{3.36}$$

其中，$\hat{\boldsymbol{r}}_i=[r_{i1} \quad r_{i2} \quad r_{i3}]$为旋转矩阵 $\boldsymbol{R}$ 的第 i 列。

$f(\boldsymbol{t})$对旋转向量 $\boldsymbol{\Phi}$ 的偏导矩阵如下：

$$\begin{cases}\dfrac{\partial F}{\partial \boldsymbol{\Phi}}=\dfrac{f}{Z_c}\left[(\boldsymbol{X}_w-\boldsymbol{T})\dfrac{\partial \hat{\boldsymbol{r}}_1}{\partial \boldsymbol{\Phi}}-\dfrac{X_c}{Z_c}(\boldsymbol{X}_w-\boldsymbol{T})\dfrac{\partial \hat{\boldsymbol{r}}_3}{\partial \boldsymbol{\Phi}}\right]\\ \dfrac{\partial G}{\partial \boldsymbol{\Phi}}=\dfrac{f}{Z_c}\left[(\boldsymbol{X}_w-\boldsymbol{T})\dfrac{\partial \hat{\boldsymbol{r}}_2}{\partial \boldsymbol{\Phi}}-\dfrac{Y_c}{Z_c}(\boldsymbol{X}_w-\boldsymbol{T})\dfrac{\partial \hat{\boldsymbol{r}}_3}{\partial \boldsymbol{\Phi}}\right]\end{cases} \tag{3.37}$$

其中

$$\frac{\partial \hat{r}_1}{\partial \boldsymbol{\Phi}}=\begin{bmatrix}0 & -\sin\varphi\cos\kappa & -\cos\varphi\sin\kappa\\ \sin\omega\sin\kappa+\cos\omega\sin\varphi\cos\kappa & \sin\omega\cos\varphi\cos\kappa & -\cos\omega\cos\kappa-\sin\omega\sin\varphi\sin\kappa\\ \cos\omega\sin\kappa-\sin\omega\sin\varphi\cos\kappa & \cos\omega\cos\varphi\cos\kappa & \sin\omega\cos\kappa-\cos\omega\sin\varphi\sin\kappa\end{bmatrix}$$

$$\frac{\partial \hat{r}_2}{\partial \boldsymbol{\Phi}}=\begin{bmatrix}0 & -\sin\varphi\cos\kappa & -\cos\varphi\sin\kappa\\ -\sin\omega\cos\kappa+\cos\omega\sin\varphi\sin\kappa & \sin\omega\cos\varphi\sin\kappa & -\cos\omega\cos\kappa-\sin\omega\sin\varphi\sin\kappa\\ -\cos\omega\sin\kappa-\sin\omega\sin\varphi\sin\kappa & \cos\omega\cos\varphi\sin\kappa & \sin\omega\cos\kappa-\cos\omega\sin\varphi\sin\kappa\end{bmatrix}$$

$$\frac{\partial \hat{r}_3}{\partial \boldsymbol{\Phi}}=\begin{bmatrix}0 & -\cos\varphi & 0\\ \cos\omega\cos\omega & -\sin\omega\sin\varphi & 0\\ \cos\omega\cos\varphi\sin\kappa & -\cos\omega\sin\varphi & 0\end{bmatrix}$$

3. 算法步骤

基于 LM 算法的摄像机参数迭代优化步骤如下：

步骤(1)：计算 Jacobian 矩阵。

步骤(2)：求解增量正规方程，即式(3.19)，得到增量 $\boldsymbol{\delta}$，令 $\boldsymbol{t}_{k+1}=\boldsymbol{t}_k+\boldsymbol{\delta}$。

步骤(3)：计算 $f(\boldsymbol{t}_{k+1})$。若 $f(\boldsymbol{t}_{k+1})<f(\boldsymbol{t}_k)$，则转步骤(5)；否则，转步骤(4)。

步骤(4)：若 $\|\boldsymbol{\varepsilon}_k-\boldsymbol{J\delta}\|\leqslant\boldsymbol{\varepsilon}_1$，则停止计算，得到解 $\boldsymbol{t}=\boldsymbol{t}_k$；否则，置 $\mu=\beta\mu$，转步骤(2)。

步骤(5)：若 $\|\boldsymbol{\varepsilon}_k\|\leqslant\boldsymbol{\varepsilon}_2$，则停止计算，得到解 $\boldsymbol{t}=\boldsymbol{t}_{k+1}$；否则，置 $k=k+1$，转步骤(1)，$\boldsymbol{\varepsilon}_1$、$\boldsymbol{\varepsilon}_2$ 为阈值，根据经验可取 $\mu=0.01$，$\beta=10$。

3.3.6 精度评定标准

摄像机标定的目的是为了得到物点的三维坐标与其相应的图像坐标的关系，从而可以根据图像(或空间世界)坐标去求出对应的空间世界(或图像)坐标。摄像机标定的准确性最终反映在三维测量的误差上，测量精度间接地反映了标定精度。因此，以三维定位测量精度作为标定精度的评价指标是比较客观合理的。由此可将标定参数视为中间参数，只要其满足 2D-3D 映射关系即可。值得注意的是，除摄像机标定因素外，系统的定位精度还受其他一些非标定因素的影响。这里从物方、像方两个方面给出了评价和检验摄像机标定的标准。

1. 三维绝对定位精度

三维定位精度最直接地反映了三维测量系统的定位性能指标，对实际应用非常重要。如果特征点的三维坐标真实值已知，则可以用测量值(X_i, Y_i, Z_i)与真实值$(\hat{X}_i, \hat{Y}_i, \hat{Z}_i)$的均方误差作为三维定位精度。如果特征点的三维坐标真实值未知，由于测量值是由多幅图像上像点的匹配关系重建得到的，可用每两幅图像对应像点重建的三维坐标值来代替真实值以确定均方误差，如下式：

$$\begin{cases} S_X = \sqrt{\dfrac{1}{n}\sum\limits_{i=1}^{n}(X_i - \hat{X}_i)^2} \\ S_Y = \sqrt{\dfrac{1}{n}\sum\limits_{i=1}^{n}(Y_i - \hat{Y}_i)^2} \\ S_Z = \sqrt{\dfrac{1}{n}\sum\limits_{i=1}^{n}(Z_i - \hat{Z}_i)^2} \end{cases} \tag{3.38}$$

其中，n 为测量的点数。

2. 二维图像定位精度

二维图像定位精度是以摄像机模型计算的图像投影点像素坐标(u_i, v_i)与实际获取的图像点像素坐标$(\hat{u}_i, \hat{v}_i)$的差值作为定位精度，主要有均方误差、最大误差、标准差等衡量形式。

均方误差：

$$\text{mean} = \frac{1}{n}\sum_{i=1}^{n}\left[(u_i - \hat{u}_i)^2 + (v_i - \hat{v}_i)^2\right]^{1/2} \tag{3.39}$$

最大误差：

$$\text{Maxerror} = \max_{1 \leqslant i \leqslant n}\left\{\left[(u_i - \hat{u}_i)^2 + (v_i - \hat{v}_i)^2\right]^{1/2}\right\} \tag{3.40}$$

标准差：

$$\sigma = \left\{\frac{1}{n-1}\left\{\sum_{i=1}^{n}\left[(u_i - \hat{u}_i)^2 + (v_i - \hat{v}_i)^2\right] - n \times \text{mean}^2\right\}\right\}^{1/2} \tag{3.41}$$

其中，n 为参加计算的像点个数。

二维图像定位精度非常适合于衡量单个摄像机的标定精度，但二维图像定位精度还受到图像特征检测算法和摄像机分辨率等非标定因素的影响。

3.4 摄像机标定实验与分析

摄像机标定是智能视频分析的基础，它不仅能提供视频图像上的对应点与实际场景空间点之间的映射关系，还可用于约束寻找匹配点时的搜索空间，从而降低匹配的复杂性，减小误匹配率。

对图像进行预处理，通过图像边缘化、图像边缘追踪及特征点轮廓提取等步骤可以得到图像上特征点的像素坐标。编码特征点是一种人工设计的具有唯一的仿射不变特征值的特征点。编码特征点匹配的实质就是一个解码过程，通过处理每幅图像，计算每幅图像上编码特征点的特征空间值，把所有具有相同特征空间值的编码认为是同一个编码，这也就意味着匹配的实现。因此，编码特征点的匹配比较容易，这里不做详细讨论。假设目前已经得到的信息有：① 特征点的图像物理坐标；② 编码特征点的匹配关系。

3.4.1 初始标定

十字靶标上 5 个编码特征点的三维坐标是已知的，可以把它们当作控制点进行初始的线性标定。在获取数字图像时，摄像机从不同角度对物体拍照，由于拍摄角度等因素的影响，会使图像上的某些点被遮挡而不可见，因此，不可能全部特征点在每幅图像上都是可见的。将这个十字靶标放置在工件附近，并且在拍摄照片时保证 3 张以上的图像包含完整的十字靶标，以便为摄像机的初始标定提供条件。

初始标定算法步骤如下：

步骤(1)：用摄像机厂家提供的相关参数作为焦距 f 和主点坐标(c_x, c_y)的初始值。

步骤(2)：通过查找编码特征点匹配表，寻找带完整十字靶标的所有图像，将图像编号存储到图像集 Szpicno 中。

步骤(3)：利用控制点和摄像机内参初值，采用平面法线性求解，得到图像集 Szpicno 中图像的摄像机外参初值。

3.4.2 二次标定

通过初始标定过程得到的摄像机的内参初值及含有全部控制点的图像的外参初值是粗糙值，二次标定即求解畸变系数初值及其他不包含全部控制点的图像的外参初值的过程。畸变系数的求解与已知 3D 坐标的特征点个数密切相关，根据重建的空间点个数从少到多，逐步计算出 1 个畸变系数 k_1、3 个畸变系数(k_1, p_1, p_2)和全部畸变系数$(k_1, k_2, k_3, p_1, p_2, s_1, s_2)$。随着重建的空间点的增多，通过编码特征点匹配关系，可以计算出更多图像的外参初值。因此，这是一个迭代交互的过程，其算法流程如图 3.2 所示。其中，距十字靶标中心的范围 α 是逐步扩大的。

经过初始标定与二次标定，就得到了全部的畸变系数和摄像机的内外参数。为了得到精度更高的摄像机参数，为后面的特征点三维坐标的计算打下良好基础，需对摄像机参数进行优化。

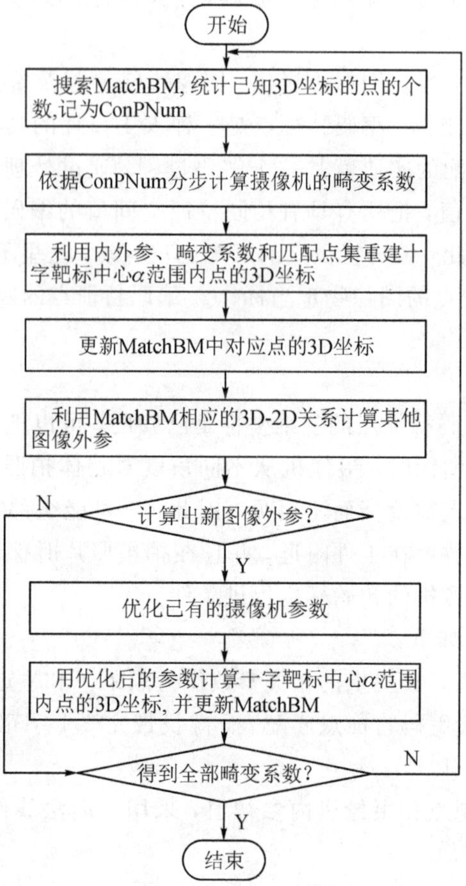

图 3.2　二次标定流程

3.4.3　摄像机标定实验

1. 初始标定

实验是对汽车工件的一组序列图像 DSC_0344～DSC_0368 进行初始标定，如图 3.3 所示。

实验结果如下：摄像机内参初值为 $f_0=24$ mm，$(c_x, c_y)=(0, 0)$(mm)；畸变系数初值为 $k=(0, 0, 0, 0, 0, 0, 0)$。

包含有完整十字靶标的图像集为 Szpicno=[DSC_0344，DSC_0345，DSC_0351，DSC_0355，DSC_0357，DSC_0358]。集合 Szpicno 中图像的外参初值如表 3.1 所示。

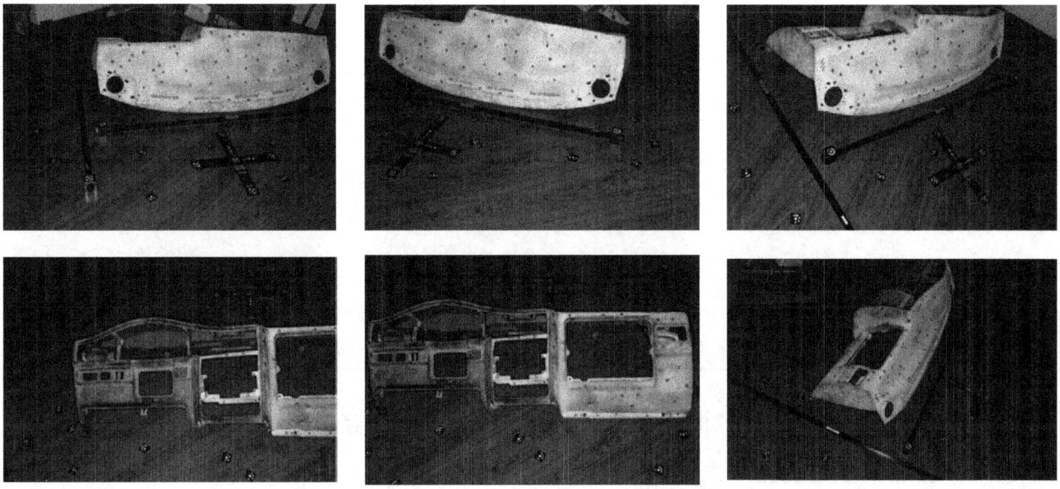

图 3.3　标定实验示例图

表 3.1　摄像机外参初值

外参	旋转向量/(°)			平移向量/mm		
	$\boldsymbol{\omega}$	$\boldsymbol{\varphi}$	$\boldsymbol{\kappa}$	$\boldsymbol{T}_1$	$\boldsymbol{T}_2$	$\boldsymbol{T}_3$
DSC_0344	0.94316	0.076849	−0.21962	−426.55	−1002.9	−1028.4
DSC_0345	0.84816	−0.20769	0.33264	1117.9	−1002	−828.12
DSC_0351	0.44009	0.34541	−0.64699	−960.79	−205.11	−1153.3
DSC_0355	−0.62741	−3.1371	−0.19474	257.74	−1325.2	1460.7
DSC_0357	−0.61357	3.1327	−0.075226	138.15	−1299.7	1504.7
DSC_0358	0.11815	1.0446	−0.66462	−1215.4	−1602.4	356.29

2. 二次标定

对图 3.3 所示的一组序列图像进行二次标定，实验结果如下：摄像机内参初值为 $f_0=24.438$ (mm)，$(c_x, c_y)=(0.017057, -0.053634)$(mm)；畸变系数初值为 $k=(1.3974\times10^{-4}, -1.1464\times10^{-8}, -7.512\times10^{-10}, -5.244\times^{-5}, -2.5713\times10^{-5}, -4.0683\times10^{-4}, 4.5588\times10^{-4})$。由于篇幅的原因，这里只列出了含有完整十字靶标的图像的外参值(见表 3.2)，以便与对初始标定时线性估计的外参初值作比较。

表 3.2　包含完整十字靶标的图像外参

外参	旋转向量/(°)			平移向量/mm		
	ω	φ	κ	T_1	T_2	T_3
DSC_0344	0.94135	0.0727	−0.22842	−439.97	−1003.5	−1034.1
DSC_0345	0.85746	−0.20199	0.33882	1117.2	−976.26	−830.33
DSC_0351	0.44379	0.34289	−0.65616	−975.48	−1146.8	−213.56
DSC_0355	−0.62894	−3.1326	−0.20349	236.86	−1328.7	1466.1
DSC_0357	−0.60657	3.1327	−0.07502	135	−1328.2	1513.7
DSC_0358	0.12295	1.0422	−0.6747	−1237.9	−1593.1	341.29

通过二次标定，得到了摄像机的全部内、外参及畸变系数。

3. 摄像机参数优化结果

优化后的摄像机内参值为 $f_0=24.447$ (mm)，$(c_x,\ c_y)=(-0.10623,\ -0.11021)$(mm)；畸变系数初值为 $k=(1.6119\times10^{-4},\ -2.4506\times10^{-7},\ 6.8069\times10^{-11},\ -1.2945\times10^{-5},\ -2.025\times10^{-5},\ -8.0951\times10^{-5},\ -1.4873\times10^{-4})$。作为对比，表 3.3 列出了含有完整十字靶标的图像优化后的外参值。

表 3.3　优化后的摄像机外参

外参	旋转向量/(°)			平移向量/mm		
	ω	φ	κ	T_1	T_2	T_3
DSC_0344	0.94072	0.073083	−0.22384	−440.98	−1001.6	−1035.2
DSC_0345	0.85385	−0.20357	0.34263	1116.1	−976.64	−829.91
DSC_0351	0.44504	0.34281	−0.65093	−976.33	−1146.2	−215.68
DSC_0355	−0.62776	−3.1332	−0.20743	238.92	−1328.2	1468.6
DSC_0357	−0.60494	3.1323	−0.07921	136.57	−1328.4	1515.6
DSC_0358	0.12852	1.0397	−0.67016	−1239.4	−1594.8	339.18

3.4.4　实验结果分析

1. 畸变对标定结果的影响

在摄像机模型中加入畸变项来修正摄像机自身所产生的误差，采用的是径向畸变、偏心畸变和薄棱镜畸变这三个畸变项。未加畸变时编码特征点的三维坐标如表 3.4 所示，加入畸变后得到的特征点的三维坐标如表 3.5 所示。可以看出，加入畸变项能够有效地提高三维坐标的精度。因此，在摄像机模型中加入畸变是有必要并且有效的。

表 3.4　未加畸变时编码特征点三维坐标　　mm

点号	X	Y	Z	点号	X	Y	Z
1	329.35	2.8149	223.72	19	−221.05	6.3395	−138.33
2	348.82	4.3128	−133.87	21	−589.53	8.4799	117.94
3	97.825	3.7449	111.82	22	−611.63	−0.67997	607.69
4	1131.7	10.087	312.78	27	−213.84	6.1731	117.15
5	928.97	−0.0964	1009.7	501	−0.28276	0.41487	−0.0817
7	995.9	1.0016	820.33	502	179.83	−0.21493	−180
8	202.88	1.08	998.62	503	180.81	−0.2448	0.2604
10	833.34	6.8223	133.97	504	359.78	0.33782	−0.086767
12	1071	7.8912	177.49	505	179.85	−0.23051	179.89
15	406.11	3.4041	87.148	512	−377.78	−49.028	273.93
18	−255.33	4.2267	1040.8	513	973.09	−43.98	283.54

表 3.5　加畸变后编码特征点三维坐标　　mm

点号	X	Y	Z	点号	X	Y	Z
1	328.57	2.3842	222.92	19	−223.09	5.0559	−139.62
2	349.17	4.2203	−134.17	20	1196.3	−1.7221	892.82
3	97.985	3.697	111.92	21	−592.9	6.0287	113.91
4	1119.2	0.73962	306.74	22	−609.08	4.3583	604.65
5	928.6	−1.8629	1009.4	23	133.19	1.1615	1163.9
6	−673.51	5.3255	332.09	24	−728.46	2.0955	855.63
7	993.48	−0.4736	819.12	25	−389.57	1.5717	1106.9
8	203.33	1.0126	995.05	26	634.51	0.63571	897.81
9	293.98	1.3603	924.45	27	−214.73	4.6383	116.03
10	827.17	2.0386	131.87	501	−0.72237	0.060756	−0.02782
12	1066.7	1.3779	175.27	502	179.71	−0.00987	−180.56
13	463.94	0.89544	1135.8	503	180.86	−0.12404	0.68105
14	1016.2	0.64779	438.57	504	359.78	0.18123	0.18771
15	405.7	2.9168	87.221	505	179.94	−0.14271	179.76
16	1089.7	−0.95094	724.36	511	−448.43	−44.324	−57.907
17	−379.62	3.9299	890.68	512	−374.63	−46.25	271.24
18	−257.83	2.8938	1039	513	965.01	−49.275	279.32

将重建的三维点重新投影，与实际获取的像点坐标进行比较，结果如表3.6所示。可以看出，加入畸变校正系数以后，计算出的三维点坐标精度明显提高。因此，要进行高精度三维测量，应校正镜头畸变。

表3.6 重建的投影点与实际像点比较结果 pixel

点号	投影点坐标		实际像点坐标		误差	
	u'	v'	u	v	Δu	Δv
1	2942.5	1328	2942	1328	−0.45938	−0.02828
2	3610.3	1615.9	3610	1616	−0.26874	0.090488
3	3019.4	1764.2	3019	1764	−0.36118	−0.19442
4	3180.1	412.84	3180	412	−0.07802	−0.83608
5	2023.6	93.858	2023	95	−0.62567	1.142
8	1443.9	819.1	1444	820	0.14585	0.89982
10	3336.2	815.27	3336	815	−0.17593	−0.27239
12	3358.6	550.73	3358	550	−0.58326	−0.73116
13	1454.1	423.23	1455	425	0.86058	1.7703
15	3230	1344.1	3230	1344	0.033633	−0.13197
17	971.27	1765	972	1765	0.73369	−0.04338
18	831.38	1408.9	833	1410	1.6222	1.0521
19	3357.8	2591.4	3358	2592	0.22206	0.57266
22	1296	2544.6	1297	2544	1.0375	−0.60959
23	1071.8	760.26	1074	762	2.2433	1.7433
24	530.39	2491.3	530	2490	−0.38777	−1.2621
25	512.04	1548.5	513	1549	0.9616	0.46787
27	2804.9	2300.4	2805	2300	0.13924	−0.37698
501	3190.5	2030	3191	2030	0.53678	−0.00826
503	3285.1	1736.4	3285	1736	−0.13617	−0.39897
504	3370	1478.1	3370	1478	−0.00144	−0.07642
505	2938.8	1571.7	2939	1572	0.21232	0.25039
512	2360.5	2389.2	2361	2389	0.52056	−0.23982
513	3191.4	506.06	3191	505	−0.43109	−1.0582

2. 由十字靶标为中心求解畸变系数的有效性

将未加畸变时计算出的3D点坐标投影到图3.3所示的图像DSC_0358上，对比投影点坐标与实际获取的像点坐标，结果见表3.7。图3.4所示的是DSC_0358中像点的位置。结合表3.7和图3.4可以看出，在不校正镜头畸变的情况下，十字靶标中心附近的点形变较小，而距离十字靶标越远，形变越大。三维坐标的重建精度直接受摄像机参数精度的影响，而摄像机参数是逐步求精的，因此三维坐标的重建过程也是逐步求精的。由于投影在十字靶标中心附近的点受畸变影响较小，并且已知编码特征点的匹配关系，因此采取由十字靶标中心逐渐往外扩展的原则逐步重建编码点的三维坐标是可行有效的。

表3.7 未加畸变的投影点与实际像点比较结果 pixel

点号	投影点坐标		实际像点坐标		误差	
	u'	v'	u	v	Δu	Δv
1	2941.9	1327.1	2942	1328	0.060464	0.90362
2	3609.9	1615.7	3610	1616	0.11011	0.31823
3	3019.6	1764.3	3019	1764	−0.62076	−0.30009
4	3174.7	403.15	3180	412	5.2867	8.8498
5	2033	90.666	2023	95	−9.9622	4.3345
8	1453.9	819.91	1444	820	−9.8536	0.085685
10	3333.5	809.86	3336	815	2.4818	5.1444
15	3229.3	1343.6	3230	1344	0.65295	0.36352
18	850.17	1410.6	833	1410	−17.167	−0.5799
19	3358.2	2592.6	3358	2592	−0.15772	−0.62605
22	1303	2549.2	1297	2544	−6.0095	−5.2364
27	2805.1	2299.4	2805	2300	−0.06682	0.6177
501	3190.6	2030.1	3191	2030	0.39853	−0.10266
502	3637.2	1907.8	3637	1908	−0.21588	0.20595
503	3285.3	1736.6	3285	1736	−0.29293	−0.62048
504	3369.6	1477.9	3370	1478	0.35088	0.12766
505	2939.2	1571.7	2939	1572	−0.21082	0.27101
512	2361.4	2392.6	2361	2389	−0.35041	−3.6334
513	3188.7	498.44	3191	505	2.3397	6.5577

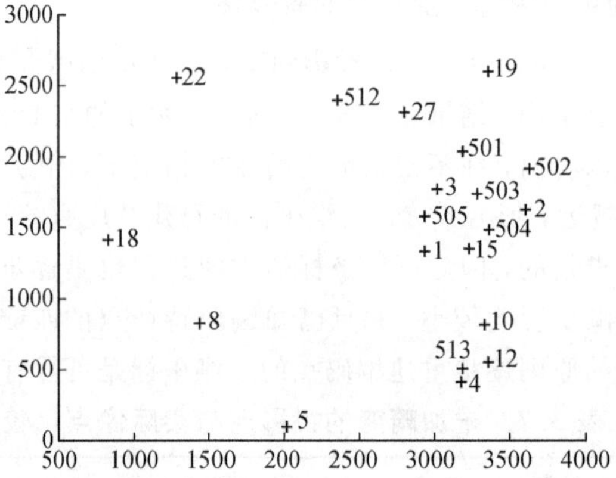

图 3.4　DSC_0358 像点位置示意图

3. 畸变系数求解方法的比较

传统的摄影测量方法中，对畸变系数等其他的附加参数，都是采用最小二乘的方法直接进行求解的。这种方法在求解的过程中不仅计算时间长，而且很容易得到病态解，从而不能得到最终解。另外，由于附加参数个数的增加，所需要求解的方程数也随之增加，这就需要有更多的图像和像点来进行求解。这种方法不能适用少量图像和像点的情况，适用范围受到限制。

本章提出的基于迭代的摄像机标定方法就打破了这些条件的束缚，只需要两幅图像，每幅图像上至少有 5 个像点就能够计算出所有的摄像机参数，同时采用的 LM 算法加入了阻尼因子，能够有效地解决矩阵奇异而运算中断的问题，由于 LM 算法采用了近似二阶导数信息，其收敛速度有较大提高。

4. 标定结果的精度

二维图像点定位精度在一定程度上可以反映出每幅图像的摄像机参数精度，由特征点的三维坐标和对应的摄像机参数可计算出每幅图像上的投影点坐标，结合实际获取的投影点坐标，按式(3.39)～式(3.41)进行计算，结果见表 3.8。

表 3.8　二维图像点定位精度　　pixel

图像编号	mean	Maxerror	σ	图像编号	mean	Maxerror	σ
DSC_0344	0.37962	0.84091	0.18638	DSC_0356	0.3526	0.92921	0.15421
DSC_0345	0.32519	0.7429	0.17497	DSC_0357	0.30609	0.4798	0.13864
DSC_0346	0.37895	0.81301	0.16083	DSC_0358	0.18732	0.28123	0.074891
DSC_0347	0.30691	0.55364	0.1491	DSC_0359	0.38277	0.72587	0.16208

续表

图像编号	mean	Maxerror	σ	图像编号	mean	Maxerror	σ
DSC_0348	0.31133	0.69472	0.14842	DSC_0360	0.32022	0.74988	0.17583
DSC_0349	0.34938	0.84177	0.16928	DSC_0361	0.38094	0.71171	0.15559
DSC_0350	0.34148	0.93222	0.18727	DSC_0362	0.26758	0.69026	0.1537
DSC_0351	0.33016	0.57919	0.18273	DSC_0363	0.38801	0.80898	0.18457
DSC_0352	0.3442	0.70426	0.14392	DSC_0364	0.35681	0.78165	0.11254
DSC_0353	0.35765	0.73245	0.15078	DSC_0365	0.28155	0.79848	0.18706
DSC_0354	0.33255	0.76724	0.1904	DSC_0366	0.29244	0.65064	0.14173
DSC_0355	0.34428	0.91059	0.1974	DSC_0367	0.28541	0.51539	0.1128

由此可见，本章提出的标定方法较为稳定，标定精度在 0.4 个像素以内，有效地提高了三维测量的精度。

本章小结

本章分析了几种常见的摄像机标定方法，其中两步法具有良好的精度，运算速度快。在此基础上，设计实现了一种基于迭代优化的摄像机标定方法。该方法假设测量场景中存在少量物方控制点，通过分步标定的方式得到了摄像机的内外参数及畸变系数的初值，然后采用基于 LM 算法的迭代优化方法对摄像机参数进行优化，最后将该方法应用于大型工件特征点三维测量原型系统中。实验表明，基于迭代优化的标定方法能够有效校正摄像机导致的各种畸变，标定精度高，可以取得较好的效果。

参考文献

[1] 高文，陈熙霖．计算机视觉：算法与系统原理[M]．北京：清华大学出版社，1999.

[2] LI Z L，ZHANG Y J. Hermite surface fitting base on normal vector constrained[J]. Journal of Applied Sciences，2013，13(22)：5398-5403.

[3] 李占利，刘梅，孙瑜．摄影测量中圆形目标中心像点计算方法研究[J]．仪器仪表学报，2011，32(10)：2235-2241.

[4] 李占利，刘航．一种改进的人工标记点匹配方法[J]．计算机应用研究，2011，28(9)：2235-2241.

[5] 陈海涛．智能视频的目标检测与目标跟踪算法研究[D]．四川：电子科技大学，2015.

[6] 李茜．计算机视觉中迭代优化方法研究[D]．西安：西安科技大学，2012.

[7] LI Z L，HE J Y. Automatic counting of anchor rods based on target tracking[J]. Journal of Chemical

and Pharmaceutical Research, 2014, 6(7): 1948-1954.
[8] HARTLEY R I, STURM P. Triangulation[J]. Computer Vision Image Understanding, 1995, 68(2): 146-157.
[9] 黄凯奇，陈晓棠，康运锋，等. 智能视频监控技术综述[J]. 计算机学报，2015，38(6)：1093-1118.
[10] LI Z L, HE Q. Research on speed monitoring method of coal belt conveyor based on video image[J]. Journal of Computational Information Systems, 2012, 8(12): 5093-5101.
[11] ZHANG Z. Parameter estimation techniques: A tutorial with application to conic fitting[J]. Image and Vision Computing, 1997, 15(1): 59-76.
[12] 叶鸥，李占利. 视频数据质量与视频数据检测技术[J]. 西安科技大学学报，2017，37(6)：919-926.
[13] LI Z L, WANG Y. Research on 3D reconstruction procedure of marked points for large work piece measurement[C]. Proceedings of 5th International Conference on Information Assurance and Security, 2009, 1: 273-276.
[14] LI Z L, XI Y. Research on artificial target image matching[C]. Proceedings of 2009 International Conference on Environmental Science and Information Application Technology, 2009, 2: 526-529.
[15] 张慧. 构像畸变模型参数对普通数码影像 DLT 算法精度影响[J]. 测绘科学，2008，33(4)：89-90.
[16] TRIGGS B, MCLAUCHLAN P F, HARTLEY R I, et al. Bundle adjustment—a modern synthesis [C]. International Workshop on Vision Algorithms, Springer, Berlin, Heidelberg, 1999: 298-372.
[17] 李占利，陈佳迎，李洪安，等. 安全时间模型下的井下运动目标防撞预警方法[J]. 西安科技大学学报，2017，36(6)：875-881.
[18] LI Z L, LIU M. Research on decoding method of coded targets in close range photogrammetry[J]. Journal of Computational Information Systems, 2010, 6(8): 2699-2705.
[19] 武金浩. 基于视觉计算的煤矿巷道形变监测方法的研究[D]. 西安：西安科技大学，2013.
[20] 董立红，李占利，张杰慧. 基于图像处理技术的煤矿井下钻孔深度测量方法：中国，CN201310132223.9[P]. 2017-04-12.
[21] CRIMINISI A, REID I, ZISSERMAN A. A plane measuring device[J]. Image and Vision Computing, 1999, 17(8): 625-634.

第4章 视频中运动目标检测方法

视频中的目标检测是智能视频分析中一项重要的研究内容，它是将视频图像序列中感兴趣的目标从背景中提取出来。目标检测是目标跟踪、目标分类、目标行为理解等智能分析的基础和重要的前提条件，其主要目的是从监测视频中提取目标以及目标的特征信息，比如颜色、形状、轮廓等。视频中的目标可分为静态目标和动态目标。在视频监控中，摄像机一般安装在固定位置，在不考虑摄像机震动的情况下，若目标与视频中的背景之间不存在相对运动，则目标属于静态目标；反之，与背景有相对运动的为动态目标，根据监测视频中连续帧之间的差异可以提取出运动目标。常用的运动目标检测方法有帧差分法、背景减除法和光流法等。对于井下视频而言，照度变化、背景干扰以及前景、背景颜色相似等问题都会给目标检测带来困难，因此如何能够准确实时地检测目标是重要的研究课题。

4.1 视频中运动目标检测的基本方法

4.1.1 帧差分法

帧差分法是常用的运动目标检测方法之一，它是通过对视频图像序列中相邻的两帧或三帧图像作差分运算实现对前景目标的提取。帧与帧之间由于运动目标的移动会产生一定的差异，此时将相邻两帧作差，根据这些差异可以计算得到图像亮度差的绝对值，然后通过绝对值与此前设定的阈值进行比较，即可判定该像素点是属于背景区域还是运动目标区域。具体的原理如图 4.1 所示。

帧差分法的具体实施步骤如下：

(1) 假设输入图像序列中相邻两帧的灰度图像的灰度值分别为 $f_{t-1}(x, y)$ 和 $f_t(x, y)$，连续两帧灰度图像的绝对差值为 $D_t(x, y)$，则帧差分法可用公式描述为

$$D_t(x, y) = | f_t(x, y) - f_{t-1}(x, y) | \tag{4.1}$$

(2) 依据设定的阈值 T，将步骤(1)得到的灰度图像的差值 $D_t(x, y)$ 转换为二值 $B_t(x, y)$，即

$$B_t(x, y) = \begin{cases} 1 & D_t(x, y) > T \\ 0 & \text{其他} \end{cases} \tag{4.2}$$

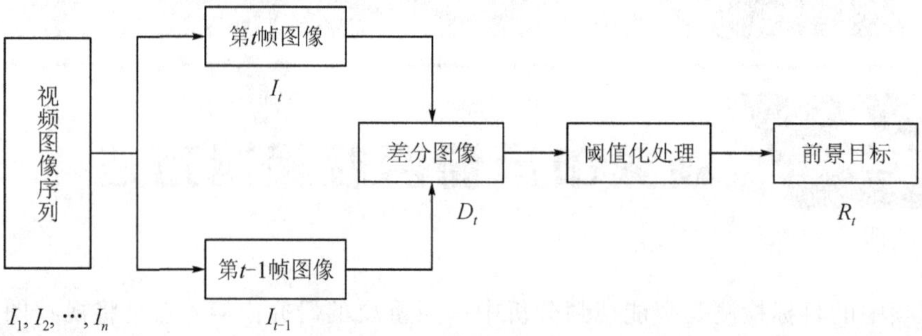

图 4.1　帧差分法原理图

其中，T 是预先设定的阈值。当灰度图像的差值大于阈值 T 时，就判定该像素是前景像素，使其等于二进制值 1；否则，判定该像素是背景像素，使其等于二进制值 0。

4.1.2　背景减除法

背景减除法也是现今比较常用的运动目标检测方法，它与帧差分法类似，不同之处在于背景减除法通过当前帧图像与背景图像作差分后分割出运动目标。因此，只有当前景目标与背景目标的灰度值差异较大时，才能将前景目标从背景中检测出来。背景减除法的优点是实现简单、检测速度快、目标检测结果完整等。基于以上优点，背景减除法成为了应用最广泛的运动目标检测方法，具体的原理图如图 4.2 所示。

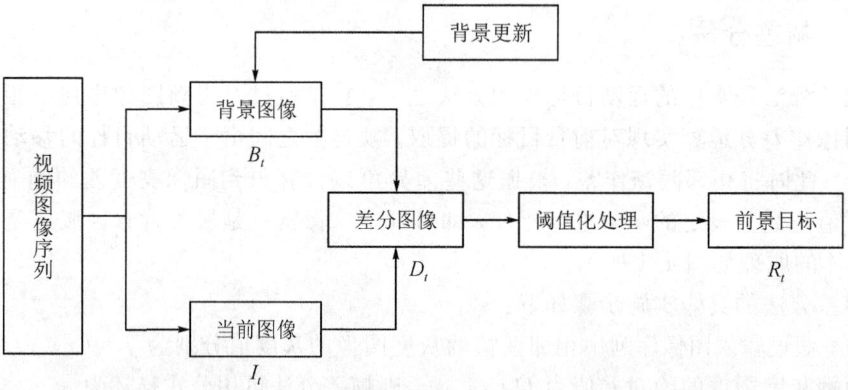

图 4.2　背景减除法原理图

假设给定视频图像序列为 I_1，I_2，…，I_n，用 $I_t(x, y)$代表当前图像，$B_t(x, y)$代表背景图像，则差分后图像 $D_t(x, y)$可用下式描述：

$$D_t(x, y) = |I_t(x, y) - B_t(x, y)| \tag{4.3}$$

将式(4.3)二值化后，可得

$$R_t(x, y)=\begin{cases}0 & D_t(x, y)>T \\ 1 & D_t(x, y)\leqslant T\end{cases} \tag{4.4}$$

其中 T 是图像二值化时设定的阈值。

首先利用式(4.3)计算当前帧图像 $I_t(x, y)$与背景图像 $B_t(x, y)$对应像素点灰度值的差值，接着依据式(4.4)对差分图像 $D_t(x, y)$进行二值化处理，得到二值图像 $R_t(x, y)$，即当差分图像中某一像素值大于设定的阈值时，认为该像素是前景像素(检测到的目标)，反之则认为是背景像素；然后对二值图像 $R_t(x, y)$进行数学形态学滤波；最后对滤波后的图像进行区域连通性分析，当某一连通的区域的面积大于某一给定阈值时，则认为其为检测的目标。

如图 4.2 所示，背景减除法通过计算当前图像与背景图像灰度值的差异，得到差分图像后，再提取运动目标，因而其目标检测的准确性依赖于背景图像建模和模型更新的准确性。在不考虑摄像机震动的情况下，可选择固定背景作为当前的背景图像视频(如视频中第一帧图像中的背景)，但由于固定背景对于光照、背景等扰动信息无法及时反映，因而在复杂场景中的目标检测效果较差。背景减除法的准确度取决于背景模型的选取，如对于井下的复杂环境，需要一个健壮的背景模型能够实时更新，从而减少由于场景中信息扰动对煤块目标检测结果的影响。

下面介绍几种常用的背景减除法。

1. 中值滤波法

中值滤波法是早期最常用的背景建模方法，其建模思想是先通过建立一个视频流的滑窗用来缓存 L 张视频帧，然后把缓存所得到的 L 张视频帧中相同位置像素的平均值或中值作为背景中该处像素的值，用公式分别表示为

$$B_{t+1}(x, y)=\frac{1}{L}\sum_{i=0}^{L-1} I_{t-i}(x, y) \tag{4.5}$$

$$B_{t+1}(x, y)=\text{median}[I_t(x, y), \cdots, I_{t-L+1}(x, y)] \tag{4.6}$$

式(4.5)和式(4.6)分别对应均值滤波和中值滤波的背景建模。其中 $I_t(x, y)$表示 t 时刻当前视频帧位置(x, y)处的像素值，$B_t(x, y)$表示 t 时刻背景图像中位置(x, y)处的像素值，median 为取中值运算。算法需要 L 倍于帧大小的内存用以缓存构建背景。

中值滤波背景建模的前提是假设背景像素点在背景中停留的时间较长，至少超过内存中多半的视频帧停留时间。该方法认为背景像素服从均匀分布，因而该方法适用于单模态场景以及目标较小且连续运动的情况，在复杂场景下目标检测速度较慢并且可能出现空洞现象。

为减小该方法的空间复杂度，有研究者提出一种改进的方法，称为运行期均值法。该方法的核心思想是通过引入学习率 λ 将当前帧图像与背景图像进行加权组合，从而实现场

景变化时背景的自适应更新。模型更新公式如下：

$$B_{t+1}(x, y) = \lambda I_{t-1}(x, y) + (1-\lambda)B_t(x, y) \tag{4.7}$$

λ 通常取很小的值，以保持背景的稳定。另外，也只对当前图像中判定为背景的那部分像素用式(4.7)进行更新，而被判定为前景的部分则用前一帧所缓存的背景代替。

2. W^4 方法

W^4 是一个在室外环境下实时对人的行为进行跟踪的系统。它采用黑白或红外摄像机，利用当前监测视频中邻近时间段内每一视频帧中同一位置像素的最小亮度值 $I_t^{\min}(x, y)$、最大亮度值 $I_t^{\max}(x, y)$和最大连续差分值 $D_t(x, y)$为场景中每个像素进行统计建模，提取运动目标。若$|I_t(x, y)-I_t^{\max}(x, y)|>D_t(x, y)$或者$|I_t(x, y)-I_t^{\min}(x, y)|>D_t(x, y)$，则像素被判定为前景像素。该方法对复杂场景(如停车场中的目标检测)具有较好的适用性，但当场景中的光线产生突变现象时，检测结果会有较大误差，同时还要求监测视频有较高的帧率。

3. 线性预测法

线性预测法是在历史值的基础上，依据线性滤波器来预测下一帧中像素点的灰度，然后与历史值进行加权组合，以实现背景图像的更新，如维纳滤波器、卡尔曼滤波器等均可用来估计当前背景的像素值。该方法的不足之处在于由于每帧图像都需要预测线性滤波器的系数，因而导致检测的实时性较差。有文献将像素的亮度及其空间导数的序列值看作是一种高斯信号，采用卡尔曼滤波器来线性预测背景图像。基于线性滤波器的自适应背景模型多数适用于单模态环境下的目标检测，对复杂背景下的目标检测效果不理想。

4. 高斯法

高斯法是利用视频帧中每一个像素点的特征来进行目标检测的方法。首先假设图像中各个像素间彼此独立，并且与其他像素无关，针对每个像素点，建立一个或多个高斯模型来表征该像素点特征值的变换，然后通过设定条件来判断与当前像素点相匹配的高斯模型，从而实现对背景图像进行高斯建模。现今常用混合高斯模型来对多模态图像进行背景建模，该方法对于复杂背景下的目标检测具有较好的效果。与参数模型相比，该方法的优势在于，混合高斯模型的参数可自适应更新，从而可更加精确地描述背景。

5. 几种方法的对比分析

表 4.1 是在相同配置的计算机上对上文所描述的典型背景减除法进行的实验比较。由于井下环境昏暗且光照分布不均属于多模态背景，并且后续处理需要尽可能准确地检测出煤块目标，因而可选择合适的混合高斯模型进行目标检测，并进行改进以提高检测速度。

表 4.1 典型背景减除法比较表

检测方法	适用背景	检测速度	空间复杂度	准确度
中值滤波法	单模态	较快	较大	较高
W^4 方法	多模态	较快	较小	一般
线性预测法	单模态	一般	一般	较低
混合高斯法	多模态	较慢	一般	较高

4.1.3 光流法

1950 年，Gibson 第一次提出光流法。当人的眼睛观察运动物体时，物体的景像在人眼的视网膜上会形成一系列连续变化的图像，这一系列连续变化的信息不断“流过”视网膜(即图像平面)，好像一种光的“流”，故称之为光流。其基本思想是用运动场的形式描述空间中目标的运动，即帧图像中的每一个像素点被赋予一个速度矢量。当帧图像上的点在某个特定时刻与三维空间上的像素点一一对应时，我们可以得到一个描述位置变化的二维矢量，但在运动间隔极小的情况下，我们通常将其视为一个描述该点瞬时速度的二维矢量($\boldsymbol{u}$，$\boldsymbol{v}$)，称为光流矢量。依据每个像素点所赋予的速度矢量特征可对帧图像作处理，其基本方程如下：

$$\frac{\partial F(x, y, t)}{\partial x}u_{xy}+\frac{\partial F(x, y, t)}{\partial y}v_{xy}+\frac{\partial F(x, y, t)}{\partial t}=0 \tag{4.8}$$

其中，$F(x, y, t)$ 表示视频帧图像的灰度函数；$\frac{\partial F(x, y, t)}{\partial x}$、$\frac{\partial F(x, y, t)}{\partial y}$、$\frac{\partial F(x, y, t)}{\partial t}$ 分别表示 x、y、t 方向上的偏导数。

如果处理的是离散的图像像素，则上述偏导数的计算需要用离散的差分替代。光流法的关键是通过求解光流约束方程得到光流矢量。然而，从式(4.8)只可得到一个约束方程，所以，人们又通过联立各种约束方程进行求解，其中最为经典的算法是 Lucas-Kanada 法和 Hom-Schunck 法。Lucas-Kanada 法的观点是光流法在整个图像区域内都符合某种约束，即是基于全局约束的；相反地，Hom-Schunck 法则是基于局部约束的，它认为光流只在一个小范围内才满足一定的约束。

通过以上介绍可见，光流法与帧差分法、背景减除法这三种运动目标检测方法各有优势，其对比结果如表 4.2 所示。

表 4.2 运动目标检测方法比较表

检测方法	适用背景	适用目标	鲁棒性	计算复杂度	准确度
光流法	静态、动态	单目标、多目标	较弱	较高	较低
帧差分法	静态	速度稍快、单目标	一般	一般	较低
背景减除法	静态	面积较小、单目标	较强	较低	较高

4.2 图像预处理

在信号传输中，由于各种噪声信息的干扰会造成工业监控视频图像画面不清晰，因而在目标检测前需要对视频图像进行预处理。与一般场景不同，煤矿井下环境特殊，对煤矿井下的视频图像进行预处理比一般的视频图像处理更具难度和代表性，故本节以煤矿井下监控视频图像为例，介绍图像预处理方法。

煤矿井下全天候人工照明，而且由于粉尘、噪声和潮湿等因素的影响，导致煤矿井下的视频有如下特点：

(1) 离光源比较远的地方，亮度就会比较低，以至于视频中出现一片黑暗，导致视频图像中的物体模糊不清，而离光源近的地方正好相反，致使同一个监控场景中光照分布不均匀。而且无论是离光源近还是离光源远的地方，与自然光相比井下视频的亮度都明显偏低。

(2) 除个别颜色较醒目的设备外，矿井下几乎没有其他色彩，几乎所有的视频图像都是黑、白、灰色调，在图像处理分析过程中没有颜色信息可以利用。而在目前的视频跟踪方法中，颜色特征是所采用的主要特征。

(3) 目标与背景颜色相近，工人工作服一般为深灰色或深蓝色，而且在工作中工人的工作服经常沾染煤灰，导致在低照度下目标灰度和背景灰度非常相近，甚至在有些情况下，即使人眼也需要特别留意才能分辨出人形。

(4) 由于煤矿井下环境的复杂性，监控摄像头一般不是平行拍摄，导致所拍摄图像中的人员一般不是全身图像，可能有倾斜甚至是半身的情况，这会给目标的特征提取、识别和跟踪带来一定困难。

(5) 工人在井下操作的过程中都配有矿灯，矿灯晃过区域的亮度改变极大，目前的目标检测方法往往无法排除矿灯照射的区域，导致目标检测错误，影响后续的跟踪和识别。

因而，井下复杂的环境造成视频质量较差，图像的分辨性能不高，如矿井下胶带运输机的视频图像(见图 4.3)。煤矿井下环境的这种特殊性给运动目标(如胶带运输机上运行的煤块目标等)的检测带来了很大的困难，使得目前常用的目标检测方法直接应用于井下视频检测的效果很不理想。而检测运动目标是实现煤矿井下运动目标的跟踪及预警的关键步骤，因此在目标检测之前应对井下图像进行预处理，以提高工业监控视频的清晰度，克服因光线不足、灰尘等因素带来的图像模糊等现象。

视频图像预处理包括图像降噪和图像增强两部分。图像降噪的目的是减少噪声对于目标检测的影响，从而减少目标误判的概率；图像增强的目的在于突出研究目标的相关图像信息。因此，通过图像预处理，可以在有限的光照范围内，减小噪声影响，突出运动目标，从而更加有利于目标检测。

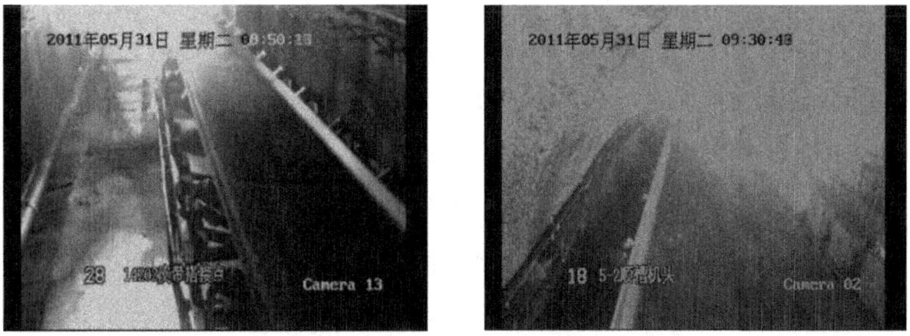

图 4.3 矿井下胶带运输机视频图像

4.2.1 图像降噪

噪声的种类多种多样，其中以高斯噪声(白噪声)最为常见。对于矿井下环境而言，其大部分噪声属于高斯噪声。根据图像的特点以及噪声的种类，研究者提出了多种降噪方法，概括来说可分为空间降噪和频域降噪两大类，其原理均是源自于噪声和信号在频域上不同的分布特性。对于数字图像而言，其有用的信息多数集中在图像的低频部分，而噪声以及图像的细节和边缘信息多对应于图像的高频信息，因而图像降噪时容易丢失边缘信息从而造成图像在一定程度上的模糊，所以选择一种既能降噪又能保留边缘信息的降噪方法是很重要的。

1. 常用的图像降噪方法

常用的图像降噪方法有邻域平均、中值滤波、高斯滤波、双边滤波等方法。

1) 邻域平均

邻域平均是在空间域进行降噪处理。假设给定的图像表示为$[f(i, j)]_{M\times N}$，其每个像素点为(m, n)，设邻域为S，S中含有M个像素，则邻域内平均值为

$$\bar{f}(m, n)=\frac{1}{M}\sum_{(i, j)\in S}f(i, j) \tag{4.9}$$

将$\bar{f}(m, n)$作为邻域平均后点(m, n)处的灰度，即用像素邻域内的均值取代该像素的原灰度值。图像中某像素点邻域S的形状和大小可自行选择，一般以正方形居多。邻域平均法包括简单平均法、灰度差值门限法、加权平均法等，其中加权平均法的平滑效果好于其他两种。邻域平均法的特点是实现简单，计算速度快，但是削弱了图像的边缘，会造成图像一定程度的模糊。

2) 中值滤波

中值滤波与邻域平均类似，但它是一种非线性降噪方法。由于噪声相对于周围的像素反差比较大，噪声像素点要么偏亮，要么偏暗。如果在一个邻域内将像素点按照灰度大小

顺序排列，那么噪声点肯定位于这个序列的两端，此时，取中间值作为输出，就可以消除噪声的影响，这就是中值滤波的思想。具体实现方法是：确定邻域 A，对邻域内所有像素点的灰度值进行排序，取该序列的中值作为该像素点的灰度值。若$[f(i, j)]_{M\times N}$表示序列，A_n为窗口，则中值滤波后的像素点(i, j)为

$$\bar{f}(i, j) = \underset{A_n(i, j)}{\mathrm{median}}\{f(i, j)\} \tag{4.10}$$

中值滤波的降噪效果依赖于邻域空间范围及邻域内像素的个数，对于图像内部平坦区域叠加脉冲噪声来说，中值滤波的效果较好，但随着中值滤波邻域窗口的增大，图像损失也越严重。

3) 高斯滤波

高斯滤波是通过高斯函数与灰度图像之间进行卷积操作来实现降噪，其定义如式(4.11)所示。

$$\mathrm{GB}[I]_p = \sum_{q\in S} G_\sigma(\| p - q \|) I_q \tag{4.11}$$

其中 $G_\sigma(x)$指二维高斯核函数，且有

$$G_\sigma(x) = \frac{1}{2\pi\sigma^2} \mathrm{e}^{-\frac{x^2}{2\sigma^2}} \tag{4.12}$$

由式(4.12)可知，高斯滤波实质上是计算该像素点邻域内邻近位置的加权平均值。而每个像素点的权值随着到中心点 p 的距离增大而递减。$G_\sigma(\| p-q \|)$表示邻域内任意点 q 和中心点 p 之间的距离，而 σ 则是表示邻域大小的参数。根据式(4.11)和式(4.12)可以看到，高斯函数的最佳逼近取决于其二项式展开的系数，但对于图像滤波而言，按定义计算过慢，因而可以直接采用根据离散的高斯分布计算高斯核函数。实验证明高斯滤波适用于去除具有正态分布特性的噪声。由于高斯滤波器仅考虑到了图像中像素之间的距离而忽略了像素之间的灰度值，因此，图像的边缘易产生模糊现象。

4) 双边滤波

双边滤波是在高斯滤波方法的基础上提出的非线性滤波，不同之处在于，在高斯滤波的基础上，双边滤波对权值的设定加入了两个像素之间的空域信息以及灰度相似信息。其加权系数是由两部分因子相乘构成的，一部分由像素间的空间距离决定，另一部分则由像素间的亮度值之差决定。双边滤波器的定义如下：

$$\mathrm{BF}[I]_p = \frac{1}{W_p} \sum_{q\in S} G_{\sigma_d}(\| p - q \|) G_{\sigma_r}(I_p - I_q) I_q \tag{4.13}$$

其中，W_p 是一个标准量，且

$$W_p = \sum_{q\in S} G_{\sigma_d}(\| p - q \|) G_{\sigma_r}(I_p - I_q) \tag{4.14}$$

参数 σ_d 和 σ_r 表示图像 I 的噪声去除量，式(4.14)表示邻域内像素的归一加权平均值，其中

G_{σ_d}是一个空间函数，它随像素点与中心点之间的欧氏距离的增加而减少；G_{σ_r}是一个范围函数，它随两个像素亮度值之差的增大而减少。一般情况下，双边滤波器的空间近邻函数G_{σ_d}和灰度相似函数G_{σ_r}都取以两像素间的距离为参数的高斯函数，定义如下：

$$G_{\sigma_d} = e^{-\frac{1}{2}\left(\frac{d(p, q)}{\sigma_d}\right)^2} \tag{4.15}$$

$$G_{\sigma_r} = e^{-\frac{1}{2}\left(\frac{\delta(I(p), I(q))}{\sigma_r}\right)^2} \tag{4.16}$$

其中，$d(p, q)$和$\delta(I(p), I(q))$分别为图像两个像素点的距离差及像素的灰度差，σ_d 和σ_r是高斯函数的标准差。

2. 降噪评价标准

图像降噪后，可通过主、客观标准对其进行评价。人眼观察是一种有效的主观的图像质量评价标准，同时为了更确切地说明图像降噪的效果，本书采用以下客观质量评价标准来检验各种降噪方法的有效性。

准则一：均方根误差(Root Mean Square Error，RMSE)

假设图像为$f(x, y)$，降噪后图像为$g(x, y)$，其中$0 \leqslant x \leqslant M-1$，$0 \leqslant y \leqslant N-1$。对于任意$x$和$y$，$f(x, y)$和$g(x, y)$之间的均方根误差可表示为

$$\text{RMSE} = \left[\frac{1}{MN}\sum_{x=0}^{M-1}\sum_{y=0}^{N-1}(f(x, y) - g(x, y))^2\right]^{\frac{1}{2}} \tag{4.17}$$

准则二：信噪比(Signal to Noise Ratio，SNR)

同上，分别定义$f(x, y)$和$g(x, y)$为原始图像和降噪后图像，$f(x, y)$和$g(x, y)$之间的信噪比可表示为

$$\text{SNR} = \frac{\sum_{x=0}^{M-1}\sum_{y=0}^{N-1} g^2(x, y)}{\sum_{x=0}^{M-1}\sum_{y=0}^{N-1}[f(x, y) - g(x, y)]^2} \tag{4.18}$$

实际应用时，常将SNR归一化并用分贝(dB)表示，令

$$\bar{f} = \frac{1}{MN}\sum_{x=0}^{M-1}\sum_{y=0}^{N-1} f(x, y) \tag{4.19}$$

则有

$$\text{SNR} = 10\lg\left[\frac{\sum_{x=0}^{M-1}\sum_{y=0}^{N-1}[f(x, y) - \bar{f}]^2}{\sum_{x=0}^{M-1}\sum_{y=0}^{N-1}[f(x, y) - g(x, y)]^2}\right] \tag{4.20}$$

准则三：峰值信噪比(Peak Signal to Noise Ratio，PSNR)

如果令$f_{\max} = \max\{f(x, y), x=0, 1, \cdots, M-1, y=0, 1, \cdots, N-1\}$，则峰值信噪

比为

$$\mathrm{PSNR} = 10\lg\left[\frac{f_{\max}^2}{\sum_{x=0}^{M-1}\sum_{y=0}^{N-1}[f(x, y) - g(x, y)]^2}\right] \tag{4.21}$$

根据以上准则可以看出，均方根误差越小、信噪比和峰值信噪比越大，说明图像降噪质量越好。

4.2.2 图像增强

图像增强是指根据图像的特点及所采取的加强图像特征的方法来改善图像的视觉效果，使之更适于人眼视觉系统或便于后续处理。对于井下视频图像所具有的能照度低和光照不均匀等特点而言，图像增强的目的在于增强低亮度区域并且抑制高亮度区域。目前应用于井下的图像增强方法有基于灰度变换的增强方法、基于模糊理论的增强方法以及基于Retinex理论的增强方法等。

基于灰度变换的增强方法是图像增强的传统方法，它主要根据不同的变化函数来实现图像增强，如对数变换的增强方法、基于直方图均衡化的增强方法等。这种方法实现简单，图像增强效果良好，但若图像中低灰度区域中存在较多的像素点，如井下图像，则增强后的效果不理想，易产生图像增强过亮现象，从而掩盖某些图像细节，无法达到增强的目的。由于人类视觉系统感知信息时具有模糊性，并且由于图像本身的复杂性，可能出现不确定性和不精确性(即模糊性)问题，因而模糊增强算法被广泛应用于图像增强。传统的模糊增强算法是通过一个非线性变换将图像数据模糊化，在模糊域对像素的隶属度通过迭代运算进行处理，然后将处理后的数据逆变换回空间域，实现图像的增强。这种方法的处理结果是提高图像的对比度，即高灰度更高、低灰度更低，极限迭代的结果就是一幅二值图像，显然这不符合井下图像增强的目的。Retinex理论将图像分为亮度图像和反射图像，其中亮度图像反映图像的低频信息，而反射图像反映图像的高频信息。基于Retinex的增强是通过改变亮度图像和反射图像在原图像中的比例来达到增强的目的。多尺度Retinex(MultiScale Retinex，MSR)方法能够压缩图像的动态范围，因而在光照不均匀或不足的条件下，仍然能够有较好的处理效果。因此，可采用MSR方法实现井下图像增强，并可针对井下图像的特点对其进行改进。

1. MSR算法

根据Land理论，假设理想图像 $f(x, y)$ 为

$$f(x, y) = L(x, y) \times R(x, y) \tag{4.22}$$

即图像 $f(x, y)$ 可以表示为环境亮度函数 $L(x, y)$ 和景物反射函数 $R(x, y)$ 的乘积。MSR算法描述如下：

$$R_i(x, y) = \sum_{k=1}^{K} W_k \{\log I_i(x, y) - \log[F_k(x, y) * I_i(x, y)]\} \quad i = 1, 2, \cdots, N \tag{4.23}$$

其中，i 表示第 i 个光谱带；N 表示光谱带的个数，$N=1$ 表示灰度图像，$N=3$ 表示彩色图像；$R_i(x, y)$是输出图像函数；$I_i(x, y)$是输入图像函数的分布函数；$*$ 表示卷积操作；$F_k(x, y)$表示环境函数，环境函数的选择可以有很多种，这里选择高斯函数作为环境函数，k 表示多尺度(即高斯函数)的个数，根据不同的标准偏差 σ_k，环境函数 $F_k(x, y)$用于选择控制高斯函数的尺度；W_k 表示与 F_k 相关的权重系数。

MSR 算法可根据场景处理的需要选择尺度个数，一般选择三个不同层次的尺度，然后将三者以不同的权重系数相融合以实现图像增强。

MSR 增强后的图像得到的灰度值可能会出现负值，因而需要采用 gain/offset 方法对图像中的负像素点进行修正，再将修正后的灰度值映射到显示器显示的灰度范围内，用公式描述如下：

$$R_o(x, y) = G \times R_i(x, y) + \text{offset} \tag{4.24}$$

$$R(x, y) = 255 \times \frac{R_o(x, y) - R(x, y)_{\min}}{R(x, y)_{\max} - R(x, y)_{\min}} \tag{4.25}$$

其中，$R_i(x, y)$和 $R_o(x, y)$分别表示图像的输入和输出灰度值，G 表示增益系数，offset 表示偏移量。

2. 改进的 MSR 算法及实现步骤

对井下图像采用 MSR 算法进行图像增强后，图像的细节信息有所提高，但是增强后的图像过亮，不适于主观观测，因此可在 MSR 图像增强算法过程中加入直方图均衡化，以减少图像过亮现象并且提高图像局部细节信息，增强对比度。改进的 MSR 算法的原理图如图 4.4 所示。

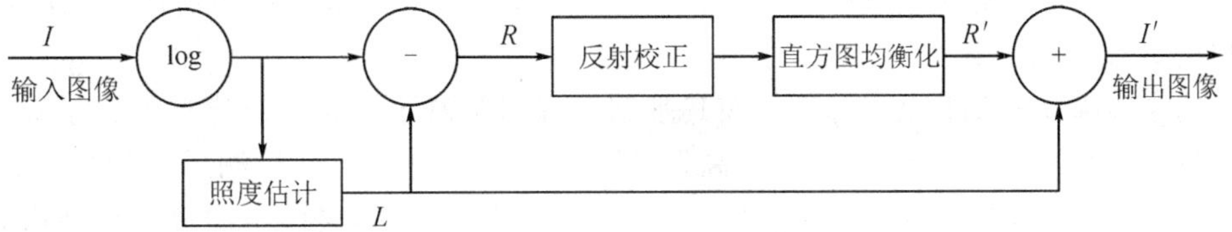

图 4.4　改进的 MSR 算法框架图

改进的 MSR 算法的实现步骤如下：

(1) 读入视频帧图像 I，并对其图像函数取对数。

(2) 计算在不同标准偏差 σ_k 下高斯滤波器的滤波系数。

(3) 选择三种 σ_k 尺度，实现时选择 15、80、250，使用这三种不同的高斯滤波系数对图像进行卷积操作。

(4) 根据式(4.23)计算三种尺度下所得结果的加权平均，这里权值均选择1/3，将图像分为照度分量 L 和反射分量 R。

(5) 根据式(4.24)和式(4.25)对反射分量 R 进行调整，然后再对 R 进行直方图均衡化，得到新的反射分量 R'。

(6) 新的反射分量 R' 与照度分量 L 相加得到新的图像 I'，然后取对数得到增强后的图像。

4.3 基于混合高斯模型的井下目标检测方法及其改进

对于井下胶带运输机视频图像，由于光照分布不均匀，致使同一个监控场景中靠近光源部分照度强，图像中一片白，而远离光源部分照度明显不足，物体轮廓仅隐约可见。因而，对于这种图像像素呈多峰分布的多模态图像，若采用单高斯模型，则需要经历很长的时间才能检测出背景与目标，而混合高斯模型法可以快速克服光线扰动的影响，在实际应用中目标检测效果较好。此外，基于混合高斯模型的运动目标检测可以实现快速准确地提取运动目标，防止漏检、误检。针对井下胶带运输机视频来说，混合高斯模型可以达到胶带运输机目标检测的实时性的要求。但是，混合高斯法检测速度仍然较慢，因此本节在保证检测目标准确性的前提下，对该方法进行改进，以提高煤块目标的检测速度。

4.3.1 混合高斯模型

基于高斯模型的目标检测方法有单高斯模型和混合高斯模型之分。

顾名思义，单高斯模型即采用一个高斯模型来表征井下视频图像中每个像素点的灰度分布，适用于单一不变的背景场合，即图像中背景点所对应的颜色分布较为一致。凡是与该高斯模型相匹配的像素点即认为其为背景点；反之不匹配者，则认为其为前景点，即目标像素点。在实际应用中可以看出，基于单高斯模型的背景减除法多适用于室内环境以及简单的室外环境。

为了克服单高斯模型的不足，在其基础上提出了基于混合高斯模型的背景减除法，目前的混合高斯模型等方法都是对单高斯模型的扩展。对于目标检测过程中的光照扰动变化、物体缓慢移动造成拖影、背景变换频繁、成像中噪声等问题，混合高斯模型均能很好地解决并达到较好的检测效果。它采用多个带有权值的高斯模型表示监测场景中的背景，根据模型的变换来表示背景的变换过程。该方法对复杂背景下的目标检测依然能够达到较好的效果，同时，与光流法等目标检测方法相比，它计算简单，且对户外复杂场景的运动目标检测具有很好的鲁棒性。

基于混合高斯模型的背景减除法的基本原理是：首先设定混合高斯模型的个数 K，对于图像中每个像素点，定义 K 个高斯模型来表示像素点灰度值的分布，模型个数 K 越多，对监测场景的表征能力越强，但是相应的背景形成时间也就越长。众多研究者的实验表明：K 值一般取 3～5 之间，K 小于 3 时混合没有意义，K 大于 7 时虽然场景描述更加精确，但也消耗了不必要的计算时间，目标检测效果亦没有太大提高。基于混合高斯模型的目标检测法的流程如图 4.5 所示。

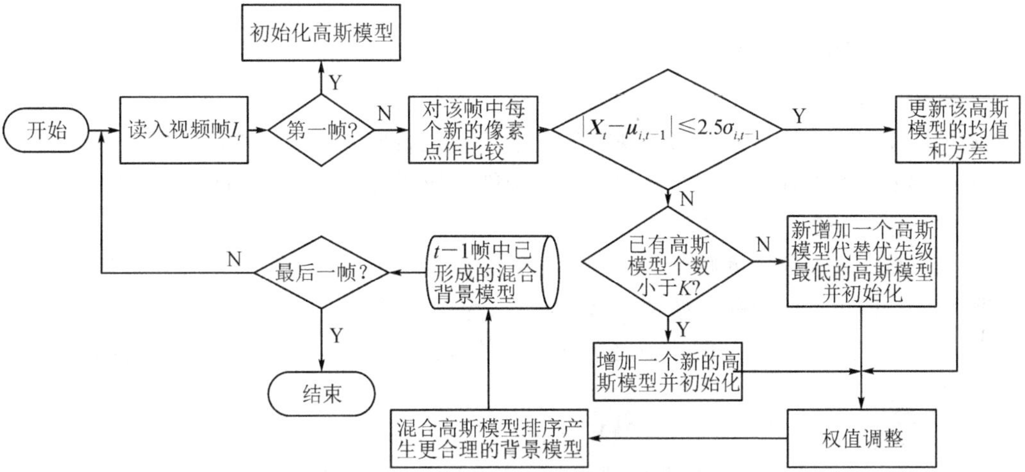

图 4.5　基于混合高斯模型的目标检测流程图

假设在 t 时刻，像素点(x_0, y_0)的取值集合为$\{\boldsymbol{X}_1, \boldsymbol{X}_2, \cdots, \boldsymbol{X}_t\}=\{I(x_0, y_0, i)|1\leqslant i\leqslant t\}$，其中 I 为视频帧。如果将该像素点所对应的灰度值用 K 个高斯函数来表征，那么当前像素值的概率如下：

$$P(\boldsymbol{X}_t)=\sum_{t=1}^{K} w_{i,t}\eta(\boldsymbol{X}_t, \boldsymbol{\mu}_{i,t}, \mathring{\boldsymbol{a}}_{i,t}) \tag{4.26}$$

其中，$\boldsymbol{X}_t$ 是 t 时刻该点的像素值；K 是混合高斯模型的个数；$w_{i,t}$是 t 时刻混合高斯模型中第 i 个模型的权值，满足 $0\leqslant w_{i,t}\leqslant 1$ 且 $\sum\limits_{t=1}^{K} w_{i,t}=1$，$\eta(\boldsymbol{X}_t, \boldsymbol{\mu}_{i,t}, \mathring{\boldsymbol{a}}_{i,t})$ 是 t 时刻第 i 个高斯分布，其定义式如下：

$$\eta(\boldsymbol{X}_t, \boldsymbol{\mu}_{i,t}, \mathring{\boldsymbol{a}}_{i,t})=\frac{1}{(2\pi)^{\frac{n}{2}}\left|\mathring{\boldsymbol{a}}_{i,t}\right|^{\frac{1}{2}}}\mathrm{e}^{-\frac{1}{2}(\boldsymbol{X}_t-\boldsymbol{\mu}_{i,t})^{\mathrm{T}}\mathring{\boldsymbol{a}}_{i,t}^{-1}(\boldsymbol{X}_t-\boldsymbol{\mu}_{i,t})}, \ i=1, 2, \cdots, K \tag{4.27}$$

其中，n 是 $\boldsymbol{X}_t$ 的维数，$\boldsymbol{\mu}_{i,t}$是 t 时刻混合高斯模型中第 i 个模型的均值向量，$\mathring{\boldsymbol{a}}_{i,t}$为模型的协方差矩阵。

1. 模型初始化

混合高斯法背景建模的第一步是初始化所定义的 K 个高斯模型的参数，即给 K 个高斯模型的均值、方差以及权值三个参数设定初值。目前常用的方法有两种：一是计算连续视频帧中每个像素点位置的灰度均值和方差，用其初始化第一个高斯模型的均值和方差，并且人为地给该高斯模型设定一个较大的权重，其余 $K-1$ 个高斯模型的均值、方差均取为零，权值则在所有高斯模型的权重和为 1 的前提下将这些剩下的权重取等值；另一种初始化方法与第一种方法唯一的不同之处在于第一个高斯模型的初始化，它是将第一幅图像的像素值作为混合高斯模型中第一个高斯分布的初始均值。

2. 模型匹配与参数更新

初始化高斯模型后，需要随着视频图像的变化对这些高斯模型进行更新，即每读入一个新的像素值时，将新像素值与现有的高斯模型进行匹配判断，满足匹配条件则更新高斯模型的参数，若不存在与之匹配的高斯模型则增加新模型，最后根据调整后的权重对 K 个高斯模型进行重新排序。具体步骤如下：

(1) 当读入新的视频帧时，在已存在的高斯模型中，寻找与新像素点灰度值相匹配的高斯模型。即对当前帧每个像素值 $\boldsymbol{X}_t$ 与其对应的 K 个高斯模型分别进行匹配，若当前像素灰度值与某个高斯模型的均值之差在设定的范围内，则认为 $\boldsymbol{X}_t$ 和当前高斯模型相匹配。判断条件如下：

$$|\boldsymbol{X}_t-\boldsymbol{\mu}_{i,t-1}|\leqslant 2.5\sigma_{i,t-1} \tag{4.28}$$

(2) 若 X_t 与当前某个高斯模型相匹配，那么由于加入新的像素点，原有的 K 个高斯模型所对应的分布都会产生变化，此时需要对该高斯模型的参数进行更新。高斯模型的权值、均值和方差的更新公式如下

$$w_{i,t}=(1-\alpha)w_{i,t-1}+\alpha \tag{4.29}$$

$$\boldsymbol{\mu}_{i,t}=(1-\rho)\boldsymbol{\mu}_{i,t-1}+\rho\boldsymbol{X}_t \tag{4.30}$$

$$\sigma_{i,t}^2=(1-\rho)\sigma_{i,t-1}^2+\rho(\boldsymbol{X}_t-\boldsymbol{\mu}_{i,t-1})(\boldsymbol{X}_t-\boldsymbol{\mu}_{i,t-1})^{\mathrm{T}} \tag{4.31}$$

式中，α 称为学习率，且 $0\leqslant\alpha\leqslant1$，$\alpha$ 可由用户自行定义。目标检测中背景更新的速度取决于 α 的大小，α 越大，更新速度越快，背景形成越快。ρ 称为参数更新率，一般通过下式计算：

$$\rho=\alpha\eta(\boldsymbol{X}_t,\boldsymbol{\mu}_{i,t},\sigma_{i,t}) \tag{4.32}$$

而其他未匹配的高斯模型的均值和方差不变，其权值应该按下式减小：

$$w_{i,t}=(1-\alpha)w_{i,t-1} \tag{4.33}$$

(3) 若 $\boldsymbol{X}_t$ 未能与定义的 K 个高斯模型相匹配，也就是说此时现有 K 个高斯模型已无法满足背景建模的需要，则需要更换或增加新模型。首先判断高斯模型的个数是否超过预先设定值 K，若小于 K，则根据当前像素值增加一个新高斯模型；若等于或者大于 K，那么用新增加的高斯模型替换当前权值最小的高斯模型，然后根据当前像素点灰度值初始化高斯模型相应的参数。

3. 生成背景分布

对每一个像素点而言，将 K 个高斯模型按优先级 $p_{i,t}=w_{i,t}/\sigma_i$ 进行降序排列，满足式

(4.34)的前 B 个模型为背景模型，不满足者则认为是前景模型。

$$B = \arg\min_{b}\left(\sum_{i=1}^{b} w_{i,t} > T\right) \tag{4.34}$$

其中 T 为阈值。因而与背景模型相匹配的是背景目标点，反之则为前景目标点。

4.3.2 改进的混合高斯模型背景建模算法

经典的混合高斯模型对图像中每一个像素点都建立多个高斯模型，这样带来的结果是目标检测的结果足够精确，但是消耗了太多时间，而且没有将实际应用场景中的空域信息考虑进去。对于矿井下视频图像而言，其背景图像中存在较多具有相同灰度值的像素，如靠近光照处白色的部分，其所对应的高斯模型的参数应该相同或相似。因此，为了提高目标检测的速度，首先将视频图像划分为块，以块的均值代替该块内的像素进行建模，以缩减背景建模时间，并且通过分块空域信息减少孤立噪声点对背景的影响，然后在分块高斯建模的基础上，将背景建模状态按阶段进行划分，根据不同的阶段需求采用不同的学习率，从而加快背景的形成速率。

1. 分块处理

如图 4.6 所示，假设在 t 时刻，对当前视频帧进行分块处理后再进行模型匹配。若像素点 (x_0, y_0) 的取值集合为 $\{X_1, X_2, \cdots, X_t\} = \{I(x_0, y_0, i) \mid 1 \leqslant i \leqslant t\}$，对 t 时刻视频帧按照从左到右，从上到下，分成 $L \times L$ 的块，在边界不够的情况下，用 0 填充，假设 $\overline{X}_t$ 为块内均值，则

$$\overline{X}_t = \frac{1}{L \times L}\sum_{x=1}^{L}\sum_{y=1}^{L} I(x, y, i) \tag{4.35}$$

其中 $I(x, y, i)$ 为 i 时刻像素点 (x, y) 的灰度值，然后用 $\overline{X}_t$ 去代替式(4.26)、式(4.27)、式(4.28)、式(4.30)、式(4.32)中的 X_t，其余参数更新按照式(4.29)、式(4.31)继续更新。

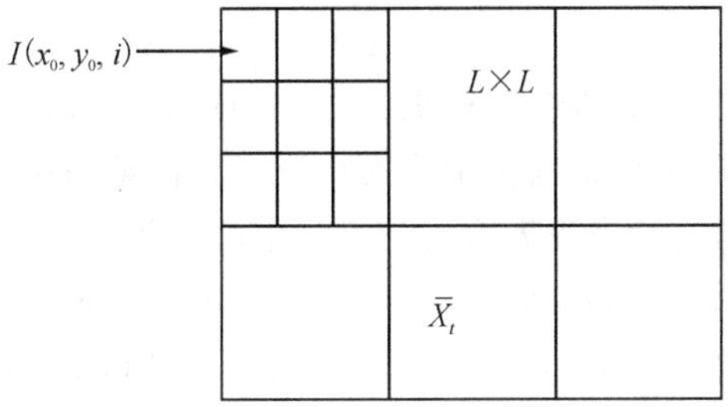

图 4.6　分块示意图

2. 模型更新学习率的选取

在混合高斯模型的学习和更新过程中，学习率的选取至关重要。学习率过大，会使该高斯模型对于噪声等干扰信息变化敏感，容易产生像素点误判现象；而过小的学习率则使

得背景学习的速度减慢，当产生新的高斯模型时，形成新的背景模型的速度较慢，无法满足目标检测过程中的实时性要求。

根据前面的描述可以看到，混合高斯模型法建模实际上是背景所对应高斯模型的方差、权值和优先级等参数随着背景模型的形成而改变的过程。比如：高斯模型中的方差逐渐收敛至稳定，权值逐渐增大，而优先级由低到高。因此本节根据高斯模型的参数变化趋势将背景模型的形成状态分为以下两个阶段：

(1) 背景改变阶段。背景改变阶段包括背景模型的初始形成过程以及在后续视频中的改变过程。在背景初始过程中，高斯模型方差逐渐减小但还未收敛，权值和优先级在逐渐改变，但并未达到最高。此外，若在检测的过程中有新的目标进入场景并逐渐融入背景，如静止的矿工开始运动等，此时混合高斯法将会产生新的高斯模型，这时就要使得高斯模型加快学习速度并形成新的背景模型。因而在这个阶段可以选择较大的学习率以加快新背景对应模型参数(方差、权值和优先级)的改变，快速形成新背景模型，最终达到背景稳定阶段。

(2) 背景稳定阶段。当进入背景稳定阶段时，图像中背景目标点所对应的高斯模型参数方差基本已收敛至稳定值，优先级和权值均达到最高，也就是说，这个阶段该视频图像所对应的背景模型已基本生成，此时在场景中没有光线等外因突变的情况下，本阶段混合高斯模型更新的主要目的是保持当前背景模型的稳定性，因而可以选取较小的学习率以减少噪声等因素对其的影响，保持背景模型的稳定。

综上所述，根据背景形成过程中不同阶段的特性，应自适应地选择学习率以加快新背景模型的形成速率和减小噪声对背景模型的影响。对每个高斯模型而言，与其匹配的像素点越多，该模型所对应的权值越大，其成为背景模型的可能性越大。但是混合高斯模型的参数均值、方差等无法体现这一特征，因此，我们另外引入一个参数来表示高斯模型被连续匹配的次数，用 $k_{i,t}$ 表示，且有

$$k_{i,t}=\begin{cases}k_{i,t}+1 & (\text{选中该高斯模型})\\ 0 & (\text{超过 } r \text{ 帧未选中该高斯模型})\end{cases} \tag{4.36}$$

当像素与某个高斯模型匹配时，根据式(4.36)计算该高斯模型的匹配次数 $k_{i,t}$，为了防止噪声的影响，若在视频中连续几帧都没有出现与该高斯模型匹配的像素，则将 $k_{i,t}$ 重置为零。式(4.36)中，r 表示连续未被匹配的帧数，也就是说某个高斯模型的 $k_{i,t}$ 越大，该高斯模型成为背景模型的可能性也越大，因此根据 $k_{i,t}$ 可以快速地判断视频图像的背景变化情况。这里设定阈值 m_t 表示设定的帧数，当 $k_{i,t}$ 大于 m_t 时，对该高斯模型的形成阶段进行判断，其中判断条件如下：

$$\begin{cases}\text{背景稳定阶段：} k_{i,t}\geqslant m_t\text{，高斯模型方差 } \sigma_{i,t}^2 \text{ 收敛至稳定，并且优先级 } p_{i,t} \text{ 最高}\\ \text{背景改变阶段：} k_{i,t}\geqslant m_t\text{，高斯模型方差 } \sigma_{i,t}^2 \text{ 逐渐变化，并且优先级 } p_{i,t} \text{ 非最高}\end{cases} \tag{4.37}$$

在煤矿胶带运输机的检测过程中，若当前时刻处于背景改变阶段，为促进背景模型形

成，我们选择较大的学习率 0.101。在背景稳定阶段，为保持背景模型稳定，我们选择较小的学习率 0.005。对于其他情况，如 $k_{i,t}<m_t$ 等，可以选择较小的学习率以免造成误判。未连续匹配帧数 r 取 5，设定连续匹配帧数 m_t 取 10。

3. 算法描述

应用改进的混合高斯模型检测运动的煤块目标的流程图如图 4.7 所示。具体步骤如下：

（1）读入视频帧 I，对当前帧进行分块处理。

（2）若当前帧为第一帧，则初始化高斯模型。取高斯模型的个数为 5，初始化模型时，以视频图像第一帧块均值作为混合高斯模型中第一个高斯分布的初始均值，该分布取较大的权值 0.5，其余高斯分布均值为 0。初始时高斯模型的学习率为 0.005，判断为背景的阈

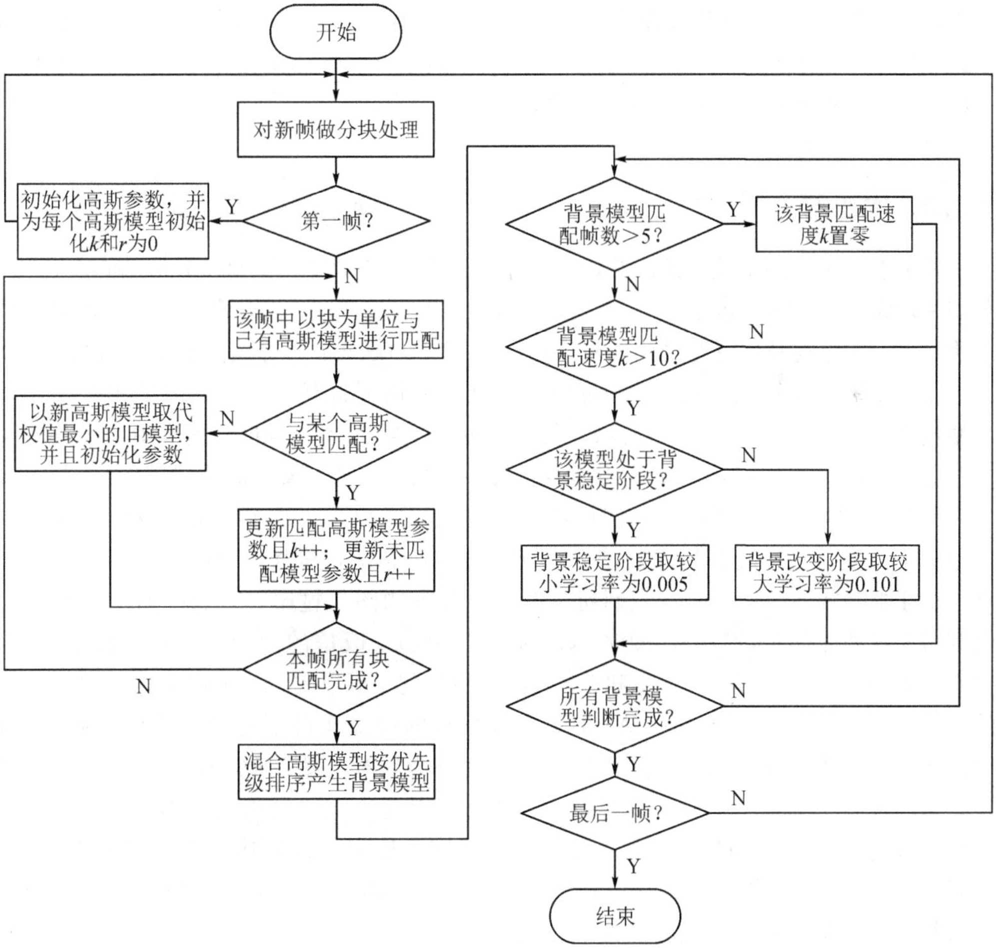

图 4.7 改进的混合高斯模型算法实现流程图

值为 0.7。同时给每一个高斯模型设置两个参数，即模型匹配速度 k 和连续未匹配帧数 r，初始化为零，转到(1)继续执行。

(3) 若不是第一帧，则以块内为单位与已存在的高斯模型进行匹配，直到当前帧所有块匹配完成。假设某块均值为 $\overline{X}_t$，若其与第 K_i 个高斯模型满足式(4.28)，则认为两者相匹配，然后根据式(4.29)～式(4.31)更新相匹配高斯模型的权值、均值和方差，并且令该高斯模型的匹配速度为 $k=k+1$；对于其余未匹配的高斯模型，通过式(4.32)更新权值，并且取 $r=r+1$。若没有一个高斯模型与之匹配，则增加一个新的高斯模型替换优先级最低的高斯模型，以当前像素点初始化该模型的均值。

(4) 当前帧匹配完成后，每个像素块的高斯模型按优先级排序，满足式(4.34)的模型为背景模型，与之匹配的像素点为背景点。对于每一个背景模型，若 $r>5$，则说明该模型长时间未匹配，将其模型匹配速度设置为 $k=0$；若 $r\leqslant 5$ 且 $k>10$，则认为当前像素块已经进入背景稳定阶段，学习率设置为 0.005，否则认为其仍处于背景改变阶段，学习率设置为 0.101。

(5) 当前帧所有像素块所对应的背景模型匹配判断完成后，若当前帧是最后一帧则结束，否则转到(1)继续执行。

4.3.3 实验与分析

本节在目标检测实验中采用某矿的 2 个胶带运输机视频，即 Mine1.avi 和 Mine2.avi，其分辨率均为 480×360，帧率为 24 帧/s，分别采用中值滤波法、混合高斯法以及改进的混合高斯法对上述两个视频进行背景建模与目标检测。Mine1.avi 的目标检测结果如图 4.8 所示。

根据实验结果可以看到，中值滤波法形成背景的时间较长，大约需要 150 帧左右才能检测出煤块目标，如图 4.8(b)所示，在视频图像的第 93、96 帧时，图像中大部分较亮区域由于光线的扰动而使得该区域成为前景目标，而当背景累积到 150 帧左右后才将该区域归为背景目标，因此该方法在背景图像产生变换时，背景实时更新的能力较弱。图 4.8(c)是采用混合高斯法进行目标检测的结果，与图 4.8(b)相比，其背景模型形成的速度有较大提高，并且能够较好地检测出煤块目标，但是矿井下的图像过暗，只能检测出光源覆盖范围内胶带运输机上运输的煤块。图 4.8(d)和图 4.8(e)是改进的混合高斯法目标检测的结果，它们分别是将视频图像按 2×2 和 3×3 进行划分的。可以看到，随着分块的增大，检测出的目标个数与图 4.8(c)中的相似，但是煤块目标的边缘变得不光滑，逐渐成为锯齿状，其中图 4.8(e)效果尤为明显。由于煤块目标检测是为后续一些步骤(如跟踪等)奠定基础，而在跟踪时通常选择每个目标区域进行目标跟踪，因此边缘的锯齿变化对其影响较小。随着分块区域的增大，改进的混合高斯法的检测速度也逐渐提高，其检测速度如表 4.3 所示。需要注意的是，分块选择要适中，分块过大则检测结果会不准确，而过小则无法提高检测速度。本节最终选择按 3×3 划分的改进的混合高斯法进行目标检测。图 4.9 是针对 Mive2.avi 视频中的胶带运输机上的煤块目标进行检测，其效果与图 4.8 相似。

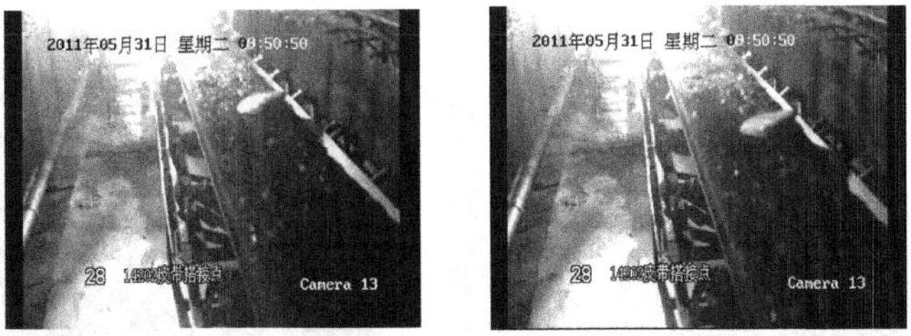

(a)原图(93、96帧)

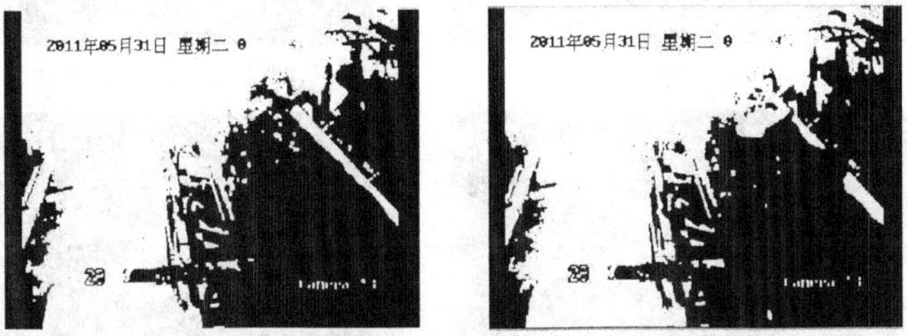

(b)中值滤波法检测结果

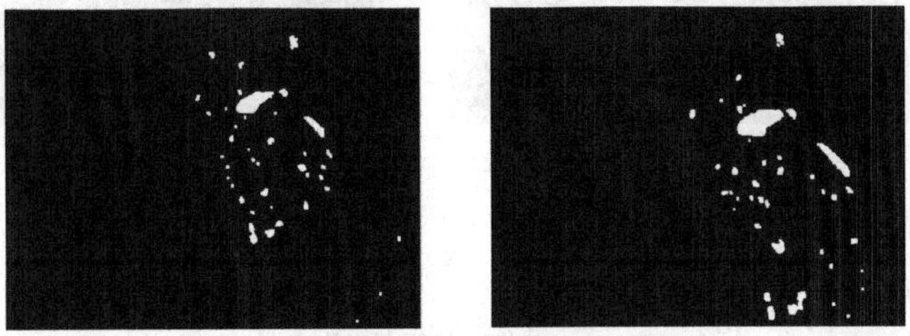

(c)混合高斯法检测结果

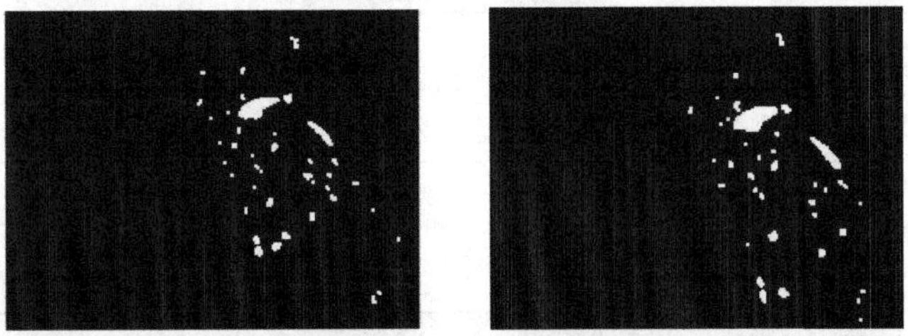

(d)改进的混合高斯法检测结果(2×2)

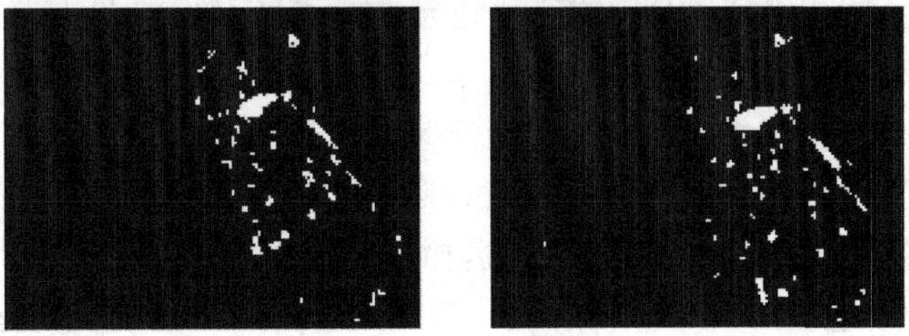

(e)改进的混合高斯法检测结果(3×3)

图 4.8 Mine1.avi 视频目标检测结果

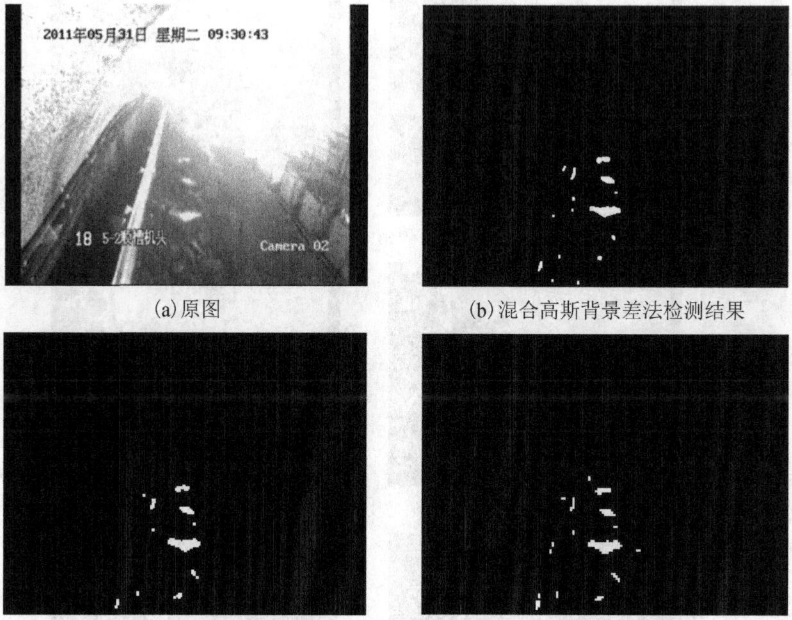

(a)原图　(b)混合高斯背景差法检测结果

(c)改进的混合高斯法检测结果(2×2)　(d)改进的混合高斯法检测结果(3×3)

图 4.9　Mine2.avi 视频目标检测结果图

表 4.3　每秒所能处理的帧数

视频名称	视频分辨率	混合高斯法(帧/s)	改进的混合高斯法(帧/s)	
			2×2	3×3
Mine1.avi	480×360	9	10	12
Mine2.avi	480×360	9	10	12

表 4.3 描述了在内存为 2G、CPU 主频为 2.10 GHz 的 PC 机上混合高斯法和改进的混合高斯法每秒所能处理的帧数。如表中所示，当图像按 2×2 划分时检测速度提高 1 帧，而按 3×3 划分时检测速度提高了 3 帧，检测速度有明显提高。当前井下视频采用的帧率为 24 帧/s，且采用并行系统，故改进的混合高斯法可以满足对视频检测的实时性要求。

通过改进的混合高斯法检测到胶带运输机上运行的煤块目标后，可以对胶带运输机有个简单的判断。这里有一个假设前提，即人工确保胶带运输机的运行开关处于开的状态。那么根据实验结果来看，当胶带运输机处于运转状态时，通过视频可以提取煤块目标，因而若目标检测没有结果，可能存在两种情况：① 胶带运输机运转正常，但没有运载煤块，此时说明有可能是其他并行运转的胶带运输机出现故障；② 胶带运输机因故障停止运转，但其上可能存在煤块，此时说明目前监测的胶带运输机出现故障。因此，若在连续几帧内都没有检测到煤块目标，可进行报警，提示人工进行排查，也可以对以上两种现象进行下一步的检测。以上两种现象的主要区别在于胶带运输机上是否存在煤块，因此可以将未检测到目标的帧与上一状态中的背景图像求差分，然后进行图像预处理、二值化、形态学滤波等操作，可以得到如图 4.8(e)所示的二值图像，此时设定阈值为 T。若该二值图像得到的目标像素点小于阈值 T，则认为当前胶带运输机上没有煤块，说明当前胶带机运转正常，需要排查与之相关的胶带运输机，发出相应的报警提示；反之，则认为其上存在煤块，也就是说当前胶带运输机发生故障，停止运转，应发出相应的报警提示。

此外，对当前帧中光源覆盖范围较亮的区域提取煤块的边缘，可以通过图像处理技术大致获得该区域内的煤量；统计视频图像在一段时间内的运动煤量，可对胶带运输机上每个周期的平均运输量进行估算。

4.4 基于帧差分法与背景减除法的井下运动目标检测算法

4.4.1 基于帧差分法与背景减除法的算法

帧差分法计算量小，易于实现，但不足之处在于检测到的运动目标易出现空洞，不能完整地检测出运动目标的轮廓。光流法可以用于摄像机移动或者背景变化情况下运动目标的检测，但是算法计算量偏大，而且对目标的检测结果容易受到噪声的影响。背景减除法计算量小，能够得到完整的目标信息，但是该方法对背景的建模要求较高，而且对场景中的光照等外部条件的变化比较敏感。根据以上分析，本节将帧差分法与背景减除法结合使用，这样不仅可使两种方法的优点相互补充，有效克服单个方法的缺点，而且可在井下复杂的环境下提取出较完整和准确的运动目标。

帧差分法与背景减除法相结合的目标检测算法描述如下：

(1) 首先利用背景减除法提取运动目标，通过自适应混合高斯算法对前一帧图像序列重构背景图像，用当前帧与重构的背景做减法运算，依据算法的计算步骤提前得到二值化的前景图像。

(2) 然后利用帧差分法提取运动目标，对帧图像序列中间隔的两帧灰度图像进行减法运算，利用帧差分法的计算步骤提取二值化的前景图像。

(3) 最后将两种方法检测到的运动目标图像进行逻辑或运算，如果存在噪声，再对或运算得到的结果图像进行去噪及形态学滤波处理，结果即为前景目标。

融合背景减除法与帧差分法检测的前景目标图像可以得到信息更准确完整的感兴趣目标，即对背景减除法与帧差分法得到的前景图像进行或操作可得到二值图像，用公式表示为

$$C_k(x, y)=\begin{cases}1 & D_i(x, y)\cup B_i(x, y)=1\\0 & D_i(x, y)\cup B_i(x, y)\neq 1\end{cases} \tag{4.38}$$

其中，$B_i(x, y)$ 表示帧差分法结果，$D_i(x, y)$ 表示背景减除法结果，$C_k(x, y)$ 表示前景运动目标图像。

通过上面的方法检测到井下轨道巷中的运动目标后，可以对轨道巷中的情况有个简单的判断。根据检测得到的前景图像，然后进行图像预处理、二值化、形态学滤波等操作，可得到二值前景图像。

此外，对当前帧中光源覆盖范围较亮的区域提取光源的边缘，可以通过图像处理技术大致判断该区域内的运动目标，统计视频图像在一段时间内的运输车数量，可对巷道内每个周期的平均运输量进行估算等。

4.4.2 实验与分析

为了验证本节目标检测算法对煤矿井下视频的有效性，分别对井下抽取的视频图像序列进行实验，并将本节检测算法与几种常用的目标检测算法(帧差分法、背景减除法、光流法)进行分析比较，实验结果如图 4.10 所示，图中分别为样本视频序列中的第 20 帧图像、第 100 帧图像、第 120 帧图像的原始图像、帧差分法检测结果、背景减除法检测结果、光流法检测结果及本节算法的检测结果。

从图 4.10 可以看出，在机车运动时帧差分法检测的结果有不同程度的空洞，这主要是因为帧差分法在目标运动时帧与帧之间有覆盖区域引起的；背景减除法虽然能够提取到相对准确的运动目标，但对背景模型的构建方法要求较高；光流法由于井下噪声的影响，导致检测结果有许多噪声点。由实验结果可以看出，由于相邻帧的时间间隔较短，利用帧差分法得到的结果图可以弥补背景减除法对井下光照强度变化过于敏感的缺点，使提取到的结果图受光照阴影的影响不大，背景减除法可以弥补帧差分法容易使提取到的结果图像出现空洞的缺点。由实验结果图像可知，本节针对煤矿井下环境的运动目标检测算法相对于其他算法有着较好的检测效果。

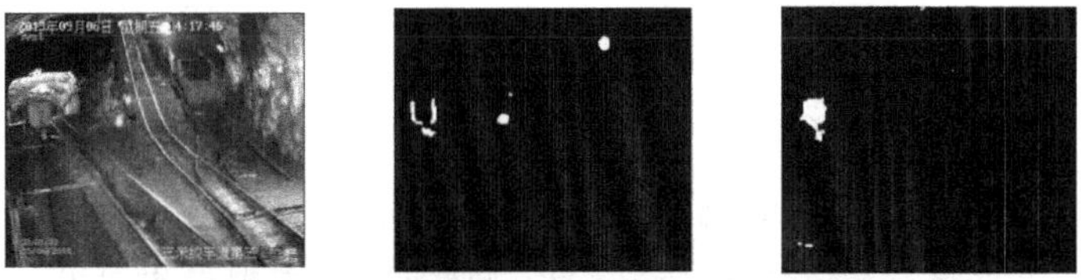

(a) 原始图像　　(b) 帧差分法　　(c) 背景减除法

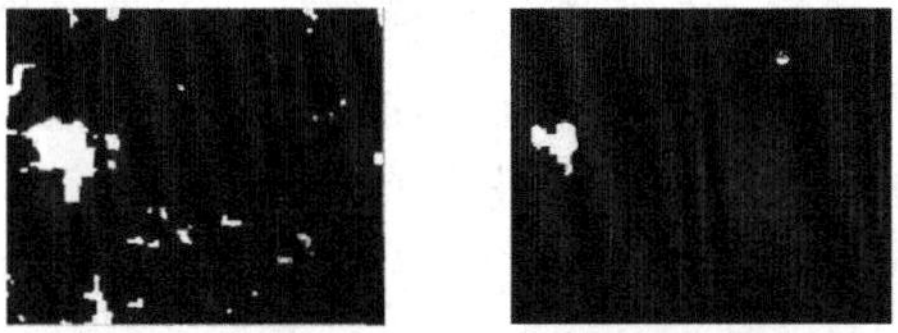

(d) 光流法　　(e) 本节算法

(1) 第20帧不同算法的检测结果

(a) 原始图像　　(b) 帧差分法　　(c) 背景减除法

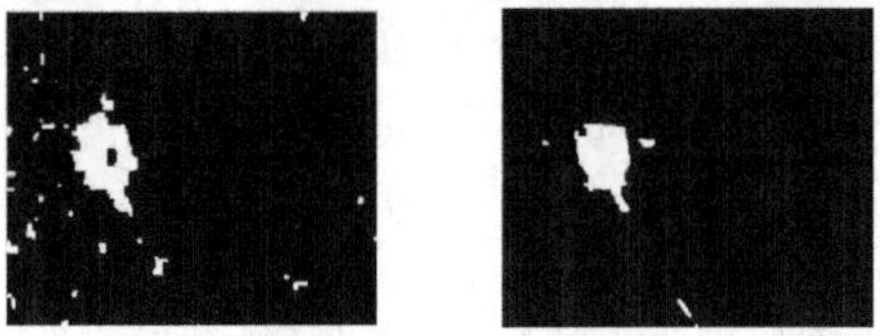

(d) 光流法　　(e) 本节算法

(2) 第100帧不同算法的检测结果

(a) 原始图像　　(b) 帧差分法　　(c) 背景减除法

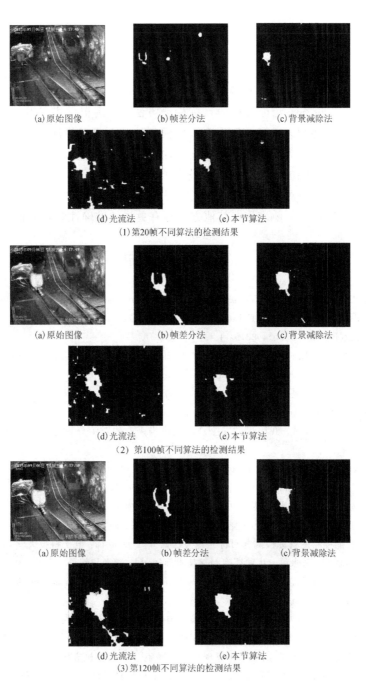

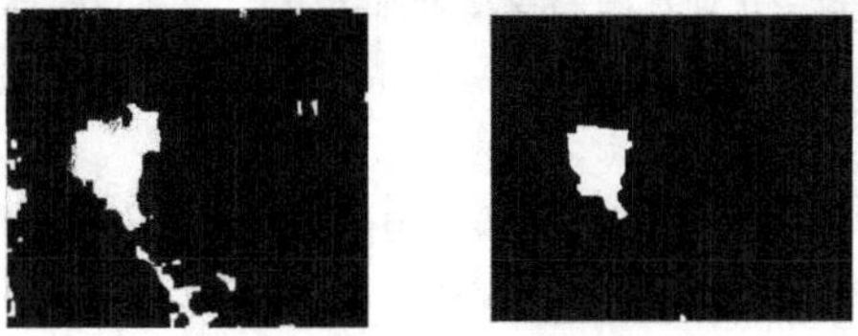

(d) 光流法　　(e) 本节算法

(3) 第120帧不同算法的检测结果

图 4.10　目标检测算法的检测结果

本章小结

视频中的目标检测是智能视频分析中一项重要的研究内容，是目标行为分析的重要前提条件。本章首先论述了几种常用的目标检测方法，然后根据煤矿井下视频的特点，并针对煤矿井下的复杂环境改进了基于混合高斯模型的井下目标检测方法，并提出了帧差分法和背景减除法相结合的方法，同时对其基本原理及关键步骤进行了介绍。最后，针对井下的相关视频及几种不同的检测方法分别进行了实验验证。实验结果表明，改进的基于混合高斯模型的井下目标检测方法和基于帧差分法与背景减除法的井下运动目标检测算法能够克服背景复杂和噪声的影响，相较其他方法具有更强的准确性和鲁棒性。

参考文献

[1] LI Z L，CUI L，XIE A L. Target tracking algorithm based on particle filter and mean shift under occlusion[C]. The 2015 IEEE International Conference on Signal Processing，Communications and Computing (ICSPCC 2015)，2015：1-4.

[2] LI Z L，XIE A L. Research on target tracking and early-warning for the safety of coal Mine Production[J]. Applied Mechanics and Materials，2014：925-929.

[3] 黄景星，吴伟隆，龙楚君，等. 基于 OpenCV 的视频运动目标检测及其应用研究[J]. 计算机技术与发展，2014，2：1-4.

[4] 林柏泉，常建华，翟成. 我国煤矿安全现状及应当采取的对策分析[J]. 中国安全科学学报，2006，16(5)：42-46.

[5] LI Z L，HE Q. Research on speed monitoring method of coal belt conveyor based on video image[J]. Journal of Computational Information Systems，2012，8(12)：5093-5101.

[6] 田原. 浅谈机器视觉技术在煤矿中的应用前景[J]. 工矿自动化，2010，36(5)：30-32.

[7] 谢爱玲. 井下运动目标跟踪及预警方法研究[D]. 西安：西安科技大学，2015.

[8] 陈海涛. 智能视频的目标检测与目标跟踪算法研究[D]. 成都：电子科技大学，2015.

[9] 姚秀娟，彭晓乐，张永科. 几种精确制导技术简述[J]. 激光与红外，2006，36(5)：338-340.

[10] ZHU Z G，XU G Y. VISATRAM：A real-time vision system for automatic traffic monitoring[J]. Image and Vision Computing，2000，18(10)：781-794.

[11] 蔡利梅. 基于视频的煤矿井下人员目标检测与跟踪研究[D]. 徐州：中国矿业大学，2010.

[12] 厉丹. 视频目标检测与跟踪算法及其在煤矿中应用的研究[D]. 徐州：中国矿业大学，2011.

[13] 李谷全，陈忠泽. 视觉跟踪技术研究现状及其展望[J]. 计算机应用研究，2010，27(8)：2814-2821.

[14] 何倩. 基于视觉技术的井下胶带运输机运动监测方法研究[D]. 西安：西安科技大学，2012.

[15] COLLINS R T，LIPTON A J，KANADE T，et al. A system for video surveillance and monitoring [R]. VSAM Final Report，2000：1-68.

[16] 黄凯奇，陈晓棠，康运锋，等. 智能视频监控技术综述[J]. 计算机学报，2015，38(6)：1093-1118.
[17] JIA L L. Real-time vehicle detection and tracking system in street scenarios[J]. Communications and Information Processing，2012，289：592-599.
[18] HARITAOGLU L，HARWOOD D，DAVIS L S. W^4：Real-time surveillance of people and their activities[J]. IEEE Transactions on Pattern Analysis and Machine Intelligence，2000，22(8)：809-830.
[19] STAUFFER C，GRIMSON W E L. Learning patterns of activity using real-time tracking[J]. IEEE Transactions on Pattern Analysis &Machine Intelligence，2000，22(8)：747 757.
[20] KAEWTRAKULPONG P，BOWDEN R. An improved adaptive background mixture model for real-time tracking with shadow detection[M]. Video-based surveillance systems，Springer，Boston，MA，2002：135-144.
[21] 朱齐丹，李科，张智. 改进的混合高斯自适应背景模型[J]. 哈尔滨工程大学学报，2010，31(10)：1348-1353.
[22] 王素玉，沈兰荪，李晓光. 一种用于智能监控的目标检测和跟踪方法[J]. 计算机应用研究，2008，25(8)：2393-2395.
[23] 吴德政. 数字化矿山现状及发展展望[J]. 煤炭科学技术，2014，42(9)：17-20.
[24] PAI C J，TYAN H R，LIANG Y M，et al. Pedestrian detection and tracking at crossroads[J]. Pattern Recognition，2004，37(5)：1025-1034.
[25] BARDINET E，COHEN L D，AYACHE N. Tracking medical 3D data with a parametric deformable model[C]. Proceedings of International Symposium on Computer Vision-ISCV，IEEE，1995：299-304.
[26] GUO H，LIANG Y，YU Z，et al. Implementation and analysis of moving objects detection in Video Surveillance[C]. The 2010 International Conference on Information and Automation，IEEE，2010：154-158.
[27] BETKE M，HARITAOGLU E，DAVIS L S. Real-time multiple vehicle detection and tracking from a moving vehicle[J]. Machine Vision and Applications，2000，12(2)：69-83.
[28] TANG C W. Spatiotemporal visual considerations for video coding[J]. IEEE Transactions on Multimedia，2007，9(2)：231-238.
[29] REMONDINO F. 3-D reconstruction of static human body shape from image sequence[J]. Computer Vision and Image Understanding，2004，93(1)：65-85.
[30] HU W，XIE D，FU Z，et al. Semantic-based surveillance video retrieval[J]. IEEE Transactions on Image Processing，2007，16(4)：1168-1181.

第5章 视频中运动目标跟踪方法

运动目标跟踪是智能视频分析的重要组成部分，是指通过对图像的预处理操作，在当前图像中准确地标记出感兴趣的目标信息，这些信息包括目标大小、位置或运动规律等，以便为下一步图像中运动目标的行为分析奠定基础。运动目标跟踪问题所涉及的知识领域非常广泛，本章主要论述基于滤波理论的跟踪方法、基于 Mean-Shift 的跟踪方法、基于活动轮廓的跟踪方法和基于粒子滤波的井下运动目标跟踪方法等的基本思想及其实现步骤。

5.1 运动目标跟踪方法概述

运动目标跟踪是计算机视觉技术中重要的研究内容之一，其研究过程涉及许多方面的先进技术，如人工智能、图像分析、三维重构以及模式识别等。由于其研究意义存在巨大的经济价值，并且具有很广泛的应用背景，从而带动了世界各国优秀科学研究者的广泛参与和积极研究。

基于国内外的研究现状，根据研究对象不同，目标跟踪方法可分基于模型的跟踪方法、基于特征的跟踪方法、基于区域的跟踪方法以及基于主动轮廓的跟踪方法。根据目标模型建立的方式不同，目标跟踪方法可分为生成类方法和判别类方法。其中，生成类方法是在原始影像帧中对目标按制定的方法建立目标模型，然后在跟踪处理帧中搜索与目标模型相似度最高的区域作为目标区域进行跟踪。算法主要对目标本身特征进行描述，对目标特征刻画较为细致，但忽略了背景信息的影响，在目标发生变化或者遮挡等情况下易导致"失眠"现象。生成类方法包括均值漂移(Mean-Shift)法、粒子滤波(Particle Filter)法等。判别类方法是通过对原始影像帧进行目标及背景信息区分，建立判别模型，并且运用模型对后续影像帧进行搜索，判别出目标或背景信息，进而完成目标跟踪。判别类方法包括相关滤波(Correlation Filter)方法、深度学习(Deep Learning)方法等。判别类方法与生成类方法的根本不同在于判别类方法是通过考虑背景信息与目标信息的区分来进行判别模型的建立。

虽然视频跟踪技术经过多年的研究发展，但到目前为止要实现一个能够在各种不同复杂环境下准确度高、鲁棒性强的跟踪系统，仍是一项极具挑战性的课题。

5.2 视频目标跟踪主要方法

5.2.1 基于滤波理论的目标跟踪方法

基于滤波理论的目标跟踪方法是指从实际需求出发，在源信号中用最优统计方法估计系统状态的方法。该方法包含三个要素，即先验概率密度函数、观测概率密度函数和后验概率密度函数。

在早期的基于滤波理论的目标跟踪方法中，通常假设感兴趣的目标是线性高斯过程，并由均值向量和协方差矩阵共同确定。但是在算法实现阶段，因为采集图像时受环境中的光照变化、噪声、运动目标的复杂运动等因素干扰，这种假设一般很难成立。为了能够使方法具有通用性，可以处理非线性非高斯过程的问题，很多机构及研究人员开始研究粒子滤波器。基于粒子滤波的方法相对简单、易于实现，重要的是基于粒子滤波的跟踪方法不仅适用于线性高斯过程，而且适用于非线性非高斯过程，因此该方法在研究过程中被广泛应用。但是粒子滤波算法也有其不足之处，比如跟踪过程中粒子的退化等问题，在后面章节会重点介绍粒子滤波的基本理论及问题。

5.2.2 基于 Mean-Shift 的目标跟踪方法

Mean-Shift 是一种基于概率密度统计的方法。由于这种方法具有实时性较好、应用简单等优点，因此在实际应用中一直得到广大科研工作者的青睐。该方法通过迭代算法搜寻感兴趣目标模型的区域，以完成对目标轨迹的检测。下面将 Mean-Shift 目标跟踪方法的基本实现思想进行简单阐述。

设 $\boldsymbol{x}_i(i=1, 2, \cdots, n)$为给定 d 维空间 $M\times N$ 中的 n 个样本点，在空间中任选一点 $\boldsymbol{x}$，基于 Mean-Shift 向量的基本形式可以定义为

$$M_h(\boldsymbol{x}) \equiv \frac{1}{k}\sum_{x_i \in S_h}(\boldsymbol{x}_i - \boldsymbol{x}) \tag{5.1}$$

其中，k 表示落入 S_h 区域中的点有 k 个；S_h 表示一个半径为 h 的多维度的球体，符合如下所描述的关系：

$$S_h(\boldsymbol{x}) \equiv \{y: (\boldsymbol{y}-\boldsymbol{x})^{\mathrm{T}}(\boldsymbol{y}-\boldsymbol{x}) \leqslant h^2\} \tag{5.2}$$

Mean-Shift 向量的迭代方向如图 5.1 所示。

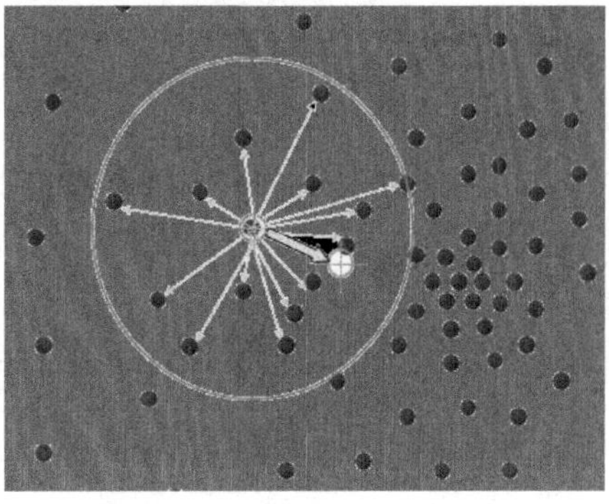

图 5.1 Mean-Shift 向量图

具体来说，基于 Mean-Shift 的目标跟踪算法是通过分别计算目标区域和候选区域内像素的特征值概率得到关于目标模型和候选模型的描述，然后利用相似函数度量初始帧目标模型和当前帧

候选模型的相似性，选择使相似函数最大的候选模型，最终得到关于目标模型的 Mean-Shift 向量的一种方法，这个向量正是目标由初始位置向正确位置移动的向量。基于 Mean-Shift 算法的快速收敛性，通过不断迭代计算 Mean-Shift 向量，算法最终将收敛到目标的真实位置，达到跟踪的目的。

通常用初始帧确定包含跟踪目标的区域。假定用 $\boldsymbol{x}_0$ 表示运动目标物中心点，$\{\boldsymbol{x}_i, \boldsymbol{x}_2, \cdots, \boldsymbol{x}_n\}$ 表示 n 个像素，将区域的灰度颜色空间均匀划分，得到由 m 个相等的区间构成的灰度直方图，则目标模型的特征值 $u=1, 2, \cdots, m$ 估计的概率密度表达式如下：

$$\hat{q}_u = C\sum_{i=1}^{n} k\left(\left\| \frac{\boldsymbol{x}_i - \boldsymbol{x}_0}{h} \right\|^2\right)\delta[b(\boldsymbol{x}_i) - u] \tag{5.3}$$

式中，δ 表示 Kronecker 函数；k 表示核函数；h 表示核剖面半径；C 表示归一化常数，$b(\boldsymbol{x}_i)$ 表示像素属于哪个直方图区间，$\boldsymbol{x}_i$ 表示落在圆形区域中的点，因此位于 $\boldsymbol{y}$ 位置的候选目标模型可用下式表示：

$$\hat{p}_u(\boldsymbol{y}) = C_h\sum_{i=1}^{n_h} k\left(\left\| \frac{\boldsymbol{x}_i - \boldsymbol{y}}{h} \right\|^2\right)\delta[b(\boldsymbol{x}_i) - u] \tag{5.4}$$

由上面一系列分析可得到，运动目标跟踪过程即能够抽象描述成求式(5.4)中 $\hat{p}_u(\boldsymbol{y})$ 与 $\hat{q}_u$ 最接近时满足要求的 $\boldsymbol{y}$ 值。在实现过程中采用 Bhattacharrya 系数 $\hat{\rho}(\boldsymbol{y})$ 计算得到候选目标物 $\hat{p}_u(\boldsymbol{y})$ 与当前帧图像中运动目标物 $\hat{q}_u$ 的最相似性，如下所示：

$$\hat{\rho}(\boldsymbol{y}) \equiv \rho[p(\boldsymbol{y}), q] = \sum_{u=1}^{m} \sqrt{p_u(\boldsymbol{y})\hat{q}_u} \tag{5.5}$$

式(5.5)在 $\hat{p}_u(\hat{\boldsymbol{y}}_0)$ 点用泰勒展开可简化为

$$\rho[p(\boldsymbol{y}), q] \approx \frac{1}{2}\sum_{u=1}^{m} \sqrt{p(\boldsymbol{y}_0)q_u} + \frac{1}{2}\sum_{u=1}^{m} p_u(\boldsymbol{y})\sqrt{\frac{q_u}{p_u(\boldsymbol{y}_0)}} \tag{5.6}$$

把式(5.4)代入式(5.6)，简化结果为

$$\rho[p(\boldsymbol{y}), q] \approx \frac{1}{2}\sum_{u=1}^{m} \sqrt{p(\boldsymbol{y}_0)q_u} + \frac{C_h}{2}\sum_{i=1}^{n} w_i k\left(\left\| \frac{\boldsymbol{y} - \boldsymbol{x}_i}{h} \right\|^2\right) \tag{5.7}$$

其中 $w_i = \sum_{u=1}^{m}\delta[b(\boldsymbol{x}_i) - u]\sqrt{\frac{q_u}{p_u(\boldsymbol{y}_0)}}$。在算法的实现过程中，我们通过 Mean-Shift 的最优化算法得到式(5.7)右边的第二项所需要的结果。

在后来的应用中，人们不断地对 Mean-Shift 方法进行改进和补充，其中包括在 Mean-Shift 的基础上引入核函数和 Mean-Shift 的另一种扩展形式。Mean-Shift 方法因具有跟踪过程中收敛速度较快、思路清晰等优势，在计算机视觉跟踪领域被广泛应用。但是该算法也有一定的缺陷，比如对图像和目标的建模要求比较高。

5.2.3 基于活动轮廓的目标跟踪方法

活动轮廓模型是把运动目标的边缘描述为连续不间断的曲线，并将曲线定义为一个自

变量。由此可见，这种算法对初始化的依赖比较大，且容易陷入局部极值化。

运动目标的轮廓，顾名思义，表示提取目标的形状边缘，是目标属性的基本特征之一。轮廓信息具有较好的不变性，而且对光照不敏感，在目标运动过程中也不易发生变化，轮廓可以自适应地更新以实现对被跟踪目标的连续性。活动轮廓模型按照计算方式与实现过程的差异被划分为两种类型，即参数模型和几何模型。参数模型是使曲线或者曲面参数化，进而可以使模型更加紧凑；几何模型主要依赖于边缘曲线在几何领域下测量的参数值。下面主要介绍几何模型算法。

边缘曲线运动过程中的几何模型可以用下式表示：

$$\frac{\partial \boldsymbol{C}}{\partial t}=\mathbf{V}(k,\ I)\mathbf{N} \tag{5.8}$$

其中，$\boldsymbol{C}$ 表示曲线，$\mathbf{V}(k,\ I)$表示与运动目标轮廓曲率 k 和图像中某一像素点的灰度值 I 相关联的速度；$\mathbf{N}$ 表示目标边缘轮廓的单位方向法矢量。式(5.8)也能够利用水平集方式描述，如下所示：

$$\frac{\partial \varphi(\boldsymbol{x},\ \boldsymbol{y},\ t)}{\partial t}=\mathbf{V}(k,\ I)\mid \nabla \varphi(\boldsymbol{x},\ \boldsymbol{y},\ t)\mid \tag{5.9}$$

其中，$\varphi(\boldsymbol{x},\ \boldsymbol{y},\ t)$表示水平集函数；$\frac{\partial \varphi(\boldsymbol{x},\ \boldsymbol{y},\ t)}{\partial t}$表示 $\varphi(\boldsymbol{x},\ \boldsymbol{y},\ t)$对时间参数计算偏微分；$\nabla$ 表示梯度算子。基于活动轮廓模型的跟踪方法不仅用到了目标边缘信息，而且更重要的是还将视频帧图像中的灰度信息参考其中，使得基于活动轮廓模型的跟踪方法与其他跟踪算法相比具有较高的可靠性和鲁棒性，但是其算法对目标边缘的检测完整性有较高要求，而且容易被噪声干扰。

5.2.4 基于贝叶斯估计的目标跟踪方法

贝叶斯估计是将运动目标状态的求解过程转换为对目标状态的后验概率密度的估计。如果根据某种规则求得运动目标状态的后验概率密度函数，那么根据相应准则就可以计算出运动目标在当前帧中的信息。

假设系统状态向量可以描述为$\{\boldsymbol{x}_k,\ k\in\mathbf{N}\}$，$k$ 表示时间序列标号，则系统方程为

$$\boldsymbol{x}_k=f_{k-1}(\boldsymbol{x}_{k-1},\ \boldsymbol{v}_{k-1}) \tag{5.10}$$

观测方程为

$$\boldsymbol{z}_k=h_k(\boldsymbol{x}_k,\ \boldsymbol{w}_k) \tag{5.11}$$

其中，$\boldsymbol{v}_{k-1}$ 表示过程中的噪声，$\boldsymbol{w}_k$ 表示测量噪声，$\boldsymbol{z}_k$ 表示观测数据。

以上所论述的系统方程称为动态系统，状态空间模型如图 5.2 所示。

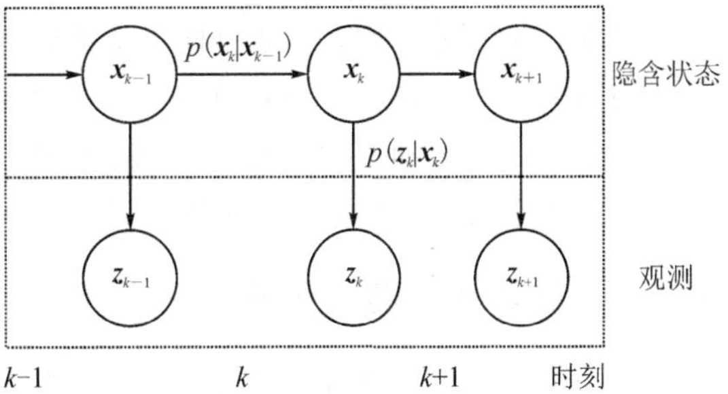

图 5.2 状态空间模型

贝叶斯估计方法的基本思想是用从第 1 时刻开始直到第 k 时刻(包含 k 时

刻)获得的所有观测值来计算系统状态 $\boldsymbol{x}_{0:k}$ 的后验概率密度函数。而贝叶斯后验概率密度函数 $p(\boldsymbol{x}_{0:k}|\boldsymbol{z}_{1:k})$理论上涵盖了所有与系统状态 $\boldsymbol{x}_{0:k}$ 有关联的信息，其中 $\boldsymbol{x}_{0:k}=\{\boldsymbol{x}_0, \boldsymbol{x}_1, \cdots, \boldsymbol{x}_k\}$，$\boldsymbol{z}_{1:k}=\{\boldsymbol{z}_1, \boldsymbol{z}_2, \cdots, \boldsymbol{z}_k\}$，根据贝叶斯定理，后验概率密度函数 $p(\boldsymbol{x}_{0:k}|\boldsymbol{z}_{1:k})$可表示为

$$p(\boldsymbol{x}_{0:k} \mid \boldsymbol{z}_{1:k}) = \frac{p(\boldsymbol{z}_{1:k} \mid \boldsymbol{x}_{0:k})p(\boldsymbol{x}_{0:k})}{p(\boldsymbol{z}_{1:k})} \tag{5.12}$$

因为在系统状态 $\boldsymbol{x}_{0:k}$ 下各个时刻的观测数据 $\boldsymbol{z}_{1:k}$ 是独立的，所以式(5.12)中的似然函数 $p(\boldsymbol{z}_{1:k}|\boldsymbol{x}_{0:k})$可以分解为

$$p(\boldsymbol{z}_{1:k} \mid \boldsymbol{x}_{0:k}) = \prod_{i=1}^{k} p(\boldsymbol{z}_i \mid \boldsymbol{x}_{0:k}) \tag{5.13}$$

时刻 k 的观测值在 $\boldsymbol{x}_k$ 的条件下与其他时刻的状态无关，于是可以得到

$$p(\boldsymbol{z}_i \mid \boldsymbol{x}_0, \cdots, \boldsymbol{x}_i, \cdots, \boldsymbol{x}_k) = p(\boldsymbol{z}_i \mid \boldsymbol{x}_i) \tag{5.14}$$

把式(5.14)的结果与式(5.13)合并，可得

$$p(\boldsymbol{z}_{1:k} \mid \boldsymbol{x}_{0:k}) = \prod_{i=1}^{k} p(\boldsymbol{z}_i \mid \boldsymbol{x}_i) \tag{5.15}$$

假设系统模型能够满足一阶马尔可夫属性，即

$$p_{x_k|x_{k-1}, x_{k-2}, \cdots,}(\boldsymbol{x}_k \mid \boldsymbol{x}_{k-1}, \boldsymbol{x}_{k-2}, \cdots) = p_{x_k|x_{k-1}}(\boldsymbol{x}_k \mid \boldsymbol{x}_{k-1}) \tag{5.16}$$

先验概率密度 $p(\boldsymbol{x}_{0:k})$表示为

$$p(\boldsymbol{x}_{0:k}) = p(\boldsymbol{x}_0)\prod_{i=1}^{k} p(\boldsymbol{x}_i \mid \boldsymbol{x}_{i-1}) \tag{5.17}$$

综上所述，贝叶斯后验概率密度可描述为

$$p(\boldsymbol{x}_{0:k} \mid \boldsymbol{z}_{1:k}) = \frac{p(\boldsymbol{x}_0)\prod_{i=1}^{k} p(\boldsymbol{z}_i \mid \boldsymbol{x}_i)p(\boldsymbol{x}_i \mid \boldsymbol{x}_{i-1})}{p(\boldsymbol{z}_{1:k})} \tag{5.18}$$

5.3 基于粒子滤波的井下运动目标跟踪方法

从统计学角度考虑，运动目标跟踪被认为是一个概率推理过程，其关键是如何用已获得的观测值推导出目标运动轨迹的后验概率描述式。而粒子滤波的核心思想是通过从后验概率(观测方程)中抽取的随机状态粒子来表达其分布，故本节基于粒子滤波的框架进行深入探讨，推导该方法在运动目标跟踪过程中的数学原理及设计步骤。

5.3.1 贝叶斯重要性采样

贝叶斯重要性采样即粒子滤波，它首先对从重要性函数 $q(\boldsymbol{x}_{0,\cdots,t}|\boldsymbol{z}_{1,\cdots,t})$中采集到的 N 个粒子点进行加权计算，然后近似求后验概率分布 $p(\boldsymbol{x}_{0,\cdots,t}|\boldsymbol{z}_{1,\cdots,t})$，如下式：

$$p(\boldsymbol{x}_{0,\cdots,t} \mid \boldsymbol{z}_{1,\cdots,t}) = \frac{p(\boldsymbol{z}_{1,\cdots,t} \mid \boldsymbol{x}_{0,\cdots,t})p(\boldsymbol{x}_{0,\cdots,t})}{p(\boldsymbol{z}_{1,\cdots,t})} \tag{5.19}$$

$$E[g(\boldsymbol{x}_{0,\cdots,t})] = \int g(\boldsymbol{x}_{0,\cdots,t}) \frac{p(\boldsymbol{x}_{0,\cdots,t} \mid \boldsymbol{z}_{1,\cdots,t})}{q(\boldsymbol{x}_{0,\cdots,t} \mid \boldsymbol{z}_{1,\cdots,t})} q(\boldsymbol{x}_{0,\cdots,t} \mid \boldsymbol{z}_{1,\cdots,t}) \mathrm{d}\boldsymbol{x}_{0,\cdots,t} \tag{5.20}$$

其中，$g(\boldsymbol{x}_{0,\cdots,t})$表示指示函数。把式(5.19)的结果与式(5.20)合并计算，可得

$$\begin{aligned} E[g(\boldsymbol{x}_{0,\cdots,t})] &= \int g(\boldsymbol{x}_{0,\cdots,t}) \frac{p(\boldsymbol{z}_{1,\cdots,t} \mid \boldsymbol{x}_{0,\cdots,t})p(\boldsymbol{x}_{0,\cdots,t})}{p(\boldsymbol{z}_{1,\cdots,t})q(\boldsymbol{x}_{0,\cdots,t} \mid \boldsymbol{z}_{1,\cdots,t})} q(\boldsymbol{x}_{0,\cdots,t} \mid \boldsymbol{z}_{1,\cdots,t}) \mathrm{d}\boldsymbol{x}_{0,\cdots,t} \\ &= \int g(\boldsymbol{x}_{0,\cdots,t}) \frac{w_t(\boldsymbol{x}_{0,\cdots,t})}{p(\boldsymbol{z}_{1,\cdots,t})} q(\boldsymbol{x}_{0,\cdots,t} \mid \boldsymbol{z}_{1,\cdots,t}) \mathrm{d}\boldsymbol{x}_{0,\cdots,t} \end{aligned} \tag{5.21}$$

其中 $w_t(\boldsymbol{x}_{0,\cdots,t}) = \dfrac{p(\boldsymbol{z}_{1,\cdots,t} \mid \boldsymbol{x}_{0,\cdots,t})p(\boldsymbol{x}_{0,\cdots,t})}{q(\boldsymbol{x}_{0,\cdots,t} \mid \boldsymbol{z}_{1,\cdots,t})}$表示没有归一化的权值。

因为

$$p(\boldsymbol{z}_{1,\cdots,t}) = \frac{\int g_t(\boldsymbol{x}_{0,\cdots,t}) w_t(\boldsymbol{x}_{0,\cdots,t}) q(\boldsymbol{x}_{0,\cdots,t} \mid \boldsymbol{z}_{1,\cdots,t}) \mathrm{d}\boldsymbol{x}_{0,\cdots,t}}{\int w_t(\boldsymbol{x}_{0,\cdots,t}) q(\boldsymbol{x}_{0,\cdots,t} \mid \boldsymbol{z}_{1,\cdots,t}) \mathrm{d}\boldsymbol{x}_{0,\cdots,t}} \tag{5.22}$$

把式(5.22)的结果代入式(5.20)，化简可得

$$\begin{aligned} E[g(\boldsymbol{x}_{0,\cdots,t})] &= \frac{\int g(\boldsymbol{x}_{0,\cdots,t}) w_t(\boldsymbol{x}_{0,\cdots,t}) q(\boldsymbol{x}_{0,\cdots,t} \mid \boldsymbol{z}_{1,\cdots,t}) \mathrm{d}\boldsymbol{x}_{0,\cdots,t}}{\int w_t(\boldsymbol{x}_{0,\cdots,t}) q(\boldsymbol{x}_{0,\cdots,t} \mid \boldsymbol{z}_{1,\cdots,t}) \mathrm{d}\boldsymbol{x}_{0,\cdots,t}} \\ &= \frac{E_{q(\cdot \mid z_{1,\cdots,t})}[w_t(\boldsymbol{x}_{0,\cdots,t}) g(\boldsymbol{x}_{0,\cdots,t})]}{E_{q(\cdot \mid z_{1,\cdots,t})}[w_t(\boldsymbol{x}_{0,\cdots,t})]} \end{aligned} \tag{5.23}$$

其中 $E_{q(\cdot \mid z_{1,\cdots,t})}$ 表示根据函数 $q(\boldsymbol{x}_{0,\cdots,t} \mid z_{1,\cdots,t})$求得的期望。期望 $E[g(\boldsymbol{x}_{0,\cdots,t})]$的离散形式可近似表示为

$$\begin{aligned} \bar{E}[g(\boldsymbol{x}_{0,\cdots,t})] &= \frac{\frac{1}{N}\sum_{i=1}^{N} g(\boldsymbol{x}_{0,\cdots,t}^{(i)}) w_t(\boldsymbol{x}_{0,\cdots,t}^{(i)})}{\frac{1}{N}\sum_{i=1}^{N} w_t(\boldsymbol{x}_{0,\cdots,t}^{(i)})} \\ &= \sum_{i=1}^{N} g(\boldsymbol{x}_{0,\cdots,t}^{(i)}) \hat{w}_t(\boldsymbol{x}_{0,\cdots,t}^{(i)}) \end{aligned} \tag{5.24}$$

其中 $\hat{w}_t(\boldsymbol{x}_{0,\cdots,t}^{(i)}) = \dfrac{w_t(\boldsymbol{x}_{0,\cdots,t}^{(i)})}{\sum_{i=1}^{N} w_t(\boldsymbol{x}_{0,\cdots,t}^{(i)})}$ 表示经过处理后的权值。

在满足条件 $\bar{E}[g(\boldsymbol{x}_{0,\cdots,t})] \xrightarrow{N \to \infty} E[g(\boldsymbol{x}_{0,\cdots,t})]$下，式(5.25)能够在一定程度上逼近于后验概率密度分布 $p(\boldsymbol{x}_{0,\cdots,t} \mid z_{1,\cdots,t})$，即

$$\hat{p}(\boldsymbol{x}_{0,\cdots,t} \mid \boldsymbol{z}_{1,\cdots,t}) = \sum_{i=1}^{N} \hat{w}_t(\boldsymbol{x}_{0,\cdots,t}^{(i)}) \times \delta_{\boldsymbol{x}_{0,\cdots,t}^{(i)}}(\mathrm{d}\boldsymbol{x}_{0,\cdots,t}) \tag{5.25}$$

5.3.2 序列重要性采样

序列重要性采样算法是粒子滤波的核心算法。假设当前的状态与将来的观测值无关，那么先验分布 $q(\boldsymbol{x}_{0,\cdots,t}|z_{1,\cdots,t})$ 可分解为连乘形式：

$$q(\boldsymbol{x}_{0,\cdots,t} \mid \boldsymbol{z}_{1,\cdots,t}) = q(\boldsymbol{x}_t \mid \boldsymbol{x}_{0,\cdots,t-1}, \boldsymbol{z}_{1,\cdots,t})q(\boldsymbol{x}_{0,\cdots,t} \mid \boldsymbol{z}_{1,\cdots,t-1}) \tag{5.26}$$

由式(5.26)可推出，如果将已经存在的样本粒子 $\boldsymbol{x}^i_{0,\cdots,t-1} \sim q(\boldsymbol{x}_{0,\cdots,t-1}|\boldsymbol{z}_{1,\cdots,t})$ 提升到新的状态，即 $\boldsymbol{x}^i_t \sim q(\boldsymbol{x}_t|\boldsymbol{x}_{0,\cdots,t-1}, \boldsymbol{z}_{1,\cdots,t})$，就能够得到新的样本粒子 $\boldsymbol{x}^i_{0,\cdots,t-1} \sim q(\boldsymbol{x}_{0,\cdots,t}|\boldsymbol{z}_{1,\cdots,t})$。如果状态更新方程满足马尔可夫过程的要求，且观测量的条件在已定状态下是独立存在的，即可计算得到以下两式：

$$p(\boldsymbol{x}_{0,\cdots,t}) = p(\boldsymbol{x}_0)\prod_{i=1}^{t} p(\boldsymbol{x}_i \mid \boldsymbol{x}_{i-1}) \tag{5.27}$$

$$p(\boldsymbol{z}_{1,\cdots,t} \mid \boldsymbol{x}_{0,\cdots,t}) = \prod_{i=1}^{t} p(\boldsymbol{z}_i \mid \boldsymbol{x}_i) \tag{5.28}$$

更新权值后可简化得到：

$$\widetilde{w}_t = \frac{p(\boldsymbol{z}_{1,\cdots,t} \mid \boldsymbol{x}_{0,\cdots,t})p(\boldsymbol{x}_{0,\cdots,t})}{q(\boldsymbol{x}_t \mid \boldsymbol{x}_{0,\cdots,t-1}, \boldsymbol{z}_{1,\cdots,t})q(\boldsymbol{x}_{0,\cdots,t-1} \mid \boldsymbol{z}_{1,\cdots,t-1})}$$

$$\widetilde{w}_{t-1} = \frac{p(\boldsymbol{z}_{1,\cdots,t-1} \mid \boldsymbol{x}_{0,\cdots,t-1})p(\boldsymbol{x}_{0,\cdots,t-1})}{q(\boldsymbol{x}_{0,\cdots,t-1} \mid \boldsymbol{z}_{1,\cdots,t-1})}$$

$$\begin{aligned}
\widetilde{w}_t &= \widetilde{w}_{t-1}\ \frac{p(\boldsymbol{z}_{1,\cdots,t} \mid \boldsymbol{x}_{0,\cdots,t})}{p(\boldsymbol{z}_{1,\cdots,t-1} \mid \boldsymbol{x}_{0,\cdots,t-1})}\ \frac{p(\boldsymbol{x}_{0,\cdots,t})}{p(\boldsymbol{x}_{0,\cdots,t-1})}\ \frac{1}{q(\boldsymbol{x}_t \mid \boldsymbol{x}_{0,\cdots,t-1}, \boldsymbol{z}_{1,\cdots,t})} \\
&= \widetilde{w}_{t-1}\ \frac{\prod_{i=1}^{t} p(\boldsymbol{z}_i \mid \boldsymbol{x}_i)}{\prod_{i=1}^{t-1} p(\boldsymbol{z}_i \mid \boldsymbol{x}_i)}\ \frac{p(\boldsymbol{x}_0)\prod_{i=1}^{t} p(\boldsymbol{x}_i \mid \boldsymbol{x}_{i-1})}{p(\boldsymbol{x}_0)\prod_{i=1}^{t-1} p(\boldsymbol{x}_i \mid \boldsymbol{x}_{i-1})}\ \frac{1}{q(\boldsymbol{x}_t \mid \boldsymbol{x}_{0,\cdots,t-1}, \boldsymbol{z}_{1,\cdots,t})} \\
&= \widetilde{w}_{t-1}\ \frac{p(\boldsymbol{z}_t \mid \boldsymbol{x}_t)p(\boldsymbol{x}_t \mid \boldsymbol{x}_{t-1})}{q(\boldsymbol{x}_t \mid \boldsymbol{x}_{0,\cdots,t-1}, \boldsymbol{z}_{1,\cdots,t})}
\end{aligned} \tag{5.29}$$

式(5.29)描述了一种更新粒子权值的手段。若使 $q(\boldsymbol{x}_t|\boldsymbol{x}_{0,\cdots,t-1}, \boldsymbol{z}_{1,\cdots,t}) = q(\boldsymbol{x}_t|\boldsymbol{x}_{t-1}, \boldsymbol{z}_t)$，在进行抽样后，每个粒子的权值就可以递推地表示为

$$\widetilde{w}^i = \widetilde{w}^i_{t-1}\ \frac{p(\boldsymbol{z}_t \mid \boldsymbol{x}^i_t)p(\boldsymbol{x}^i_t \mid \boldsymbol{x}^i_{t-1})}{q(\boldsymbol{x}^i_t \mid \boldsymbol{x}^i_{t-1}, \boldsymbol{z}_{1,\cdots,t})} \tag{5.30}$$

则后验概率密度可以近似为

$$p(\boldsymbol{x}_t \mid \boldsymbol{z}_{1,\cdots,t}) \approx \sum_{i=1}^{N} w^i_t \delta(\boldsymbol{x}_t - \boldsymbol{x}^i_t) \tag{5.31}$$

归一化权值为

$$w_t^i = \frac{\widetilde{w}_t^i}{\sum_{i=1}^{N} \widetilde{w}_t^i} \tag{5.32}$$

序列重要性采样算法实现一次迭代过程的伪代码简单描述如下：

$[\{\boldsymbol{x}_t^i, w_t^i\}_{i=1}^N] = \text{SIS}[\{\boldsymbol{x}_{t-1}^i, w_{t-1}^i\}_{i=1}^N, \boldsymbol{z}_t]$

⊕for $i=1$：N

* 从 $\boldsymbol{x}_t^i \sim q(\boldsymbol{x}_t \mid \boldsymbol{x}_{t-1}^i, \boldsymbol{z}_t)$中采样

* 根据式(5.32)计算重要性权值 $\widetilde{w}_t^i$

$$\widetilde{w}^i = \widetilde{w}_{t-1}^i \frac{p(\boldsymbol{z}_t \mid \boldsymbol{x}_t^i) p(\boldsymbol{x}_t^i \mid \boldsymbol{x}_{t-1}^i)}{q(\boldsymbol{x}_t^i \mid \boldsymbol{x}_{t-1}^i, \boldsymbol{z}_{1,\cdots,t})}$$

⊕end for

⊕计算总权重：$T = \text{SUM}[\{\widetilde{w}_t^i\}_{i=1}^N]$

⊕for $i=1$：N

* 归一化权值：$w_t^i = T^{-1} \widetilde{w}_t^i$

⊕end for

5.3.3 基于样本集的目标状态的估计

粒子集在粒子滤波中反映的是目标状态的置信区间，但是，系统计算过程中真正需要的是对目标真实状态的估计。当系统获得更新之后的粒子集$\{\boldsymbol{x}_t^i, i=1, 2, \cdots, N\}$及更新后粒子集相应的权值$\{w_t^i, i=1, 2, \cdots, N\}$之后，目标的状态位置 $\hat{\boldsymbol{x}}_t$ 即可以采用加权平均法估计求得。

加权平均法可描述为

$$\hat{\boldsymbol{x}} = E_{(\cdot \mid z_t)}(\boldsymbol{x}_t) = \sum_{i=1}^{N} \boldsymbol{x}_t^i w_t^i \tag{5.33}$$

加权平均法考虑了所有粒子对最终状态的影响，但是，该方法也存在缺陷。例如，当粒子退化严重时，很多粒子将被考虑进去，而这些粒子对最终状态的估计没有意义，使其不能得到精确的结果。

5.3.4 基于粒子滤波的井下运动目标跟踪算法实现与分析

标准的粒子滤波跟踪方法不仅包括以上介绍的贝叶斯重要性采样和基于样本集的目标状态估计等过程，而且还需要调用具有先验概率性质的状态转移概率分布作为算法描述过程中的参考分布。基于粒子滤波跟踪算法的伪代码表示如下：

(1) 初始化

从 $p(\boldsymbol{x}_0)$中采样得到$\{\boldsymbol{x}_0^i\}_{i=1}^N$，初始化权重$\{w_0^i\}_{i=1}^N$，初值均为 1/N。

(2) for $k=1, 2, \cdots$

* 重要性采样：从建议分布中采样得到粒子集合$\{\boldsymbol{x}_t^i\}_{i=1}^N$。

* 重要性加权：计算每个粒子的重要性权重$\{w_t^i\}_{i=1}^N$，并对粒子的权值进行归一化处理得到归一化的权值 $\widetilde{w}_t^i$。

* 状态估计：估计状态 $\boldsymbol{x}_t = \sum_{i=1}^{N} \widetilde{w}_t^i \boldsymbol{x}_t^i$。

* 重采样：

if $\widetilde{N}_{\text{eff}} < N_{\text{th}}$(其中，$\widetilde{N}_{\text{eff}}$表示有效粒子数，$N_{\text{th}}$为设定的阈值)

利用粒子滤波算法进行重采样，得到新的粒子集$\{x_t^i, 1/N\}$。

else 转到步骤(2)。

end if

end for

图 5.3 表示基本粒子滤波跟踪算法在实现过程中进行一次粒子迭代的示意图($N=10$)。图中，每个圆代表算法实现过程中的一个粒子，用圆的大小描述算法中粒子权重的大小，两者之间成正比例关系。在编程开发的代码中，粒子 particle 的定义如下：

```
typedef struct particle
  {
    float x;          /**< current x coordinate 当前 x 坐标 */
    float y;          /**< current y coordinate 当前 y 坐标 */
    float s;          /**< scale 窗口比例系数 */
    float xp;         /**< previous x coordinate x 坐标预测位置 */
    float yp;         /**< previous y coordinate y 坐标预测位置 */
    float sp;         /**< previous scale 窗口预测比例系数 */
    float x0;         /**< original x coordinate 原始 x 坐标 */
    float y0;         /**< original y coordinate 原始 y 坐标 */
    int width;        /**< original width of region described by particle 原始粒子区域的宽度 */
    int height;       /**< original height of region described by particle 原始粒子区域的高度 */
    histogram* histo; /**<reference histogram describing region being tracked 粒子区域的特征直方图 */
    float w;          /**< weight 该粒子的权重 */
  } particle;
```

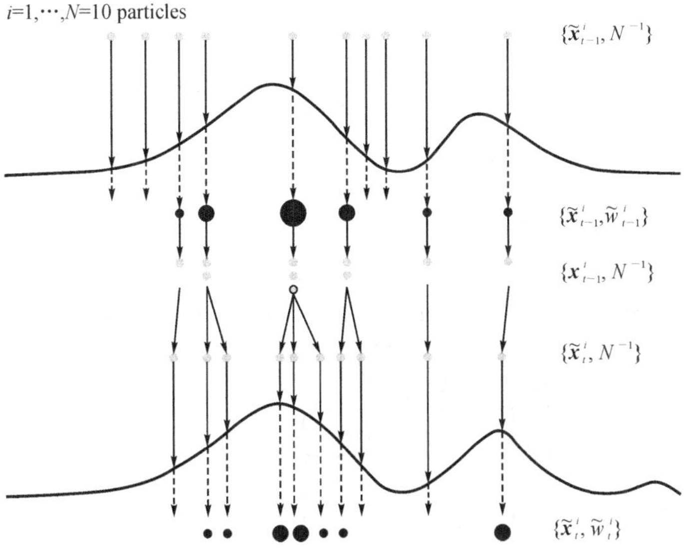

图 5.3　基本粒子滤波算法示意图

在井下运动目标的实际应用场合中，由于存在目标形状多变且易被遮挡、井下环境复杂、光照变化明显等问题，因此，要实现一个满足实时性和鲁棒性的目标跟踪算法具有一定的挑战性。通过对目标跟踪方法的深入研究可知，基于粒子滤波的运动目标跟踪算法在复杂场景中的应用相较其他几种算法仍然具有较高的稳定性。

在井下运动目标跟踪算法的编程开发中，粒子总数取值为 $N=100$。假设根据重要性密度函数采样得到的粒子 $\{\boldsymbol{x}_k^i\}^N$ 之间是彼此互不依赖的，并且在已经获得测量数据 $\boldsymbol{z}_k$ 的前提下与状态 $\boldsymbol{x}_k$ 同样是互不依赖的，则根据无偏的粒子滤波，计算误差的方程可以表示为

$$\boldsymbol{P} = (1 + N^{-1})\boldsymbol{P}_{\mathrm{MV}} \tag{5.34}$$

其中 $\boldsymbol{P}_{\mathrm{MV}}$ 代表通过最小方差获得的方差阵。

式(5.34)的结果并不受状态空间维数的影响，即在理论上，如果想要提高跟踪算法的估计精度，并不一定是粒子数越多越好。通过实践发现，在实际跟踪应用中，一般都需要在一定限度内增加粒子的数目，也就是说，只要不超过这个限度，即可通过提升粒子的数目来提升后验概率密度函数分布的准确度。而且粒子的有效性也会随着粒子数目的增加而逐渐变大，这样能够在某种程度上有效减小算法运行过程中粒子退化现象造成的影响。

根据粒子滤波跟踪算法的收敛性法则，假设利用 $B(\mathbf{R}^n)$ 描述 $\mathbf{R}^n$ 可测函数形成的有界空间区域，用 $\|\boldsymbol{f}\|$ 代表 $|f(\boldsymbol{x})|$ 的上限值，则

$$\|\boldsymbol{f}\| = \sup_{\boldsymbol{x}\in\mathbf{R}^n} |f(\boldsymbol{x})| \tag{5.35}$$

对于任意的$(\boldsymbol{x}_{k-1}, \boldsymbol{z}_k)$，有

$$w_k \propto \frac{p(\boldsymbol{z}_k \mid \boldsymbol{x}_k)p(\boldsymbol{x}_k \mid \boldsymbol{x}_{k-1})}{q(\boldsymbol{x}_k \mid \boldsymbol{x}_{k-1}, \boldsymbol{z}_k)} \tag{5.36}$$

可知权值是有上限的，如果在算法设计过程中进行重新采样，那么针对任何一个 $f_k(\boldsymbol{x})\in B$，$k>0$，都会存在 c_k 独立于N，可以得到

$$E\left[\left\{\frac{1}{N}\sum_{i=1}^{N} f_k(\boldsymbol{x}_k^i) - \int f_k(\boldsymbol{x}_k)p(\boldsymbol{x}_k \mid \boldsymbol{x}_k)\right\}^2 \cdot a(\boldsymbol{x}_k)\right] \leqslant c_k \frac{\| f_k(\boldsymbol{x}) \|^2}{N} \tag{5.37}$$

此定理成立的前提条件是 w_k 要满足一定的上界要求。

基于粒子滤波煤矿井下运动目标跟踪算法流程如图 5.4 所示。

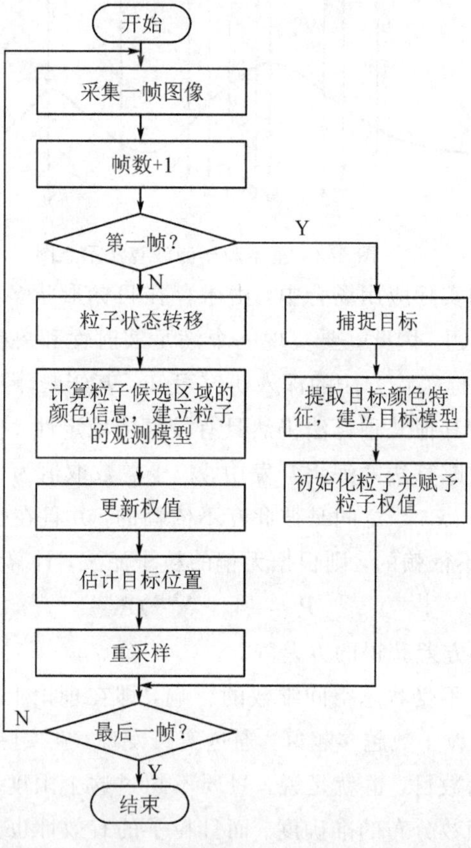

图 5.4 基于粒子滤波的井下运动目标跟踪流程图

5.4 实验与分析

本章采用 VC++环境及 OpenCV 混合编程开发实现了针对井下运动目标的基于活动

轮廓的跟踪方法、基于 Mean-Shift 的跟踪方法及基于粒子滤波的跟踪方法。对同一个视频图像序列，分别采用以上三种方法进行实验验证。在实验中，三种方法均在第一帧图像中选择同一个感兴趣的目标。实验中所采用视频序列的详细信息数据如表 5.1 描述。

表 5.1　实验中视频参数

视频	视频序列一	视频序列二	视频序列三
总帧数	320	680	410
帧大小	352×288	352×288	352×288

1. 视频序列一的实验

视频序列一为某井下运输车在运输过程中的一段视频。在视频序列中，机车由远及近沿着固定轨道驶向摄像头方向，在运动过程中形状不断变大。实验使用上述介绍的三种不同的运动目标跟踪方法对视频图像序列进行验证分析。实验结果如图 5.5 所示。由结果图可以看出，基于活动轮廓的跟踪方法和基于 Mean-Shift 的跟踪方法在跟踪过程中自适应跟

(a)基于活动轮廓的目标跟踪方法

(b)基于Mean-Shift的目标跟踪方法

(c)基于粒子滤波的目标跟踪方法

图 5.5　井下机车的跟踪结果

踪框都有不同程度的跑偏。而由图 5.5(c)可以看出，基于粒子滤波的跟踪方法自始至终都能较准确地圈定目标，自适应跟踪框没有出现跑偏等现象，这说明针对煤矿井下轨道上出现的运输机车为对象的情况，本章提出的基于粒子滤波的井下运动目标跟踪方法较其他两种方法有着更好的鲁棒性。

2. 视频序列二的实验

视频序列二是某井下煤矿工人行走过程中的一段视频。在帧图像中，煤矿工人在行走过程中背对摄像头。实验同样使用上述介绍的三种不同的运动目标跟踪方法对视频图像序列进行验证分析。实验结果如图 5.6 所示。由结果图可以看出，这三种方法都可以正确跟踪运动目标，但是从自适应跟踪框的变化程度来比较跟踪方法的准确性和完整性可以看出，本章提出的基于粒子滤波的运动目标跟踪方法应用到煤矿井下视频运动目标跟踪中效果更优良。

(a)基于活动轮廓的目标跟踪方法

(b)基于Mean-Shift的目标跟踪方法

(c)基于粒子滤波的目标跟踪方法

图 5.6　井下工人的跟踪结果

3. 视频序列三的实验

视频序列三是某井下有多个矿工行走过程中的一段视频。在视频序列中，出现多个行走过程中的煤矿工人，其中有两个矿工都着橙色工作服，具有相似的颜色特征，有一个跟踪对象在跟踪过程中有片刻消失在摄像头内，然后又重新出现的现象，即存在严重遮挡的情况。实验同样使用上述介绍的三种不同的运动目标跟踪方法对视频图像序列进行验证分析，以进一步验证本章基于粒子滤波的运动目标跟踪方法适合煤矿井下多运动目标跟踪。虽然在跟踪过程中目标受到了部分遮挡，同时存在灯光的干扰，但从跟踪结果图 5.7 可以看出，基于活动轮廓的运动目标跟踪和基于 Mean-Shift 的运动目标跟踪在目标被遮挡的时候，自适应跟踪框都会产生不同程度的跑偏现象，甚至在运动目标短暂消失时，产生运动目标跟踪丢失的情况。由 5.7 图(c)可以看出基于粒子滤波的运动目标跟踪方法在煤矿井下复杂环境下，即使跟踪目标存在遮挡时依然具有良好的鲁棒性。

(a)基于活动轮廓的目标跟踪方法

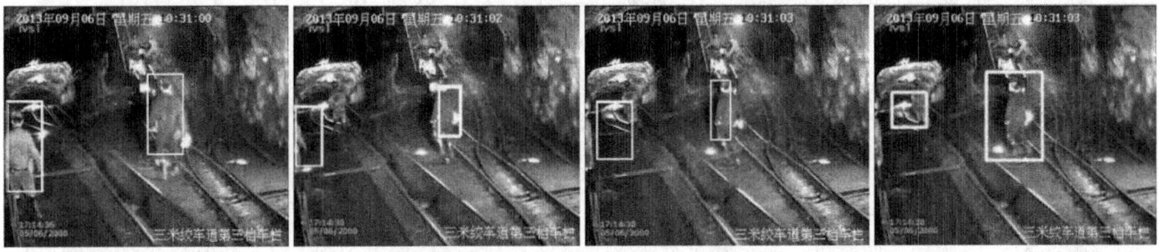

(b)基于Mean-Shift的目标跟踪方法

(c)基于粒子滤波的目标跟踪方法

图 5.7　井下多目标的跟踪结果

本章小结

本章首先介绍了运动目标跟踪的常用方法，总结和分析了几种常用方法适用的场景及优缺点；然后详细论述了粒子滤波跟踪方法的框架，如贝叶斯重要性采样、粒子退化及运动目标状态的计算等重要步骤；在此基础上介绍了针对煤矿井下运动目标跟踪方法的改进思想，并给出了基于粒子滤波跟踪方法在井下多运动目标跟踪实现过程中的流程图及实现方法。最后通过实验验证表明，针对井下存在干扰等复杂情况，基于粒子滤波的改进方法能够满足煤矿井下运动目标的跟踪要求，具有较高的鲁棒性。

参考文献

[1] CHENG Y. Mean shift, mode seeking and clustering[J]. IEEE Transition Pattern Analysis Machine Intelligence, 1995, 17(8): 790-799.

[2] LI Z L, XIE A L. Research on target tracking and early-warning for the safety of coal mine production [J]. Applied Mechanics and Materials, 2014: 925-929.

[3] COMANICIU D, RAMESH V, MEER P. Kernel-based object tracking[J]. IEEE Transition Pattern Analysis Machine Intelligence, 2003, 25(5): 564-575.

[4] 陈海涛. 智能视频的目标检测与目标跟踪算法研究[D]. 成都：电子科技大学，2015.

[5] LI Z L, HE Q. Research on speed monitoring method of coal belt conveyor based on video image[J]. Journal of Computational Information Systems, 2012, 8(12): 5093-5101.

[6] RISTIC B, ARULAMPALAM S, GORDON N. Beyond the Kalman filter[J]. IEEE Aerospace and Electronic Systems Magazine, 2004, 19(7): 37-38.

[7] 谢爱玲. 井下运动目标跟踪及预警方法研究[D]. 西安：西安科技大学，2015.

[8] 穆欣侃，徐德江，罗海波，等. 基于新模板匹配的运动目标跟踪算法[J]. 火力与指挥控制，2013，38(3)：22-26.

[9] BRASNETT P, MIHAYLOVA L, BULL D, et al. Sequential Monte Carlo tracking by fusing multiple cues in video sequences[J]. Image and Vision Computing, 2007, 25(8): 1217-1227.

[10] 陈佳迎. 非重叠视域多摄像机目标跟踪方法研究[D]. 西安：西安科技大学，2017.

[11] LI Z L, HE J Y. Automatic counting of anchor rods based on target tracking[J]. Journal of Chemical and Pharmaceutical Research, 2014, 6(7): 1948-1954.

[12] LI Z L, LIU M. Research on decoding method of coded targets in close range photogrammetry[J]. Journal of Computational Information Systems, 2010, 6(8): 2699-2705.

[13] LI Z L, HAN Z. Research and development of vision measurement system with marked targets[C]. 2013 2nd International Conference on Measurement, Instrumentation and Automation, 2013: 2003-2007.

[14] 黄凯奇，陈晓棠，康运锋，等．智能视频监控技术综述[J]．计算机学报，2015，38(6)：1093-1118.
[15] BRASNETT P A，MIHAYLOVA L，CANAGARAJAH N，et al. Particle filtering with multiple cues for object tracking in video sequences[C]. Image and Video Communications and Processing，International Society for Optics and Photonics，2005，5685：430-441.
[16] 何倩．基于视觉技术的井下胶带运输机运动监测方法研究[D]．西安：西安科技大学，2012.
[17] CRISAN D，DOUCET A. A survey of convergence results on particle filtering methods for practitioners[J]. IEEE Transactions on signal processing，2002，50(3)：736-746.
[18] LI Z L，WANG Y. Research on 3D reconstruction procedure of marked points for large work piece measurement[C]. Proceedings of 5th International Conference on Information Assurance and Security，2009，1：273-276.
[19] 赵建顺．超声汽车防撞系统的研究[J]．济南大学学报，2001，15(3)：42-45.
[20] LI Z L，CUI L L，XIE A L. Target tracking algorithm based on particle filter and mean shift under occlusion[C]. The 2015 IEEE International Conference on Signal Processing，Communications and Computing (ICSPCC 2015)，2015：1-4.
[21] UZKENT B，HOFFMAN M J，VODACEK A. Efficient integration of spectral features for vehicle tracking utilizing an adaptive sensor[J]. The International Society for Optical Engineering，2015，9407：941-944.
[22] 周欣，黄席樾，黎星．基于单目视觉的高速公路车道保持与距离测量[J]．中国图象图形学报，2003，8(5)：590-595.
[23] 徐敏．基于单目视觉的移动机器人系统目标识别与定位研究[D]．广州：华南理工大学，2014.
[24] LI Z L，XI Y. Research on artificial target image matching[C]. Proceedings of 2009 International Conference on Environmental Science and Information Application Technology，2009，2：526-529.

第6章 非重叠视域多摄像机目标跟踪方法

随着安防技术的迅速发展，在很多生活场所中摄像机的数目不断增加，监控覆盖的区域逐渐扩大，如何在大范围摄像机监控视域内实现运动目标连续跟踪的难题便应运而生。目前，单摄像机的目标检测和跟踪技术较为成熟，取得了大量的研究成果，而多摄像机目标跟踪技术也成了近年来的研究热点。多摄像机目标跟踪不同于单摄像机目标跟踪的是：多摄像机视域中的光照、目标姿势和摄像机属性等因素更具有复杂性，尤其是在非重叠视域中，目标的运动在时空上都是离散的，这使得多摄像机目标跟踪面临更大的挑战。本章将对非重叠视域的多摄像机目标跟踪方法进行研究。

6.1 多摄像机网络拓扑关系估计

在大范围非重叠的监控视频中，运动目标往往会穿越多个摄像机的视域。如果要实施多摄像机下的目标跟踪，就必须清楚目标从一个摄像机中消失后进入的是哪一个摄像机，只有这样才能将不同视域下目标的运动轨迹连接起来。因此，各个摄像机之间需要互相传递目标的一系列运动信息，例如目标何时离开、目标何时进入、目标的特征、目标在该摄像机下的运动轨迹等。在摄像机之间进行目标状态信息交接之后，再通过目标匹配、识别等方法为每个目标赋予身份标签，才能获得目标相应的运动轨迹，进而继续目标跟踪。然而在非重叠视域的监控网络里，摄像机之间的连接关系较为复杂，每个摄像机的监控覆盖范围(视域)是不同的，各个摄像机的监控视域可能出现重叠，也可能不重叠，如图 6.1 所示。倘若摄像机之间的监控视域出现重叠，那么运动目标可能会同时出现在若干个监控画面中，此时，对于各个摄像机位置分布情况的确定和运动目标的信息交接工作来说，则是相

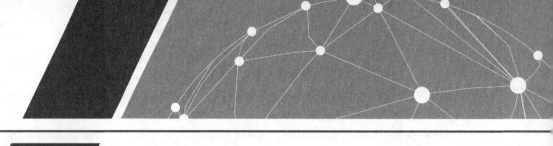

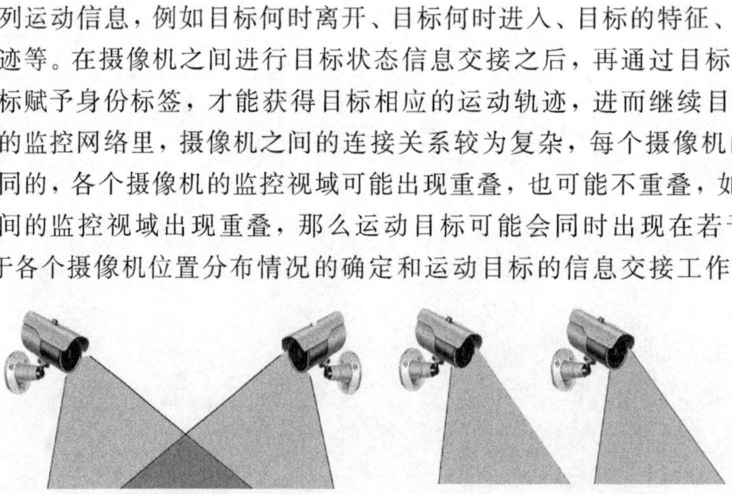

图 6.1 摄像机间视域重叠(左)与不重叠(右)的示意图

对容易实现的。当监控视域不重叠时，摄像机间的位置关系是无法确定的，这给摄像机之间的信息交接工作带来了困难。因此需要从各个摄像机所获取的监控视频中去估计摄像机之间的位置分布和时间连接关系，即多摄像机之间的拓扑关系，从而来完成信息的交接工作。

一般地，将摄像机网络拓扑关系定义为摄像机之间在时间和空间上的约束关系。其主要要素包括：拓扑关系的结点、各个结点之间的物理连接关系、每个物理连接上的转移时间概率分布。其中，拓扑关系的结点是指各个视域内目标的进出口区域；结点之间的物理连接是指现实场景中摄像机之间是否有直接相连的物理路径；每个物理连接上的转移时间概率分布是指目标从一个摄像机视域中消失到出现在另一个摄像机视域中所需要的转移时间的概率分布。非重叠视域下多摄像机网络拓扑关系的示意图如图 6.2 所示。

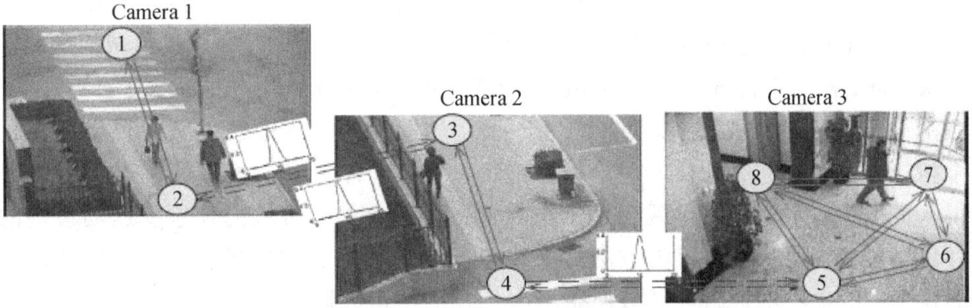

图 6.2　非重叠视域下多摄像机网络拓扑关系的示意图

目前，基于目标识别与跟踪的摄像机网络拓扑关系估计方法是指在假设摄像机间物理连接已知的情况下，通过对已知的样本集进行训练获得摄像机网络拓扑关系的方法。此方法只适合应用到小范围非重叠的多摄像机监控网络中。之后，人们通过计算目标在一个拓扑结点处离开的时间集合与另一个拓扑结点处出现的时间集合之间的互相关函数，来表达摄像机网络的拓扑关系。这种改进后的方法能自动地估计拓扑关系中结点之间的物理连接，然而在视频时间比较长时，目标的转移时间波动比较大且可能存在虚假连接，从而导致互相关函数的峰值不明显。为了解决这种虚假连接导致的互相关函数峰值不稳定的问题，我们把运动目标的外在特征与互相关函数相结合来估计拓扑关系，但是基于互相关函数的摄像机网络拓扑关系估计方法容易受到一些错误目标的干扰，且只能估计出拓扑结点之间的连接关系和连接上的平均转移时间，因此，需要对摄像机网络拓扑关系估计方法进行更加深入的研究，并对其不断进行优化。

6.2　基于高斯和互相关函数的拓扑估计方法

基于高斯和互相关函数的拓扑估计方法是把拓扑关系作为完成目标跟踪任务的一个重

要线索，首先利用单摄像机下的目标检测与跟踪方法确定网络拓扑关系中的结点位置；然后记录每一个摄像机结点处所有目标的出现时间和所有目标的离开时间，形成出现时间集合和离开时间集合；接下来求出这两个集合间的平均互相关函数，判断每个拓扑结点之间是否有物理连接；最后使用高斯分布来模拟运动目标在拓扑结点间的转移时间，估计出转移时间概率分布。下面对该方法进行详细介绍。

6.2.1　网络拓扑结点估计

根据现实中路径分布的经验可知，一个摄像机视域中的路径通常是固定的，且大部分行人都按照固有的路线行走。因此，一个目标进入或离开摄像机视域中的位置区域便是相对固定的，我们把这个位置区域作为拓扑关系中的结点区域。这时，只需对出现在不同视域中的进口处或者出口处的运动目标做匹配和关联运算，就可以对所有摄像机视域内的目标轨迹进行关联，而不需要将视域中所有出现的目标都进行匹配计算，由此便减少了计算量。

由于每个摄像机视域中的路径不止一条，因此在一个摄像机视域中可能存在一个或者多个拓扑结点。为了更准确地估计拓扑结点，我们常常先使用单摄像机下的目标跟踪方法获得从进入该视域到离开该视域的所有目标的运动轨迹，然后记录这些运动轨迹的起点位置和终点位置，最后使用聚类方法对这些起点位置和终点位置进行聚类，以获得每个类的中心位置。该中心位置附近区域便是网络拓扑的结点区域。

6.2.2　拓扑结点之间的连接关系分析

确定出多摄像机网络拓扑结点之后，还需要判断每对结点之间是否存在一条直接的物理连接通路。当然，无论存在与否，都需要估计拓扑结点之间的物理连接关系，这是为了更方便地匹配多摄像机间的目标。在估计拓扑结点之间的物理连接关系时，通常只需要直接对有物理连接关系的结点间的目标进行相似度计算，不需要对没有物理连接关系的结点间的目标进行计算，这是由于两个结点之间若没有物理通路，则运动目标不可能从一个摄像机拓扑结点运动到另一个结点中，因此可以不用处理这两个结点之间的运动目标的关联关系。

如图 6.3 所示，有 5 个摄像机，记作 C_i，其中 $i=1, 2, \cdots, 5$，每个摄像机视域内都存在个数不等的拓扑结点，记作 n_i，其中 $i=1, 2, \cdots$。结点间的连线表示这两个结点之间有物理通路，反之表示不存在物理通路。基于高斯和互相关函数的拓扑估计方法是利用两个摄像机视域中拓扑结点上统计到的目标出现的时间集合与离开的时间集合之间的平均互相关函数，来推断这两个结点之间是否存在物理连接关系。判断的规则是：如果计算得到的平均互

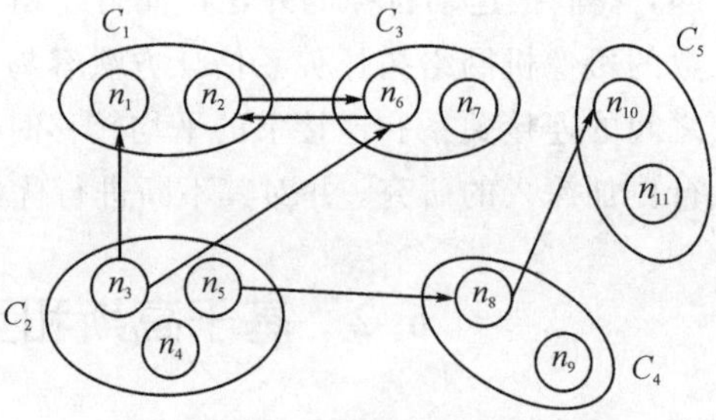

图 6.3　摄像机之间连接关系示意图

相关函数具有很清晰的峰值，就说明两个结点之间存在物理连接关系，而且平均互相关函数峰值所在的地方就是目标在两个结点之间的平均转移时间；如果计算得到的平均互相关函数没有很清晰的峰值，就说明两个结点之间不存在物理连接。这种方法直接利用平均互相关函数推断结点间是否存在物理连接关系，结果稳定，可实施性强。

互相关函数通常用于判断两个时间集合间的关联性，这里恰好将其用于估计两个摄像机拓扑结点之间是否存在物理连接。假设在一个时间窗口$[t_0, t_w]$内，运动目标离开拓扑结点n_i，统计到的目标离开的时间集合为$TD^{n_i}(t)$，其中$t_0<t<t_w$。在另一个拓扑结点n_j处，运动目标进入拓扑结点n_j，统计到的运动目标到达的时间集合为$TA^{n_j}(t)$，其中$t_0<t<t_w$。那么到达的时间集合$TA^{n_j}(t)$与离开的时间集合$TD^{n_i}(t)$之间的互相关函数$R^{n_i, n_j}(\tau)$的计算式为

$$R^{n_i, n_j}(\tau) = E[TD^{n_i}(t) \cdot TA^{n_j}(t+\tau)] = \sum_{t-t_0}^{t_w} TD^{n_i}(t) \cdot TA^{n_j}(t+\tau) \tag{6.1}$$

为了使互相关函数的峰值更加稳定，通常需要计算多个时间窗口内的互相关函数，然后将多个互相关函数累积求平均，使用最后得到的平均互相关函数判断结点之间是否存在物理连接关系。算法中的平均互相关函数$R^{n_i, n_j}(\tau_m)$的计算式为

$$\begin{aligned} R^{n_i, n_j}(\tau_m) &= \frac{1}{m}\sum_{\tau=\tau_0}^{\tau_m} R^{n_i, n_j}(\tau) = \frac{1}{m}\sum_{\tau=\tau_0}^{\tau_m} E[TD^{n_i}(t) \cdot TA^{n_j}(t+\tau)] \\ &= \frac{1}{m}\sum_{\tau=\tau_0}^{\tau_m}\sum_{t=t_0}^{t_w} TD^{n_i}(t) \cdot TA^{n_j}(t+\tau) \end{aligned} \tag{6.2}$$

6.2.3 转移时间概率分布的估计

使用平均互相关函数估计出结点之间的物理连接关系后，平均互相关函数的峰值所在之处就是两个拓扑结点之间的平均转移时间。为了更加准确地估计出每条物理连接上的转移时间概率分布，首先使用目标匹配技术计算一个时间窗口内每个运动目标之间的相似度，将该时间段内在两个拓扑结点处的运动目标逐个对应起来。然后计算每一个目标在两个拓扑结点处的转移时间，得到一个转移时间数据$T=\{T_1, T_2, \cdots T_n\}$。对转移时间数据进行统计，经过实验发现，转移时间数据的概率分布服从高斯分布。因此利用高斯函数对该数据进行拟合，可以得到一个表达这两个摄像机网络拓扑结点之间转移时间概率分布的高斯模型。高斯模型$N(\mu, \sigma^2)$中包含两个参数，分别是平均转移时间μ和方差σ^2。我们假设一个阈值λ，使得大部分统计到的转移时间都落在区间$[\mu-\lambda\sigma, \mu+\lambda\sigma]$内，一般情况下，我们将$\lambda$的取值设定为3，此时，根据高斯函数的性质，我们可得出转移时间落在$[\mu-3\sigma, \mu+3\sigma]$区域内的概率为0.997。

基于高斯和互相关函数的拓扑估计方法的具体过程如下：

基于高斯和互相关函数的拓扑估计方法

输入：结点 n_i 处离开事件的时间集合 $TD^{n_i}(t)$，结点 n_j 处到达事件的时间集合 $TA^{n_j}(t)$；

计算过程：

初始化：clear←false，$\tau_m^* \leftarrow 0$；

for k from 1 to m

  根据式(6.1)求互相关函数 $R^{n_i,n_j}(\tau_k)$；

end for

根据式(6.2)求平均互相关函数 $R^{n_i,n_j}(\tau_m) \leftarrow \text{mean}[R^{n_i,n_j}(\tau_k)]$，求 $R^{n_i,n_j}(\tau_m)$的峰值位置 τ_m^*；

$\tau_m^* \leftarrow \arg\max\limits_{\tau_m} R^{n_i,n_j}(\tau_m)$，判断峰值 τ_m^* 是否清晰；

clear←checkClear(τ_m^*)，计算转移时间概率分布：

if clear←true then

  从结点 n_i 到结点 n_j 存在物理连接，计算高斯分布 $N(\mu, \sigma^2)$；

else

  从结点 n_i 到结点 n_j 不存在物理连接；

输出：若从结点 n_i 到 n_j 存在物理连接，输出转移时间概率函数 $N(\mu, \sigma^2)$。

6.2.4 实验与分析

本实验将分别测试本节所述方法和基于互相关函数的拓扑估计方法的性能。算法实现所用到的软件平台是 Opencv 2.4.9、Microsoft Visual Studio 2010 和 MATLAB 2010。

首先，在真实场景中使用 3 个摄像机分别录取了 3 段离线视频作为实验数据。这 3 个摄像机的位置分布如图 6.4 所示，3 个摄像机的视域之间没有重叠。将 3 个摄像机分别记为 C_1、C_2、C_3，其中 C_1 和 C_2 安装在楼道内，C_3 安装在室内。3 段视频是在同一时间段内进行录制的，且它们的时长都是 50 分钟。下面分别利用本节介绍的方法和基于互相关函数的拓扑估计方法来分别获取这 3 个摄像机组成的非重叠视域多摄像机网络的拓扑关系。

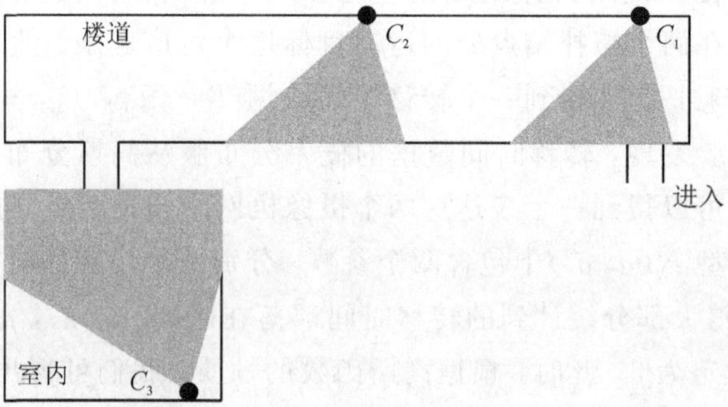

图 6.4 摄像机的位置分布示意图

首先使用单摄像机视域内的目标跟踪方法和聚类机制输出拓扑关系的结点区域。图6.5显示了3个摄像机中目标的运动轨迹及对轨迹终点和起点进行聚类的实验结果，其中在摄像机 C_1 中跟踪到12个行人的运动轨迹，在摄像机 C_2 中跟踪到11个行人的运动轨迹，在摄像机 C_3 中跟踪到10个行人的运动轨迹，每个摄像机下都聚类出两个拓扑结点。

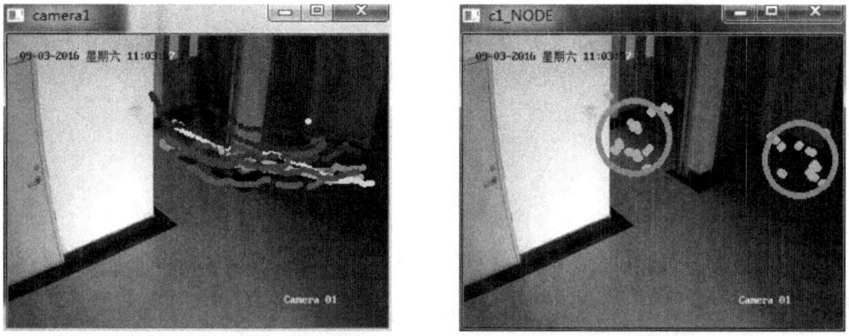

(a)摄像机C_1中的运动轨迹(左)和聚类出的结点位置(右)

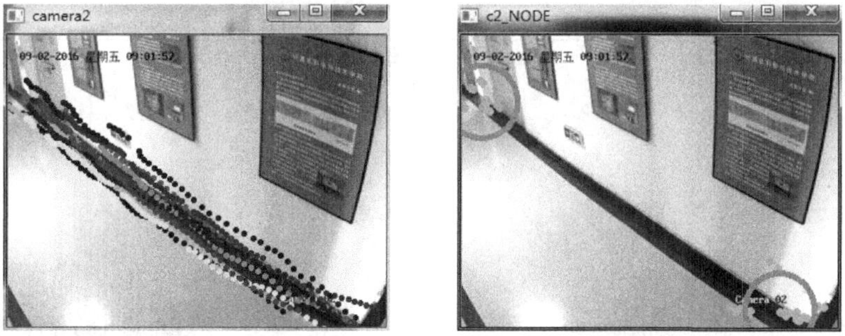

(b)摄像机C_2中的运动轨迹(左)和聚类出的结点位置(右)

(c)摄像机C_3中的运动轨迹(左)和聚类出的结点位置(右)

图6.5　各摄像机中的运动轨迹和聚类出的结点位置

将摄像机之间的位置分布和摄像机视域内的结点区域进行抽象，如图 6.6 所示。

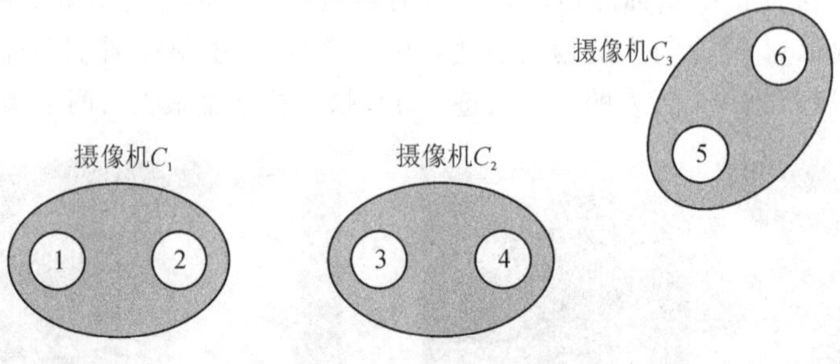

图 6.6　摄像机的位置分布和视域内结点示意图

然后统计摄像机中每个拓扑结点上的运动目标到达的时间集合和离开的时间集合，计算两个时间集合之间的相关性。图 6.7 中显示了利用两种方法获得的结点 4 到结点 5 之间的互相关函数。可以看出本节方法估计出结点 4 到结点 5 之间存在连接。

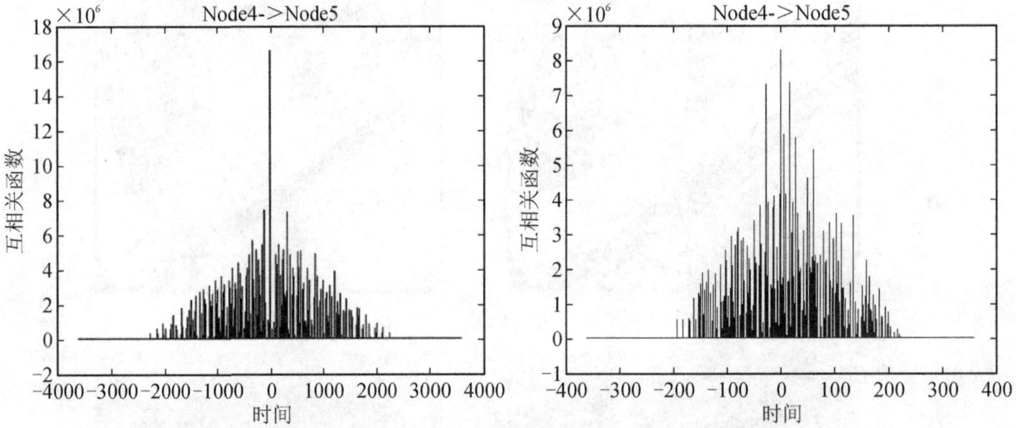

图 6.7　使用两种方法计算出的互相关函数

如图 6.8 所示，利用基于高斯和互相关函数的拓扑估计方法分别计算了结点 2 与结点 3、结点 4 与结点 5、结点 1 与结点 5 之间目标到达的时间集合与目标离开的时间集合之间的平均互相关函数。从图 6.8 中可以看出，结点 2 到结点 3 与结点 3 到结点 2 之间的平均互相关函数都存在明显的峰值，说明结点 2 到结点 3 与结点 3 到结点 2 上目标到达的时间集合和目标离开的时间集合之间存在着相关性，所以判定结点 2 与结点 3 之间存在相互的物理连接通路。同理，结点 4 与结点 5 之间也存在相互的物理连接通路。而结点 1 到结点 5 与结点 5 到结点 1 之间的平均互相关函数的峰值都不明显，说明目标在结点 1 与结点 5 之间的运动是随机的，没有相关性，所以判定结点 1 与结点 5 之间不存在相互的物理连接通路。

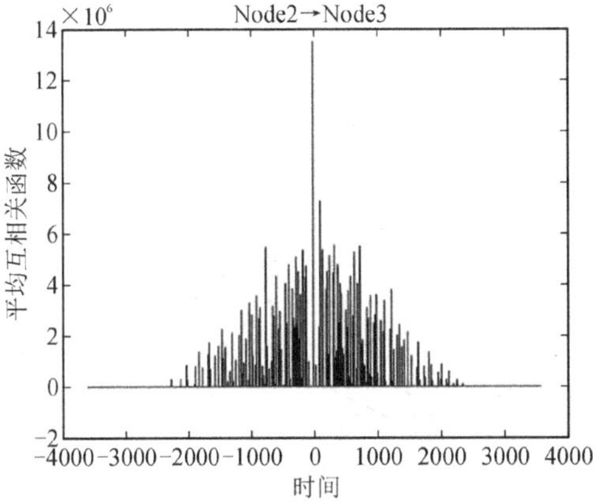

(a)结点2到结点3

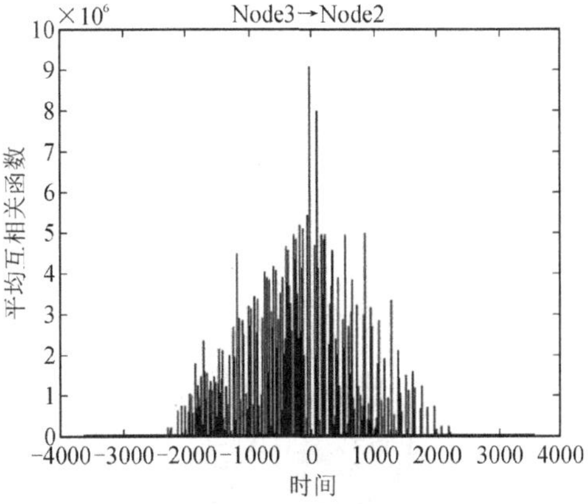

(b)结点3到结点2

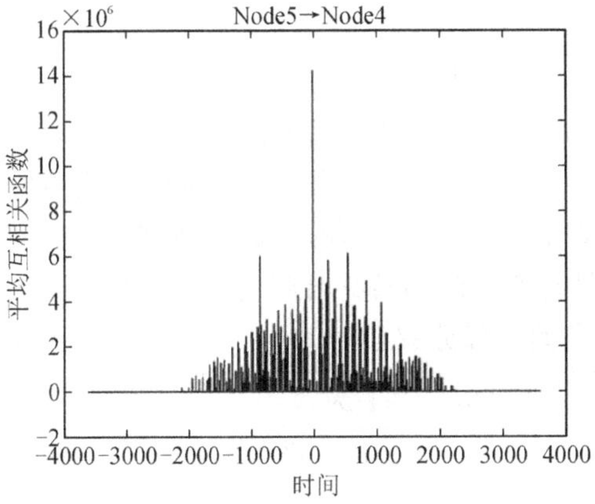

(c)结点5到结点4

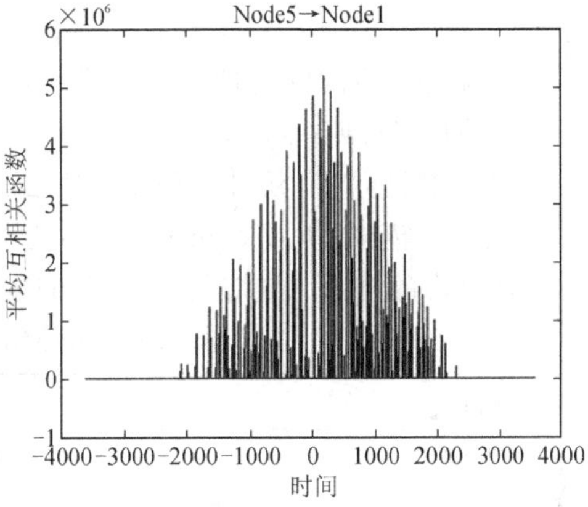

(d)结点5到结点1

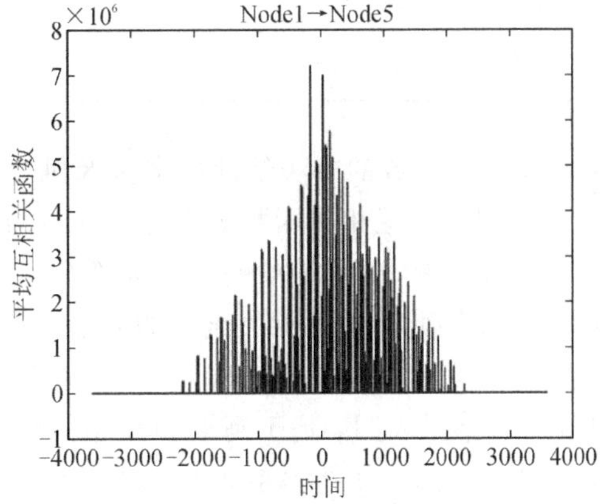

(e)结点1到结点5

图 6.8　摄像机拓扑结点之间的平均互相关函数

通过计算摄像机中所有结点两两之间的平均互相关函数，可以判断结点之间是否存在连接关系，并确定出拓扑结点之间的物理连接关系，如图 6.9 所示，图中带有箭头的实线表示结点之间有物理连接。

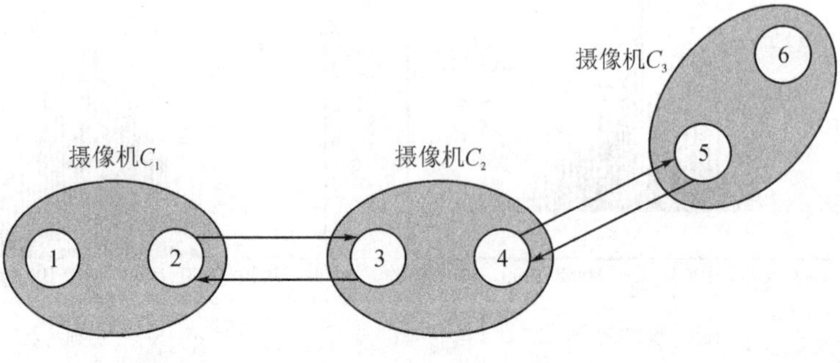

图 6.9　拓扑结点之间的物理连接关系

确定拓扑结点间的物理连接关系后，接下来就要计算每条连接上的转移时间概率分布。首先使用目标匹配技术，对有物理连接关系的结点中出现的目标进行匹配，以获取所有匹配成功的目标对，统计它们在拓扑结点间的转移时间集合，然后应用高斯函数拟合出每条连接上的转移时间概率分布，表示为 $N(\mu, \sigma^2)$。统计到的一部分转移时间值如表 6.1 所示，计算出的结点 2 与结点 3、结点 4 与结点 5 之间的转移时间概率函数如图 6.10 所示。

表 6.1　拓扑结点间的部分转移时间

转移路径	转移时间集合(单位为 s)									
结点 2→3	14.1	12.3	13.2	13.5	15.2	13.4	14.1	15.0	13.7	13.0
结点 3→2	9.0	8.7	10.3	9.6	8.3	7.0	7.4	9.5	8.2	8.0
结点 4→5	6.5	5.1	5.5	6.1	6.4	8.0	4.7	6.8	5.4	5.8
结点 5→4	8.1	7.5	8.0	7.1	7.8	7.3	7.2	8.4	8.3	7.6

最终利用基于高斯和互相关函数的方法估计出多摄像机之间的拓扑连接关系，结果如图 6.11 所示。作为对比，采用基于互相关函数的方法估计出的多摄像机之间的拓扑连接关系如图 6.12 所示。由于在录取视频的前 20 分钟内，大部分目标离开结点 4 以后就在画面中消失了，并没有进入结点 5，因此基于互相关函数的方法没有推断出由结点 4 到结点 5 之间的物理连接关系。而在本节所述方法中，计算了多个时间窗口内的平均互相关函数，避免了错误目标对的干扰。实验结果表明，基于高斯和互相关函数的拓扑估计方法估计出的网络拓扑关系与实际中测量出的网络拓扑关系相符，进而表明该方法相较于互相关函数的方法来说具有更高的准确性。

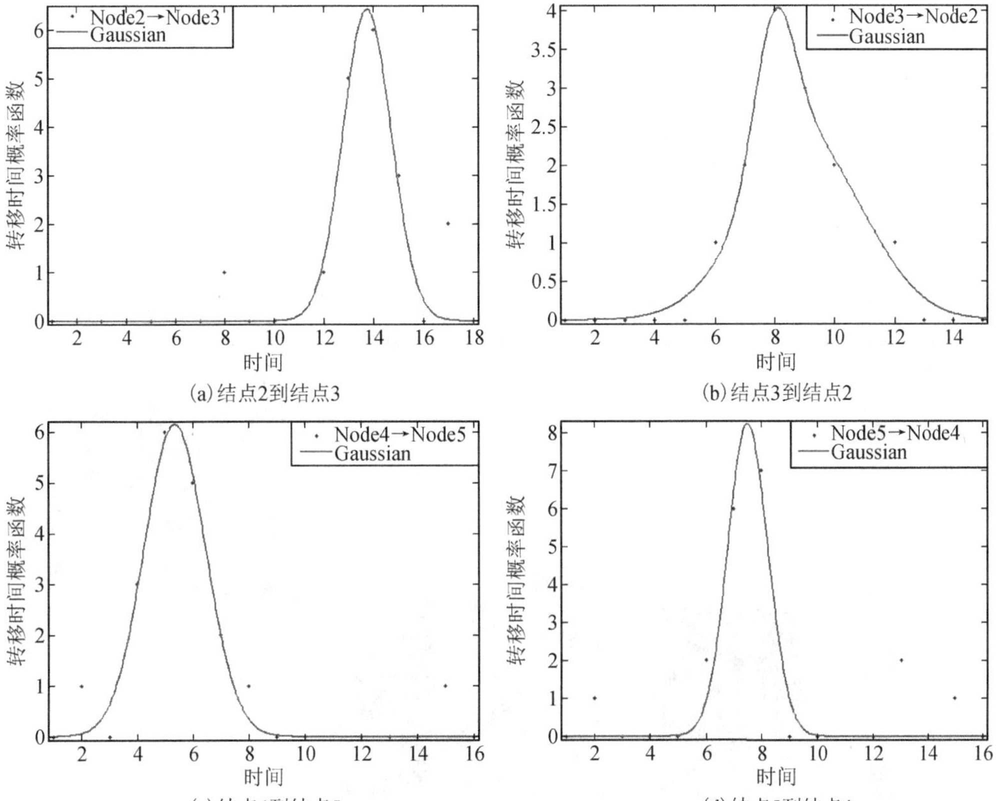

(a) 结点2到结点3　(b) 结点3到结点2　(c) 结点4到结点5　(d) 结点5到结点4

图 6.10　结点之间的转移时间概率函数

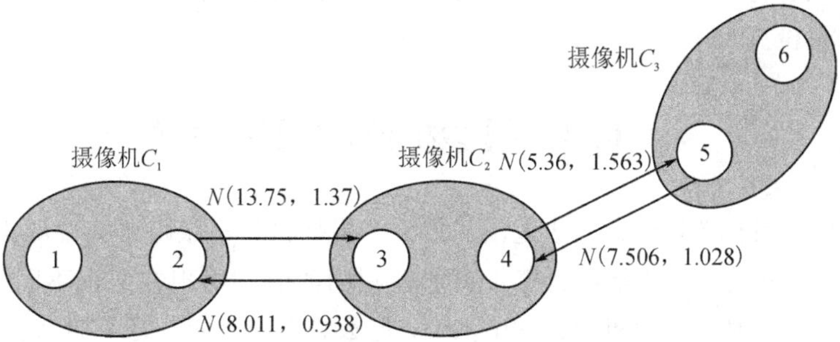

图 6.11　基于高斯和互相关函数方法估计的多摄像机网络拓扑关系

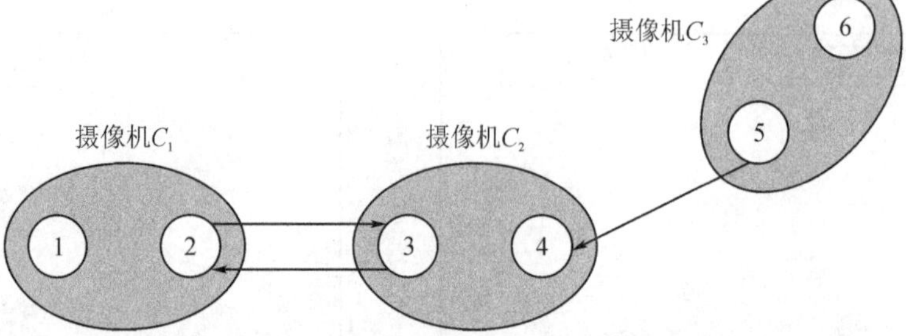

图 6.12 基于互相关函数方法估计的多摄像机网络拓扑关系

实际场景中摄像机之间的拓扑连接关系示意图如图 6.13 所示。

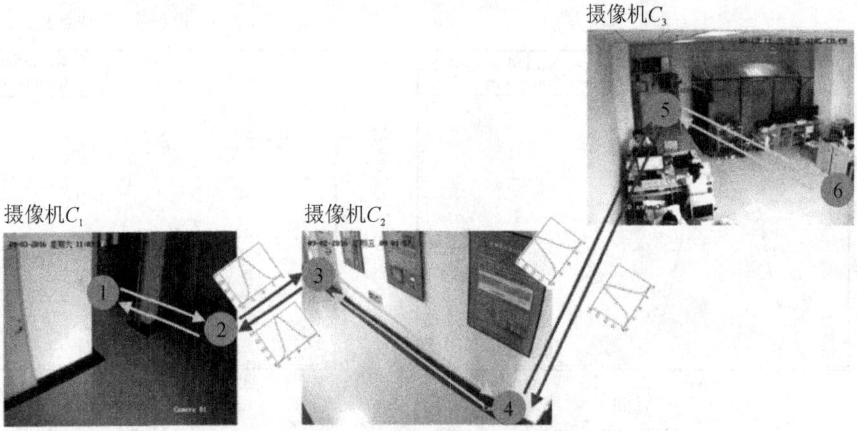

图 6.13 多摄像机网络拓扑连接关系示意图

在获得多摄像机网络拓扑关系后，由于在大范围的非重叠的监控网络中，目标可能会穿越多个视域进行运动，因此需要对出现在不同视域内的运动目标之间进行匹配，以确定运动目标的身份。

6.3 摄像机间的目标关联

摄像机间的目标关联问题是大范围非重叠多摄像机目标跟踪研究中的重要问题。当两个摄像机的视域不重叠，也就是说目标不可能在相同的时刻出现在两个不同的监控视域内时，如果有一个目标从某个摄像机的视域中消失，那么它需要经过一段盲区以后才可能进入其他摄像机的视域中。当一个运动目标第一次出现在一个摄像机的视野中时，应该首先确定该运动目标的身份，并将其与消失的目标进行关联或者为其建立一个新的身份标识，从而实现目标的连续跟踪。这种为新出现的运动目标确定身份标识的过程就称为摄像机之间的目标关联。

然而，在实际情况中，多摄像机间目标关联的实现面临着很多的困难。例如，由于摄像机分布的位置不同，目标在不同摄像机中的姿势、受到的光照、拍摄的角度等情况的不同，可能使得相同的运动目标出现在不同视域内时的特征差异较大，从而使目标关联难度增大；又或是在一个非重叠视域的摄像机网络中，摄像机的数目比较多，整个监控覆盖范围较广，导致进入视域中的运动目标的数目较多，难以准确地进行目标关联；另外，摄像机视域之间通常存在着盲区，而目标进入盲区后的运动情况是不可知的，且各个运动目标的运动情况较为复杂，这些困难都为目标轨迹关联的探索带来了巨大的挑战。

目前，这一领域的许多科研人员都致力于研究多摄像机间的目标轨迹关联，并作出了不同贡献。有的学者利用 D-S 证据理论将多种目标的外观特征进行概率融合，继而实施摄像机间的轨迹关联。有的学者使用贝叶斯模型作为解决摄像机间目标关联问题的模型，通过计算最大化后验概率值，实现目标关联。有的学者将离散粒子群优化算法用于摄像机间的目标关联，利用运动目标之间的匹配度来对运动目标之间的轨迹进行关联。有的学者利用 Kalman 滤波器的预测机制解决轨迹关联问题。还有一些学者将摄像机间的目标关联问题抽象成图论中的问题，例如，他们提出了基于权重二部图的无重叠视域的多摄像机目标关联算法，将运动目标看作图的结点，利用时空线索构建图的边，将运动目标之间的匹配度作为边上的权重，然后求得二部图的最大化权重，以实现目标轨迹的关联；或者将摄像机视域内进入和消失的运动目标组成目标对，把这个目标对看成图结构中的结点，并将目标对之间的相似度作为图中每个结点的权重来构建图模型，然后计算图模型中的最大权重独立集，从而获得目标关联的最终结果。

结合前面的基于高斯和互相关函数的拓扑估计方法和摄像机间的目标匹配方法，我们提出了一种基于拓扑关系和表观模型相融合的目标关联方法来进行摄像机间的目标轨迹关联。下节将对此方法进行详细介绍。

6.4 基于拓扑关系和表观模型相融合的目标关联方法

为了提高摄像机间目标关联的准确性，基于拓扑关系和表观模型相融合的目标关联方法将多个摄像机网络的拓扑关系作为一条线索，把运动目标的表观模型作为另一条线索，以此来实现非重叠视域多摄像机间的轨迹关联。也就是说，当某个摄像机下出现新的运动目标时，首先利用拓扑关系来确定各摄像机中要进行匹配的候选目标集，使用基于 CCCT 模型的方法消除摄像机间的光线差异，提取目标的 SIFT 特征进行相似度计算，确定运动目标的身份；然后在这个摄像机中继续使用单摄像机下的目标跟踪算法跟踪运动目标，并对运动目标的模型进行实时学习与更新。该方法充分利用了摄像机之间的时空分布特性，简化了摄像机间目标匹配的复杂性，为非重叠视域中目标跟踪技术的发展提供了可行的技术方案。

当目标初次出现在一个摄像机的视域内时，需要用单摄像机目标检测与跟踪方法对每一个目标建立目标模型 M。这里的目标模型 M 是一个数据结构，其中包括一系列的目标图像块，它是一个目标图像序列的集合，记为 $M=\{I_1, I_2, \cdots, I_m\}$，其中 $I_i(i=1, 2, \cdots, m)$ 表示运动目标的图像块，m 为图像块的个数，I_1 表示第一个被添加到目标模型 M 中的图像块，I_m 表示最近添加的图像块。在整个大范围的监控网络内，所有运动目标都维持着自身的目标模型。

6.4.1 确定候选目标集

首先利用多摄像机之间的拓扑关系获取要匹配的候选目标集。假定利用基于高斯和互相关函数的拓扑估计方法已经获取到一个非重叠的多摄像机网络拓扑关系，如图 6.14 所示。拓扑结构中有 3 个摄像机，记为 C_i，其中 $i=1, 2, 3$。每个摄像机中的结点记为 N_i，其中 $i=1, 2, \cdots, 6$。结点之间的平均转移时间用 T 来表示，其中 T_{xy} 表示结点 N_x 到结点 N_y 之间的平均转移时间。

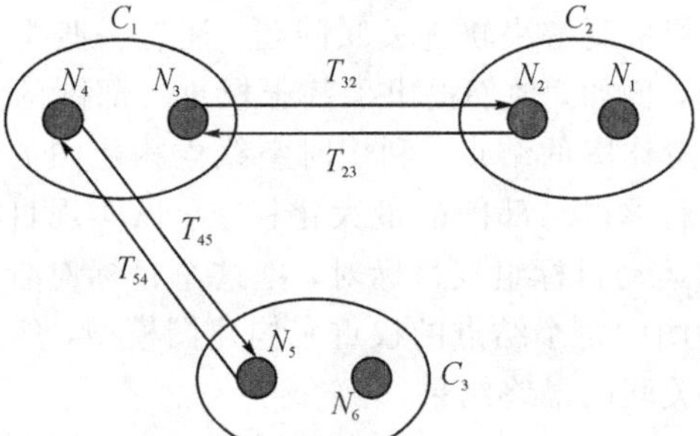

图 6.14　一个非重叠的 3 个摄像机的网络拓扑关系示意图

当一个运动目标初次出现在某一个摄像机的结点区域时，需要标识出该目标的身份，并利用多摄像机的拓扑关系确定出与该拓扑结点有物理连接通路的其他结点。假设在 t 时刻有一个运动目标出现在摄像机 C_1 中的结点 N_3 处，那么根据图 6.14 可确定出只有摄像机 C_2 中的结点 N_2 与之相连，即可确定出现在摄像机 C_1 中结点 N_3 处的运动目标可能是从摄像机 C_2 中的结点 N_2 处转移来的。在进行轨迹关联时，只需计算在结点 N_2 处消失的运动目标之间的匹配度。

接下来需要对所有在结点 N_2 处消失的目标进行过滤，确定出消失的目标中哪些目标可能会在 t 时刻出现在结点 N_3 处。根据摄像机网络的拓扑关系可知，在一个运动目标从结点 N_2 处到达结点 N_3 处的过程中，目标会进入监控视域的盲区。然而在实际情况中，目标在盲区内的运动是不可知的，有可能在盲区中离开摄像机的监控区域或者停留在盲区较长时间，也可能又返回到结点 N_2 处。我们可以认为运动目标不管消失多久，它的出现都有随机性，但是，目标不可能在极短的时间内从一个摄像机视域中转移到另一个摄像机视域中。

因此，根据结点之间的转移时间概率分布，可抽象出摄像机结点之间的时间关系，如图6.15所示。在 t 时刻，当运动目标出现在某一个结点 N_y 处时，把 $t-T_{xy}+3\sigma_{xy}$ 之前离开结点 N_x 的所有目标作为候选目标集，其中 σ_{xy} 为摄像机结点 N_x 到结点 N_y 之间目标转移时间的方差。结合图 6.14 和图 6.15 可以看出，t 时刻出现在结点 N_3 处的运动目标需要匹配的候选集为在 $t-T_{23}+3\sigma_{23}$ 时间之前离开结点 N_2 的目标集。

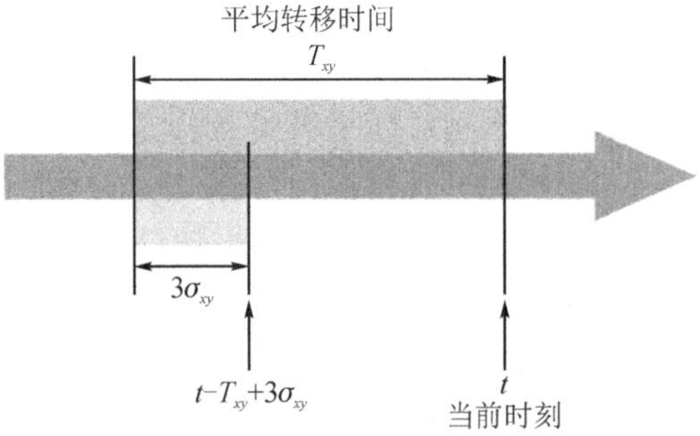

图 6.15　摄像机结点之间的时间关系

6.4.2　建立目标轨迹关联

摄像机间目标关联的整体框图如图 6.16 所示，摄像机间的目标关联方法是将非重叠视域内的拓扑关系和目标匹配方法互相融合，完成在整个多摄像机视域内进行目标连续跟踪的任务。在单个摄像机下，使用基于 Kalman 滤波的 TLD 目标跟踪方法跟踪进入监控视域内的运动目标，并对每个运动目标都建立对应的目标模型，记录下目标出现和消失在该

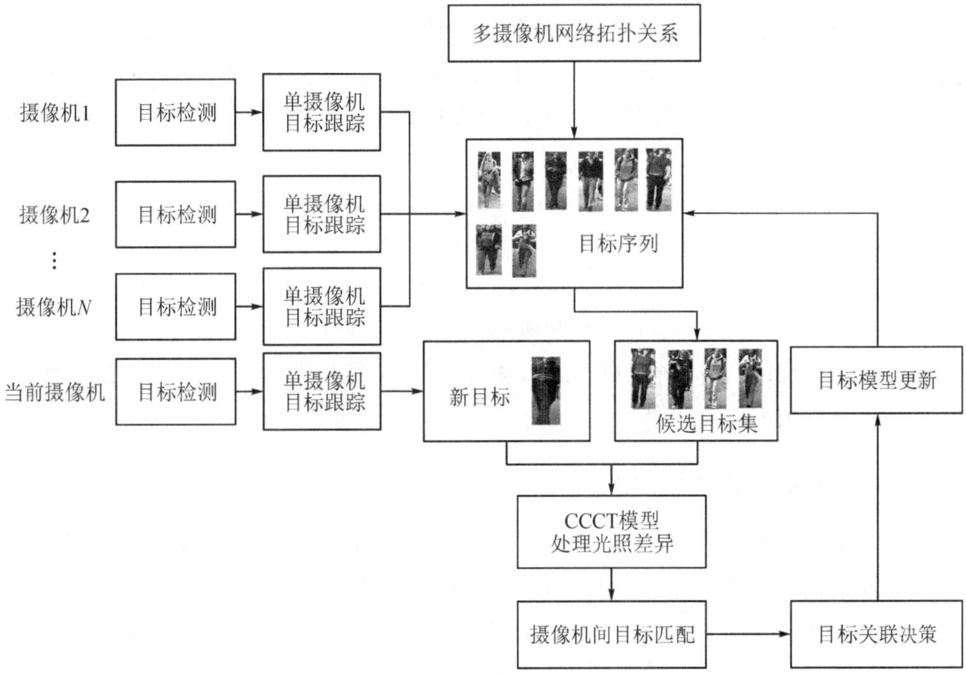

图 6.16　摄像机间目标关联的整体框图

摄像机视域的时间，然后将目标加入到目标序列池中。当一个摄像机的进出口区域出现新的目标时，首先从目标序列池里已经离开摄像机视域的目标集中利用拓扑关系确定出候选目标集，该候选目标集满足拓扑关系中的物理连接关系和转移时间概率分布。然后使用 CCCT 模型将候选目标集与新目标在不同摄像机下进行图像转换。最后利用摄像机间的目标匹配方法进行一一匹配，为新目标标识身份，实现摄像机间的轨迹关联，同时对已经标识身份的目标继续在单摄像机下进行跟踪，并在必要时进行目标模型的更新。

摄像机间目标关联的具体步骤如下：

(1) 利用单摄像机下的目标跟踪方法及基于高斯和互相关函数的拓扑估计方法学习多摄像机网络的拓扑关系，其中包括拓扑关系中拓扑结点的位置、结点之间的物理连接关系以及每条连接上的转移时间概率分布。

(2) 在单摄像机视域内进行目标跟踪，当某一时刻目标 O 初次出现在摄像机的进出口区域时，寻找目标所在的摄像机结点与拓扑关系中的哪些摄像机结点之间有物理连接通路。

(3) 在有物理连接通路的结点上利用拓扑关系中结点间的转移时间关系决定匹配候选目标集 $T_c=\{O_1, O_2, \cdots, O_m\}$。

(4) 利用基于累积颜色属性转换模型的方法对不同摄像机下目标图像的光照差异进行处理，缩小不同摄像机视域下同一运动目标之间的距离。

(5) 在摄像机的进出口区域采用摄像机间的目标匹配方法提取目标的特征，然后使用基于序列的目标匹配策略计算新目标与候选目标集之间的相似度 $\{\mathrm{sim}_1, \mathrm{sim}_2, \cdots, \mathrm{sim}_m\}$，确定出最大相似度 sim 对应的目标，并将最大相似度 sim 与设定的阈值 Thre 进行比较，若 sim 大于阈值则匹配成功，否则匹配失败，计算公式如下：

$$\mathrm{sim}=\max\{\mathrm{sim}_1, \mathrm{sim}_2, \cdots, \mathrm{sim}_m\} \tag{6.3}$$

$$R=\begin{cases}1 & \mathrm{sim}>\mathrm{Thre} \\ 0 & \text{其他}\end{cases} \tag{6.4}$$

其中，R 为匹配结果标志，1 表示匹配成功，0 表示匹配失败。

(6) 为新出现的目标进行身份标识，再利用单摄像机下的目标跟踪方法继续跟踪该目标，并对该目标模型进行更新。

6.4.3 目标模型学习与更新

对运动目标进行身份标识后，可能出现两种结果：一种结果是该目标与所有候选目标集中的运动目标匹配失败，这说明该目标为新出现的目标，应为其创建新的身份标识，建立该运动目标的模型并加入到摄像机的目标序列池中；另外一种结果是该目标与候选目标集中的运动目标匹配成功，这说明该目标是从其他摄像机中离开的目标，这种情况下应对运动目标赋予原来的身份标识并继续跟踪。为了确保目标模型中的状态是运动目标的最新状态，需要对目标的模型进行实时的学习和更新。

针对身份识别后的两种结果，下面分别采取两种策略更新运动目标的模型。

对于第一种结果，即运动目标是新进入的目标，当该目标出现在摄像机视域的进出口位置时，利用单摄像机下的目标跟踪算法在连续的视频图像中提取出 m 帧目标图像块，建立目标模型，记为 $M=\{I_1, I_2, \cdots, I_m\}$，其中 $I_i(i=1, 2, \cdots, m)$ 表示运动目标的图像块，m 表示图像块的总数，然后把该模型加入该摄像机维护的目标池中。

对于第二种结果，当新运动目标与候选目标匹配成功时，即该目标已经建立好了目标模型，就利用新跟踪到的图像块更新目标模型。假定跟踪到新目标的图像块记作 b，把该目标的模型记作 $M=\{I_1, I_2, \cdots, I_m\}$，首先判断目标模型的图像块数是否到达上限，若没有到达上限，则直接将新图块 b 加入目标模型 M 中，更新后的目标模型为 $M=\{I_1, I_2, \cdots, I_m, b\}$；若目标模型内图像块的数目已经到达上限，则逐个计算新目标图像块 b 与目标模型 M 内每一个图像块的相似度 $S(b, I_i)$，确定出相似度最小的图像块 I^*。I^* 可表示为

$$I^* = \{I \mid S(b, M) = \min_{I_i \in M} S(b, I_i)\} \tag{6.5}$$

然后使用新图像块 b 替换对应目标模型 M 中相似度最小的图像块 I^*，完成目标模型的更新。随着目标在不同摄像机下的转移，目标模型中的图像块会包含越来越多的摄像机下的目标表观特征，可以克服目标在不同摄像机视域内由于姿势、遮挡等问题带来的表观差异。

6.4.4 实验与分析

为了对基于拓扑关系和表观模型相融合的目标关联方法进行实验，我们使用 3 个摄像机在教学楼内的不同位置另外拍摄了 3 段视频作为实验数据。3 段视频是在同一时刻拍摄的，时长为 40 分钟。不同摄像机中的场景如图 6.17 所示，摄像机 C_1 位于楼道的入口处，可以看到画面中的光线较暗，且光照不均匀；摄像机 C_2 位于楼道的中间位置；摄像机 C_3 位于实验室内部，背景较为复杂，行人较多。摄像机 C_2 和摄像机 C_3 中的光线条件良好。

(a) 摄像机C_1　　(b) 摄像机C_2　　(c) 摄像机C_3

图 6.17　不同摄像机中的场景图

基于拓扑关系和表观模型相融合的目标关联方法，利用基于高斯和互相关函数的拓扑估计方法学习多摄像机网络的拓扑关系，如图 6.18 所示。其中画面中点 1～6 表示拓扑关系的结点位置，白色连线表示一个摄像机视域内的结点之间具有物理连接，黑色连线表示不同摄像机中的结点之间存在物理连接，箭头方向表示从一个结点到另一个结点的方向。每条连接通路上的高斯分布为该连接上的转移时间概率分布函数。

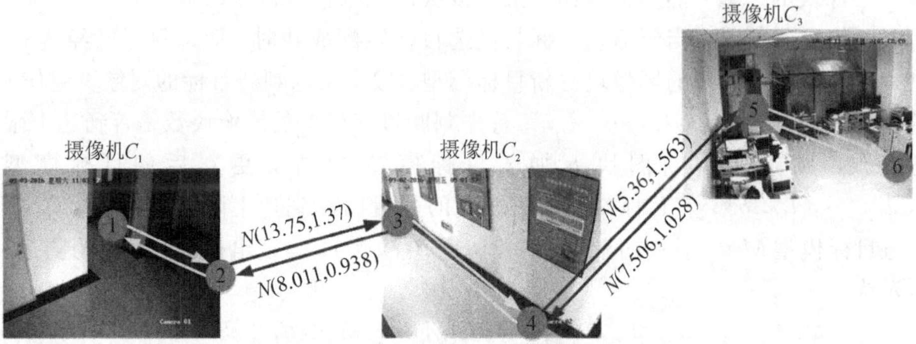

图 6.18　多摄像机网络的拓扑关系

在摄像机 C_2 的结点 N_4 处，38 分 19 秒时出现一个新目标 O，如图 6.19 所示。在多摄像机间的网络拓扑关系中寻找与结点 N_4 相连的结点，发现只有结点 N_5 与结点 N_4 相连。从摄像机 C_3 的结点 N_5 处消失的所有运动目标共有 10 个，如图 6.20 所示。

图 6.19　摄像机 C_2 中的目标 O

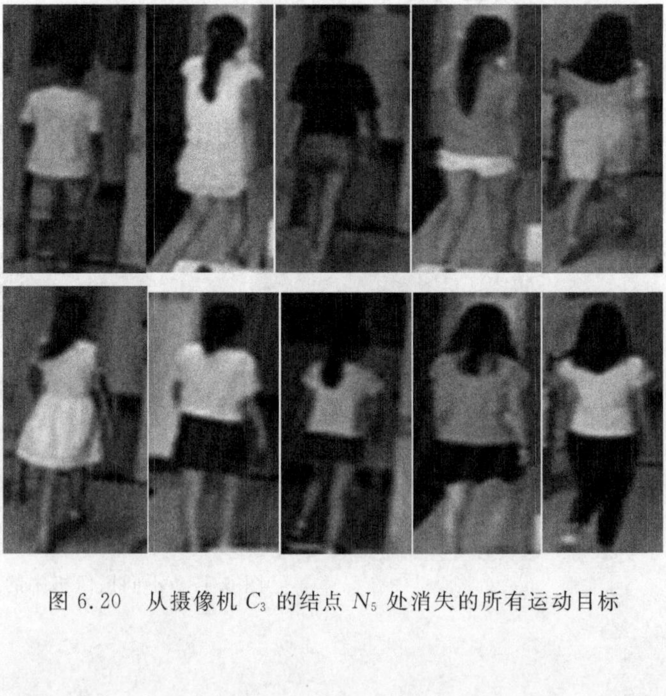

图 6.20　从摄像机 C_3 的结点 N_5 处消失的所有运动目标

利用多摄像机间的拓扑关系为目标 O 提供候选目标集。根据拓扑关系可知，结点 N_5 到结点 N_4 的转移时间概率函数为 $N(7.506,\ 1.028)$。由摄像机结点 N_5 到结点 N_4 之间的转移时间关系可知，在 $t-T_{54}+3\sigma_{54}$ 时间内离开结点 N_5 的目标有可能出现在结点 N_4 中，所以只需要统计 33 分 49 秒之前从摄像机 C_3 的结点 N_5 处离开的运动目标，并将其作为候选目标集。如图 6.21 所示为候选目标集，一共有 4 人，相比于在摄像机 C_3 结点 N_5 处消失的所有运动目标来说减少了 6 人。

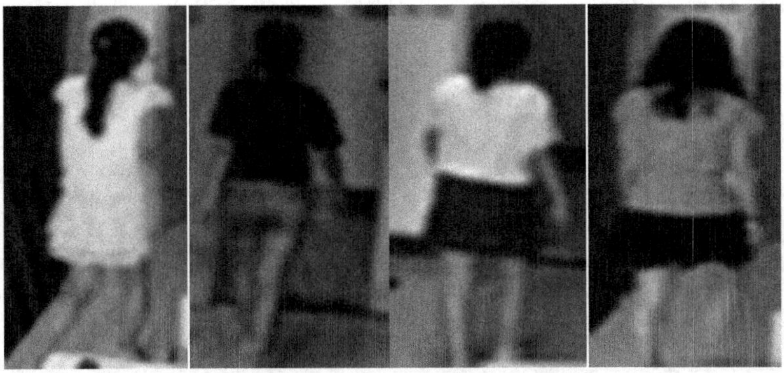

图 6.21　候选目标集

然后使用 CCCT 模型对目标 O 进行颜色属性转换，将目标图像从摄像机 C_2 视域内转换到摄像机 C_3 视域内，以减少不同视域内光线的影响，再提取出目标特征，将目标 O 与候选目标集进行逐个匹配，计算目标之间的欧氏距离，结果如表 6.2 所示。

表 6.2　目标 O 与候选目标集的匹配结果

候选目标集 / 新目标	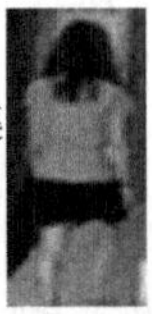 目标 O_1	 目标 O_2	 目标 O_3	 目标 O_4
 目标 O	0.79931	0.791117	0.828426	0.738373

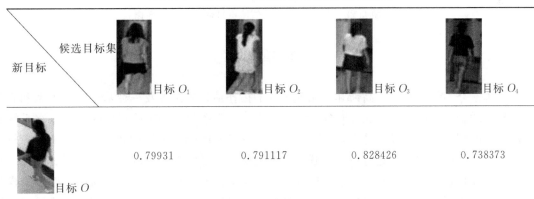

从表 6.2 中可知，目标 O 与目标 O_4 的欧氏距离最短，所以目标 O 与目标 O_4 属于同一目标。然后为目标 O 标识新的身份，继续用单摄像机下的基于 Kalman 滤波的 TLD 目标跟踪

方法对目标进行定位。该方法简化了多摄像机间轨迹关联的计算量，提高了大范围非重叠视域内目标连续跟踪的准确度。同时，我们对本次实验进行了可视化实现，图 6.22 所示是为非重叠视域多摄像机目标跟踪系统开发的软件界面，跟踪系统开发的软件平台是 Opencv 2.4.9 和 Microsoft Visual Studio 2010。系统中共有 3 个摄像机的监控画面，界面的上方实时显示了 3 段视频画面，每个画面中的白色方框表示目标的位置区域，界面的下方显示已经跟踪到的目标的截图。该软件同时实现了 3 个单独摄像机下的目标跟踪，并进行了 3 个摄像机下的目标连续跟踪。由于开发时间有限，目前该系统还需要进一步完善和优化。

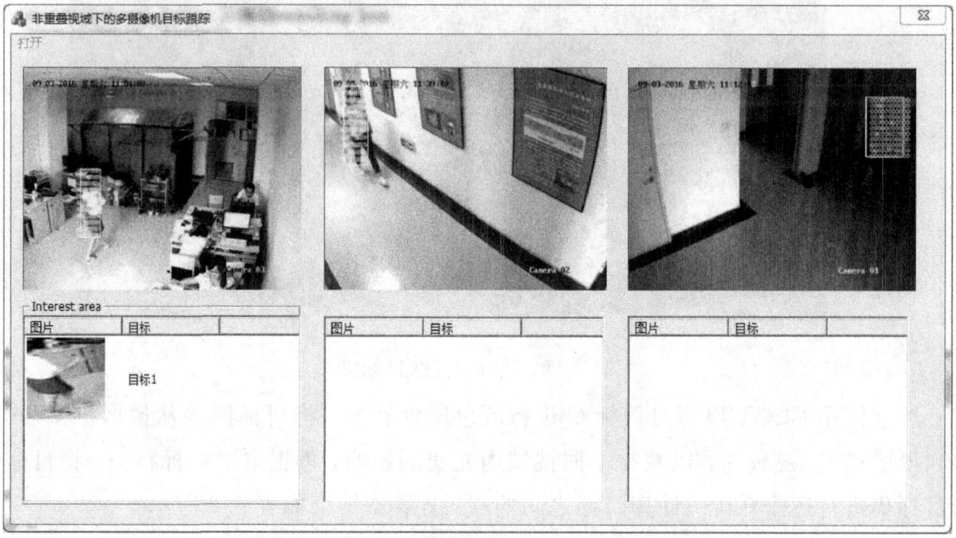

图 6.22　非重叠视域多摄像机目标跟踪系统界面

本章小结

本章介绍了一种基于高斯和互相关函数的拓扑估计方法以及一种基于拓扑关系和表观模型相融合的目标关联方法。把多摄像机间的拓扑关系和在非重叠视域的目标跟踪系统中的目标匹配结果进行综合处理，可用于解决摄像机间的轨迹关联问题。在对一个摄像机视域中新出现的运动目标进行轨迹关联之前，先利用多摄像机间的网络拓扑关系过滤掉不相关的运动目标，确定出进行目标匹配的候选目标集；然后使用基于累积颜色属性转换模型的方法对不同视域内的图像进行处理，缩小不同视域内同一个目标的差异；最后提取目标的表观特征，采用基于序列的目标匹配策略进行目标匹配，进而可实现运动目标在多摄像机网络中的连续跟踪。

参考文献

[1] 陈佳迎. 非重叠视域多摄像机目标跟踪方法研究[D]. 西安：西安科技大学，2017.

[2] LI Z L，CUI L L，XIE A L. Target tracking algorithm based on particle filter and mean shift under occlusion[C]. The 2015 IEEE International Conference on Signal Processing，Communications and Computing (ICSPCC 2015)，2015：1-4.

[3] 黄凯奇，陈晓棠，康运锋，等. 智能视频监控技术综述[J]. 计算机学报，2015，38(6)：1093-1118.

[4] 陈海涛. 智能视频的目标检测与目标跟踪算法研究[D]. 成都：电子科技大学，2015.

[5] LI Z L，XI Y. Research on artificial target image matching[C]. Proceedings of 2009 International Conference on Environmental Science and Information Application Technology，2009，2：526-529.

[6] ZOU X，BHANU B，ROY-CHOWDHURY A. Continuous learning of a multilayered network topology in a video camera network[J]. Journal on Image and Video Processing，2009(1)：5-16.

[7] LI Z L，HAN Z. Research and development of vision measurement system with marked targets[C]. 2013 2nd International Conference on Measurement，Instrumentation and Automation，2013：2003-2007.

[8] 谢爱玲. 井下运动目标跟踪及预警方法研究[D]. 西安：西安科技大学，2015.

[9] ZHENG W S，GONG S，XIANG T. Person re-identification by probabilistic relative distance comparison[C]. 2011 IEEE Conference on Computer Vision and Pattern Recognition (CVPR)，2011：649-656.

[10] DIKMEN M，AKBAS E，HUANG T S，et al. Pedestrian recognition with a learned metric[M]. Computer Vision-ACCV 2010. Springer Berlin Heidelberg，2010：501-512.

[11] 任荣. 非重叠域多摄像机目标检测与跟踪算法研究[D]. 徐州：中国矿业大学，2016.

[12] LI Z L，XIE A L. Research on target tracking and early-warning for the safety of coal mine production[J]. Applied Mechanics and Materials，2014：925-929.

[13] 陆磊. 无重叠视域多摄像机目标跟踪若干问题研究[D]. 合肥：合肥工业大学，2015.

[14] CAI Y，HUANG K，TAN T，et al. Recovering the topology of multiple cameras by finding continuous paths in a trellis[C]. 2010 20th International Conference on Pattern Recognition (ICPR)，2010：3541-3544.

[15] NIU C，GRIMSON E. Recovering non-overlapping network topology using far-field vehicle tracking data[C]. 2006 18th International Conference on Pattern Recognition，2006，4：944-949.

[16] 董文会. 多摄像机监控网络中的目标连续跟踪方法研究[D]. 济南：山东大学，2015.

[17] 黎万义，王鹏，乔红. 引入视觉注意机制的目标跟踪方法综述[J]. 自动化学报，2014，40(4)：561-576.

[18] 李占利，赵文博. 基于视觉计算的胶带运输机跑偏监测[J]. 煤矿安全，2014，45(5)：118-121.

[19] LI X L，DONG W H，CHANG F L，et al. Topology learning of non-overlapping multi-camera

Network[J]. International Journal of Signal Processing, Image Processing and Pattern Recognition, 2015, 8(11): 243-254.

[20] NAM Y, RYU J, CHOI Y J, et al. Learning spatio-temporal topology of a multi-camera network by tracking multiple people [C]. Proceedings of World Academy of Science, Engineering and Technology, 2007, 24: 175-180.

[21] JAVED O, RASHEED Z, SHAFIQUE K, et al. Tracking across multiple cameras with disjoint views[C]. Ninth IEEE International Conference on Computer Vision, 2003: 952-957.

[22] JAVED O, SHAFIQUE K, SHAH M. Modeling inter-camera space-time and appearance relationships for tracking across nonoverlapping views [J]. Computer Vision & Image Understanding, 2008, 109(2): 146-162.

[23] 张莉. 无重叠视域多摄像机目标跟踪[D]. 合肥：合肥工业大学，2011.

[24] 张诚，马华东，傅慧源，等. 基于时空关联图模型的视频监控目标跟踪[J]. 北京航空航天大学学报，2015，41(4)：713-720.

[25] MAKRIS D, ELLIS T, BLACK J. Bridging the gaps between cameras[C]. Proceedings of the 2004 IEEE Computer Society Conference on Computer Vision and Pattern Recognition, 2004, 2: 205-210.

[26] CHEN X, HUANG K, TAN T. Object tracking across non-overlapping views by learning inter-camera transfer models[J]. Pattern Recognition, 2014, 47(3): 1126-1137.

[27] JIN Z, BHANU B. Multi-camera pedestrian tracking using group structure[C]. Proceedings of the International Conference on Distributed Smart Cameras, ACM, 2014: 1-6.

[28] RIOS-CABRERA R, TUYTELAARS T, GOOL L V. Efficient multi-camera vehicle detection, tracking, and identification in a tunnel surveillance application [J]. Computer Vision & Image Understanding, 2012, 116(6): 742-753.

[29] 陈晓棠. 非重叠场景下的跨摄像机目标跟踪研究[D]. 北京：中国科学院大学，2013.

[30] 翟旭. 智能视频监控中目标检测跟踪技术的研究[D]. 北京：北京邮电大学，2013.

[31] ALAHI A, VANDERGHEYNST P, BIERLAIRE M, et al. Cascade of descriptors to detect and track objects across any network of cameras[J]. Computer Vision & Image Understanding, 2010, 114(6): 624-640.

[32] CHEN X, HUANG K, TAN T. Object tracking across non-overlapping cameras using adaptive models[C]. Computer Vision-ACCV 2012 Workshops, Springer Berlin Heidelberg, 2012: 464-477.

[33] YI D, LEI Z, LI S Z. Deep metric learning for practical person re-identification[J]. Computer Science, 2014, 11(4): 34-39.

[34] CHEN X, AN L, BHANU B. Multi-target tracking in non-overlapping cameras using a reference set [J]. IEEE Sensors Journal, 2015, 15(5): 2692-2704.

[35] 孙健飞. 基于非重叠区域的多摄像机目标跟踪技术研究[D]. 南京：南京邮电大学，2012.

[36] CHEN X, AN L, BHANU B. Reference set based appearance model for tracking across non-overlapping cameras [C]. 2013 Seventh International Conference on Distributed Smart Cameras

(ICDSC), 2013: 1-6.
[37] LIU H, MA B, QIN L, et al. Set-label modeling and deep metric learning on person re-identification [J]. Neurocomputing, 2015, 151(3): 1283-1292.
[38] 李刚. 基于多摄像头无重叠区域的运动目标跟踪[D]. 西安: 西安理工大学, 2009.
[39] KUMAR P, DOGANÇAY K. Analysis of brightness transfer function for matching targets across networked cameras[C]. 2011 International Conference on Digital Image Computing Techniques and Applications (DICTA), 2011: 250-255.
[40] JAVED O, SHAFIQUE K, SHAH M. Appearance modeling for tracking in multiple non-overlapping cameras[C]. 2005 IEEE Computer Society Conference on Computer Vision and Pattern Recognition, 2005, 2: 26-33.
[41] 王涛. 非重叠视域多摄像机目标匹配算法研究[D]. 合肥: 合肥工业大学, 2012.
[42] ILYAS A, SCUTURICI M, MIGUET S. Inter-camera color calibration for object re-identification and tracking [C]. 2010 International Conference of Soft Computing and Pattern Recognition (SoCPaR), 2011: 188-193.
[43] 潘邈. 多摄像机下运动目标跟踪关联的关键技术研究[D]. 成都: 电子科技大学, 2015.
[44] LIAN G, LAI J, ZHENG W S. Spatial-temporal consistent labeling of tracked pedestrians across non-overlapping camera views[J]. Pattern Recognition, 2011, 44(5): 1121-1136.
[45] 刘少华, 赖世铭, 张茂军. 基于最小费用流模型的无重叠视域多摄像机目标关联算法[J]. 自动化学报, 2010(10): 1484-1489.
[46] HU T, MESSELODI S, LANZ O. Wide-area multi-camera multi-object tracking with dynamic task decomposition[C]. Proceedings of the International Conference on Distributed Smart Cameras, ACM, 2014: 1-7.
[47] 尹红娟, 栾帅. 三帧差分运动目标检测算法分析与验证[J]. 计算机与数字工程, 2017, 1(45): 69-87.
[48] 肖军, 朱世鹏, 黄杭, 等. 基于光流法的运动目标检测与跟踪算法[J]. 东北大学学报 (自然科学版), 2016, 37(6): 770-774.
[49] MAZZEO P L, GIOVE L, MORAMARCO G M, et al. HSV and RGB color histograms comparing for objects tracking among non overlapping FOVs using CBTF[C]. 2011 8th IEEE International Conference on Advanced Video and Signal-Based Surveillance (AVSS), 2011: 498-503.
[50] 尹宏鹏, 陈波, 柴毅, 等. 基于视觉的目标检测与跟踪综述[J]. Acta Automatica Sinica, 2016, 42 (10): 1466-1489.
[51] 汪兰. 基于稀疏表示和压缩感知的目标检测与跟踪研究[D]. 厦门: 厦门大学, 2014.
[52] 王震宇, 张可黛, 吴毅, 等. 基于 SVM 和 AdaBoost 的红外目标跟踪[J]. 中国图象图形学报, 2007, 12(11): 2052-2057.
[53] RUDERMAN D L. Statistics of cone responses to natural images: Implications for visual coding[J]. Journal of Optical Society of America, 1998, 15(8): 2036-2045.

[54] GRAY D, BRENNAN S, TAO H. Evaluating appearance models for recognition, reacquisition, and tracking[C]. Proceedings of IEEE International Workshop on Performance Evaluation for Tracking and Surveillance (PETS), Citeseer, 2007, 3(5): 1-7.

[55] 周天凤. 无重叠视域多摄像机目标关联研究[D]. 合肥：合肥工业大学，2014.

[56] CHILGUNDE A, KUMAR P, RANGANATH S, et al. Multi-camera target tracking in blind regions of cameras with non-overlapping fields of view[C]. Proceedings of British Machine Vision Conference, 2004: 397-406.

[57] LI Z L, LIU M. Research on decoding method of coded targets in close range photogrammetry[J]. Journal of Computational Information Systems, 2010, 6(8): 2699-2705.

第二部分　步态识别

第7章 视频中步态身份识别技术

步态识别是智能视频分析中一个非常重要的研究领域，是一种新兴的生物特征识别技术，旨在通过人们走路的姿态进行身份识别。作为一种新的具有潜力的生物特征，步态所具有的远距离、不易隐藏、方便获取以及对视频图像质量要求不高等优势，使得基于步态特征的人物身份识别受到了研究人员越来越多的关注。

本章首先对步态识别过程的框架进行介绍，然后对当前步态识别中运动目标的分割、步态特征的提取、分类器的设计等作详细介绍，再对步态识别技术的影响因素及识别性能作简要分析，最后对目前实验常用的步态数据库进行介绍。我们还将在后续的章节中对视频中步态身份识别研究的具体方法和创新性成果进行详细介绍。

7.1 步态识别方法流程

一个步态识别过程主要包括运动目标检测(轮廓分割)、步态特征提取和目标识别三个部分。首先，从摄像头获得人行走时的视频图像序列，采用目标检测方法将人体的轮廓图像从视频图像中分割出来；然后采用特征描述方法对人体的步态特征进行刻画；最后通过分类器实现目标的分类，从而确定目标的身份。如图 7.1 所示为基本的步态识别方法的流程。

在步态识别过程中，首先是对步态视频的采集，该过程通常是指由监控设备(如摄像机)进行步态视频的拍摄，但由于目前步态识别仍然处于理论研究阶段，因此视频的采集大多数是在实验室环境中进行的，这也导致了步态视频场景较单一，目标量较少。其次，在获取到步态视频后，我们需将其转化为一帧帧的步态图像，后面对步态的处理都是在单张图像中进行的；在获得分离的步态图像后，就要对图像中的目标进行提取，将其轮廓分割出来，得到只含有目标部分的简单图像，通常该步骤就是将图像转化为二值图像，再采用去噪、滤波、连通区域分析等方法来获得完整的步态轮廓图像；在提取了完整的步态轮廓图像后，便是对图像中的步态特征进行描述，由于步态特征描述的准确与否会直接影响后面步态识别的效果，所以该部分是进行步态识别的关键步骤之一。最后，在得到表征人体步态的特征后，采用分类算法完成步态特征的分类，进而确定目标的类别。

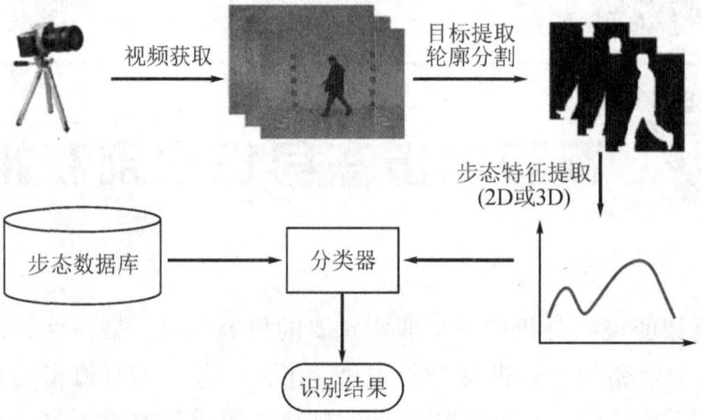

图 7.1 步态识别方法的流程

7.1.1 步态识别预处理

在进行步态特征提取和目标识别之前，需要进行一些预处理操作，如步态目标运动区域检测、周期检测、图像标准化等。

1. 步态目标运动区域检测

步态目标运动区域检测的目的是从序列图像中将变化区域从背景图像中提取出来。为了实现这一目的，我们引入一个新的概念：运动分割。运动分割是指在序列特征(如步态)的多种运动中，标记出与每一独立运动相关联的像素，并对这些像素按照各自所属的媒体对象进行聚类，其主要目的是从静止背景之中提取出作为前景的运动目标。运动分割可以分为静止背景下和运动背景下运动目标的检测和提取。现有的运动分割算法大体可分为如下三类：

1) 帧间差分法

帧间差分法是一种通过对视频图像序列中相邻两帧作差分运算来获得运动目标轮廓的方法，它适用于存在多个运动目标和摄像机移动的情况。在监控场景中出现异常物体运动时，帧与帧之间会出现较为明显的差别，此时，两帧作差可得到两帧图像亮度差的绝对值，再根据两帧图像亮度差的绝对值判断它是否大于阈值，以进一步分析视频或图像序列的运动特性，确定图像序列中有无物体运动。差分法是最为常用的运动目标检测和分割方法之一，如时域差分方法是指在连续图像序列中的两个或三个相邻帧间，采用基于像素的帧间差分并进行阈值化，来提取出图像中的运动区域。此类方法的优点是速度快，鲁棒性好，适用于实时性要求较高的应用环境，缺点是算法对环境噪声较为敏感，并且无法保证基于差分法的运动目标分割精度。

2) 背景减除法

除差分法外，背景减除法为在静止或缓慢变化的背景下对运动目标进行检测和分割提供了另一条思路。背景减除法是对一段时间的背景进行统计，计算其统计数据(计算的方法包括平均值、平均差分、标准差、均值漂移值等)，再将统计数据作为背景。这类方法的优点在于能够提供较完全的特征数据，对于复杂背景情况下的目标提取效果较好，但是对于动态场景的变化(如光照和外来无关事件的干扰等)特别敏感。

3) 基于运动场估计的方法

基于运动场估计的方法是通过视频序列的时空相关性分析估计运动场，建立相邻帧的对应关系，进而利用目标与背景的表观和运动模式的不同进行运动目标的检测与分割。与差分法相比，运动场分析能够较好地处理动态背景的情况，适用范围更广，缺点在于其计算的时空复杂度过高。

此处以算法简单且计算较快的背景减除法为例，介绍步态目标运动区域的检测，以使算法的性能得到更好的体现。

图 7.2 为中科院自动化所提供的步态数据 Dataset B 数据库中的步态图像，包括正常条件、携带背包和穿大衣三种状态下的人体运动图像。从这些步态序列图像中可知，该数据库中的背景都很简单，并且其他因素如环境、灯光等无明显变化。

(a) 正常　(b) 携带背包　(c) 穿大衣

图 7.2　Dataset B 数据库中的图像

背景减除法首先要获得背景图像，对连续 n 帧不含运动目标的视频序列图像求平均，将得到的均值图像作为背景图像，然后将视频序列中的图像与得到的背景图像作差，最后根据阈值判定差分图像中的像素点是背景还是运动目标。背景减除法的原理如图 7.3 所示。

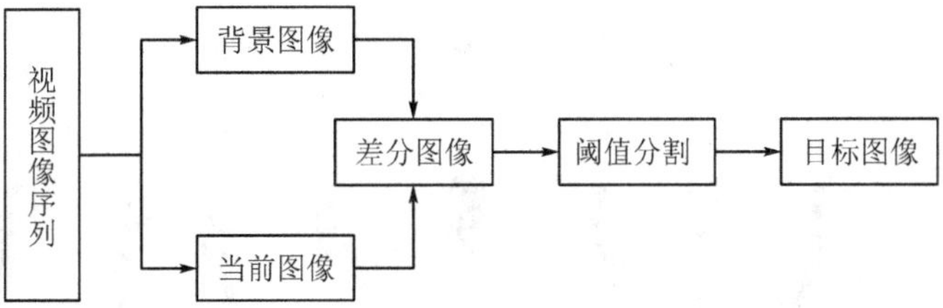

图 7.3　背景减除法原理图

假设背景图像为 $B(x, y)$，某一时刻的步态图像为 $I_i(x, y)$，差分图像为 $Y_i(x, y)$，则可用下式表示：

$$Y_i(x, y)=\begin{cases}255 & I_i(x, y)-B(x, y)>T \\ 0 & I_i(x, y)-B(x, y)\leqslant T\end{cases} \tag{7.1}$$

其中，T 为设定的阈值。当差分图像的像素值大于阈值 T 时，即将其看作是运动目标区域，并将该像素点的灰度值赋为 255(白色)；反之，则看作是背景区域，像素点的灰度值为 0(黑色)。

经过背景减除法得到的步态目标图像可能还含有小空洞和噪声，为了不影响后续的特征提取及分类识别的效果，可采用形态学方法中的腐蚀和膨胀来进一步消除背景区域的小噪声，填充二值轮廓图像上的小空洞。但经过上述处理后，有些孤立的噪声点可能仍无法消除，且人体轮廓图像不够光滑，会呈现锯齿状边缘。对此，我们通常用中值滤波对图像进行平滑，然后采用标记连通区域的方法提取人体轮廓，最终获得的步态图像如图 7.4 所示。

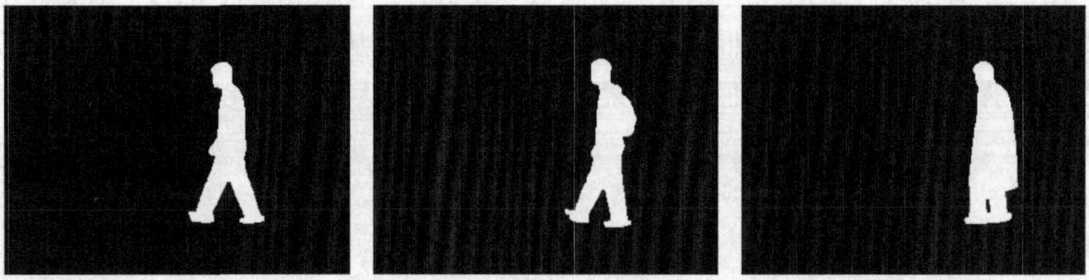

(a) 正常　　(b) 携带背包　　(c) 穿大衣

图 7.4　步态目标图像

2. 周期检测

在检测完步态目标运动区域后，需要进行周期检测。步态周期是指同一只脚相邻两次接触地面所经历的时间，即通常所说的行走的两步。与指纹、人脸等其他生物特征不同，步态是一个周期性的运动，仅用一幅图像并不能提取到其动态变化信息。在一个步态序列图像中通常有多个步态周期，但一个完整的步态周期就能够满足研究需求，即能从一个步态周期中提取到完整的步态信息。图 7.5 显示了人体步态的周期特性。

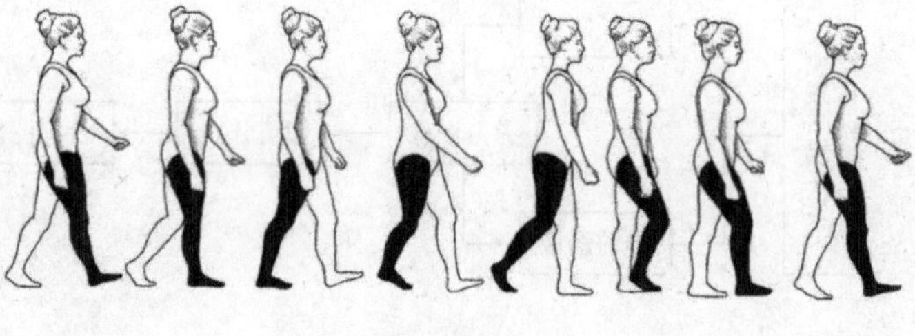

图 7.5　一个完整的步态周期

Culer 等人认为在运动过程中，人体轮廓的自相似性是具有周期性的，并采用时频分析法来检测和表征。对于动物以及其他具有周期性运动特点的物体，该理论都同样适用，但不足之处是这种方法计算量非常大。Abdelkader 等人通过二值轮廓图边界盒宽度的时间序列自相关性计算步态周期，并给出了侧面及非侧面两种不同视角下的步态周期计算方法，通过计算人体运动时的最大宽度变化来检测步态周期。

计算步态轮廓宽度的具体过程为：对图像逐行从左到右进行扫描，将扫描遇到的第一个白点与最后一个白点间的坐标差值作为宽度，然后将各行中最大的宽度作为该轮廓图像中人体区域的宽度值。由于人在行走过程中，人体轮廓区域会随着手臂、大腿的前后运动而产生周期性的变化，因此，图像序列中轮廓的宽度信息可以反映步态周期。

提取步态周期的具体过程为：首先判断序列中每个轮廓图像的宽度值是否大于相邻两个的值，若大于，则该宽度值所对应的图像就是图像序列中双腿分开最大时的步态图像；如果宽度值小于相邻两个的值，则对应的图像为双腿重叠时的步态图像。然后根据相邻偶数极大值(或相邻奇数极大值)来确定步态周期。

根据上述方法得到的某个对象的步态图像序列轮廓宽度变化曲线如图 7.6 所示，其中，横坐标为步态图像序列中的图像帧号，纵坐标为图像序列中人体步态轮廓宽度。图中的波峰点所对应的步态图像表示此刻轮廓的宽度与前后时刻相比达到最大，即此时人体双腿迈开的距离最远；而图中的波谷点所对应的步态图像表示此刻轮廓的宽度与前后时刻相比达到最小，即此时人体双腿之间的距离最近。从图 7.6 可以看出，步态轮廓的宽度具有明显的周期性，也就是说，可以据此来提取步态周期序列图像。

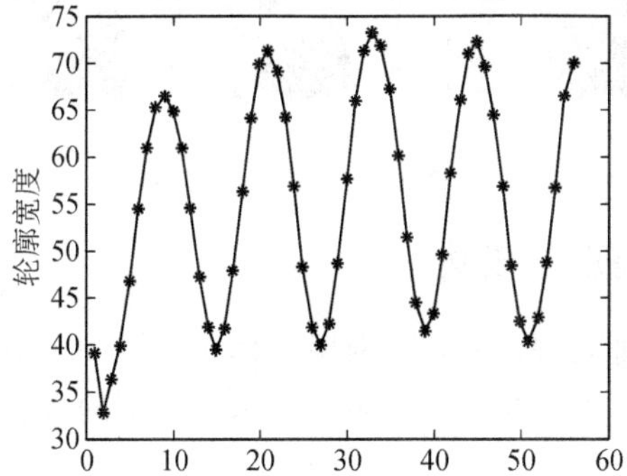

图 7.6　图像序列中轮廓宽度变化曲线

3. 图像标准化

由于摄像机位置固定，因此人在行走过程中与摄像机之间的距离会随着时间的变化而变化。提取步态能量特征的前提就是要对人体轮廓图像进行标准化处理。下面给出人体轮廓标准化的具体算法过程：

(1) 按从左到右、从上到下的顺序遍历预处理后的轮廓图像，得到人体轮廓的四个边界坐标 $x_{\min}$、$x_{\max}$、$y_{\min}$、$y_{\max}$。

(2) 提取$(x_{\min}, y_{\min})$、$(x_{\min}, y_{\max})$、$(x_{\max}, y_{\min})$、$(x_{\max}, y_{\max})$四个点组成的最小矩形框内的目标轮廓图像 $I(x, y)$。

(3) 将目标轮廓图像 $I(x, y)$中的每一像素点(x, y)缩放为$(128, 128y/x)$，计算轮廓质心横坐标 x_c：

$$x_c = \frac{1}{N}\sum_{i=1}^{N} x_i \tag{7.2}$$

(4) 创建 128×100 大小的模板，将缩放后的目标轮廓图像 $I(x, y)$的质心横坐标与模板的质心横坐标对齐，保存为标准化图像 $B(x, y)$。

图像标准化的结果如图 7.7 所示。

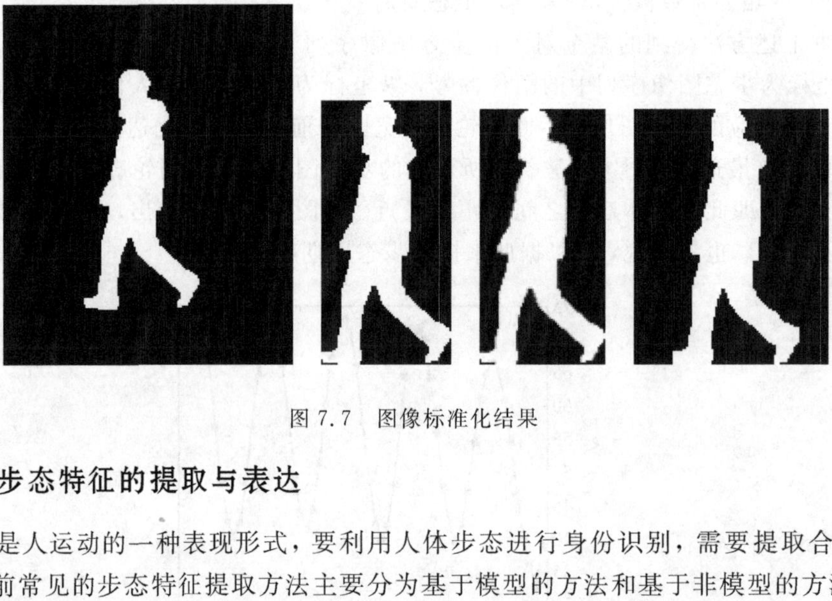

图 7.7　图像标准化结果

7.1.2　步态特征的提取与表达

步态是人运动的一种表现形式，要利用人体步态进行身份识别，需要提取合适的步态特征。目前常见的步态特征提取方法主要分为基于模型的方法和基于非模型的方法两类。

1. 基于模型的方法

基于模型的方法是通过对人体结构建立相关的数学模型(可以是二维或三维的结构模型或运动模型)，从模型中获得一组参数并对它们之间的定量逻辑关系进行表示，以此来识别步态特征。

不少学者对基于模型的方法进行了研究探讨，并取得了一定的成果。Cundado 等人提出基于周期摆动的钟摆模型来对人体的大腿进行建模，如图 7.8 所示。该方法先取得大腿与小腿之间的夹角，然后对其进行傅里叶变换，将变换后的系数看作特征。这种方法取得了良好的实验效果，但是对有遮挡和噪声的情况较为敏感。

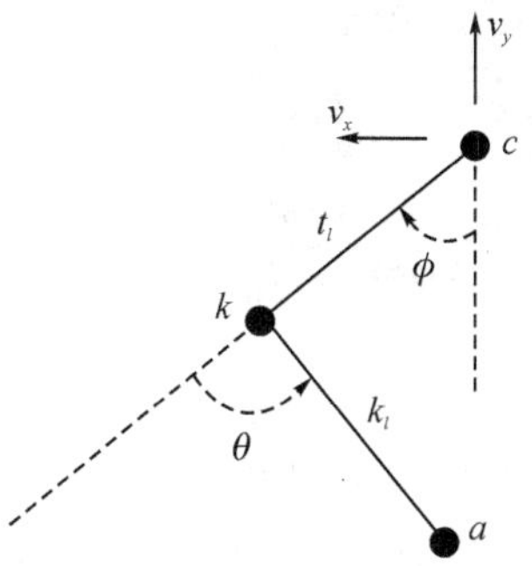

图 7.8　腿部钟摆模型

YAM 等人对 Cundado 的钟摆模型进行了改进并加以扩展，采用耦合的钟摆模型来刻画大腿与脚踝的旋转运动，先分别对其进行傅里叶变换，然后再经过相位加权得到步态特征，该方法在实验中取得了较好的结果。

Bobick 等人构建了一种几何拼接模型，如图 7.9 所示。他们先将人体的静态特征(身高、躯干高度、腿长等)和人体在行走时所迈步幅的大小进行恢复，然后将这些数据进行组合得到两组人体步态特征，其中一组是由测量值组成的特征，另一组是由身高和腿长组合成的。

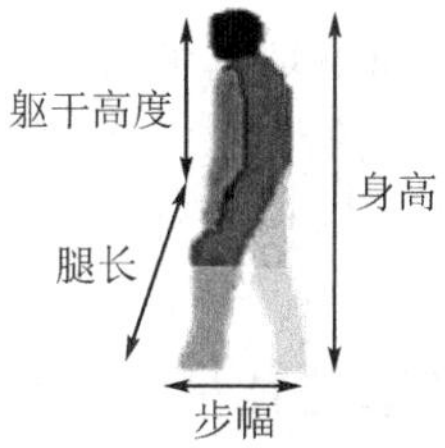

图 7.9　人体几何拼接模型

LEE 等人用 7 个椭圆区域来对人体进行表征，如图 7.10 所示。先提取出每个椭圆区域的质心点的横纵坐标、椭圆长短轴的比值、椭圆长轴的方向，然后用这 7 个椭圆区域的特征组合来描述整个人体的步态特征。这种方法在人体定位不准确时会受到严重影响，而且从每帧图像中提取出人体运动的结构模型也是相对困难的。

Wagg 等人在提取步态模型特征时采用结构模型和运动模型相结合的方法，这种方法虽然能更好地刻画步态特征，但是复杂度较高，数据处理速度较慢。为了降低模型的复杂度，加快数据处理的速度，需要以降低精度作为代价。

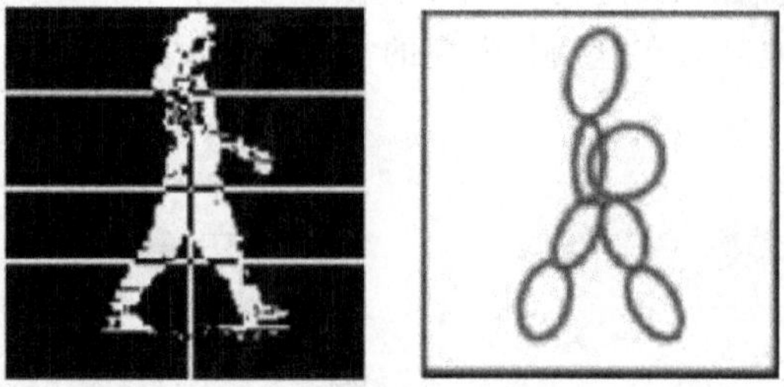

图 7.10　人体椭圆模型

胡荣等人提出了一种在骨架模型基础上完成步态识别的方法，他们采用距离变换的方法来获取人体的骨架，即先在一个步态周期内计算主骨架上每个点对人体重心的水平偏移量，然后对偏移量完成傅里叶变换，用级数中的低频部分来表征人体骨架序列的形状和运动特征。

从前人取得的成果中可以看出，基于模型的步态识别方法的优势在于，它可以使人体自遮挡和受噪声干扰的问题在一定程度上得到有效解决。然而，要实现人体的准确定位和跟踪是一项非常困难的任务，而且其运算复杂度也相当高。

2. 基于非模型的方法

与基于模型的步态识别方法不同，基于非模型的步态识别方法不用对人体建立各种模型，而是利用人体轮廓图像的区域或统计结果来刻画步态特征。在这种方法中，每个对象都拥有各自独有的特征，识别时可以使用一个行走周期的总结果，也可以逐帧进行比较。但这种方法也存在一定的不足，例如不是每个时刻的步态图像都是可用的。

对于这一方法，Sundaresan 等人给出了采用隐马尔可夫模型完成步态识别的通用框架。步态特征用二值化后的人体轮廓图像描述，然后再对模型进行训练，最后测量样本特征与模板的距离来完成识别性能的估计。

Han 和 Bhanu 等人提出了采用步态能量图来描述目标的时空特征。由于可能存在训练集中数据不足的问题，因此又在步态能量图的基础上对轮廓的失真进行分析来构造一种鲁棒性良好的合成模板，最后应用主成分分析和多类线性判别分析的方法提取特征。此方法仍存在一定的不足，如在一定程度上忽略了步态序列图像间的时间信息。

赵国英等人提出了小波速度距的步态识别方法，考虑到步态序列的重复性和周期性，此方法对一个序列，只使用一个周期，以运动区域重心为原点，它到步态轮廓包围盒的 4 个顶点的最大长度为 1，运动人体区域用极坐标表示并投影到单位圆盘上，计算 3 次 B 样条速度距特征，将时空信息转换为频率信息，得到频率特征。由于频率特征不会随整个图像的旋转和平移而变化，因此，此方法具有较好的鲁棒性。

贲晛烨等人提出了基于线性插值的矩阵步态识别算法框架，先采用一个加权积分获得周期内的基础图像特征，然后再用 Trace 变换、Hough 变换等衍生出一系列的步态识别方法。

刘志勇等人将步态能量图分成 3 个子图，分别命名为身体相关步态能量图、步态相关步态能量图和身体步态相关步态能量图，其中，身体相关步态能量图和身体步态相关步态能量图采用傅里叶描述子进行表示，步态相关步态能量图用 Gabor 小波表示，以改善步态识别率。

7.1.3 步态特征的分类

步态的识别就是一个模式分类的过程，由于当前的步态识别方法主要集中在验证所选步态特征的有效性上，因此一般采用简单经典的分类方法对步态特征进行分类识别。下面对常用的分类方法进行简单介绍。

1. K 近邻分类

K 近邻(K Nearest Neighbor，KNN)分类法是一种简单有效、使用范围广的分类方法。它将样本的特征作为输入，将样本所属的类作为输出，输出可以是多个类。K 近邻法首先假定所给训练样本所在的类别已知，在分类过程中先计算测试样本与训练样本之间的距离，获取距离从小到大排列的前 K 个样本，然后依据 K 个样本中大部分样本所在的类来判定测试样本所应该属的类。其中，人们常用的度量距离包括欧氏距离、绝对距离和曼哈顿距离等。

图 7.11 所示是一个最近邻分类法的图例，表示的是要对圆形进行分类。如果 $K=3$，图中三角形所占的比重为 2/3，这样由于三角形占的比重大，就将圆形判别到三角形类；若 $K=5$，则正方形比重为 3/5，就将圆形判别到正方形类。

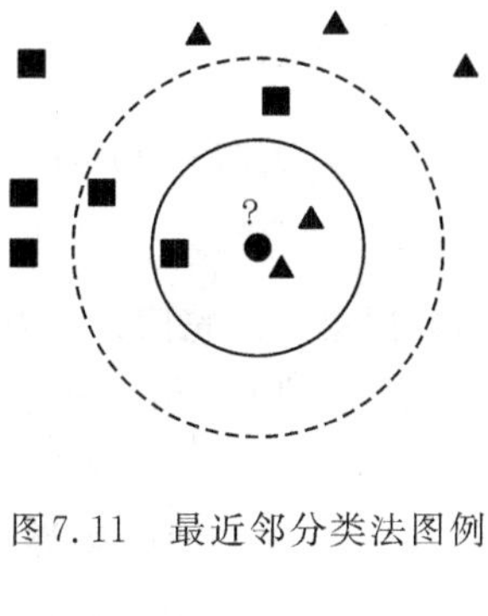

图7.11　最近邻分类法图例

2. 支持向量机分类

支持向量机(Support Vector Machine，SVM)的发展依赖于统计学习理论。它先对训练样本进行学习，找到一个最优的分类面，然后再对测试样本进行分类，该方法能够很好地解决小样本学习问题。支持向量机是通过选择适当的核函数来将原始输入的 n 维空间映射到一个更高维的空间，如 Hilbert 空间，再在新空间寻找具有最大分类间隔的最优线性分类面，在线性可分时，该分类面会将两类测试样本分开，并使分类间隔最大。在引入核的思想后，支持向量机解决了局部最小值解的稀疏性，另外，还通过间隔或与位数无关的支持向量个数来控制容量，从而有效地抑制了过拟合问题。

支持向量机的目标函数为

$$\max \frac{1}{\| \boldsymbol{w} \|}, \quad \text{s.t. } \boldsymbol{y}_i(\boldsymbol{w}^{\mathrm{T}} \boldsymbol{x}_i + \boldsymbol{b}) \geqslant 1,\ i = 1, 2, \cdots, n \tag{7.3}$$

图 7.12 是采用支持向量机对二维空间中的两类样本进行线性分类的情况。图中圆圈和方形分别代表两类样本，H 为分类线，H_1、H_2 分别是两条过各类样本中离分类线最近的样本且与分类线平行的直线，H_1、H_2 之间的距离就称为分类间隔。最优分类线的要求就是分类线不仅能将两类样本无错误地分开，而且要使两类样本的分类空隙最大。当然支持向量机也存在不足，在对多类数据进行分类时是比较困难的，而且当样本数据规模较大时训练时间消耗大。

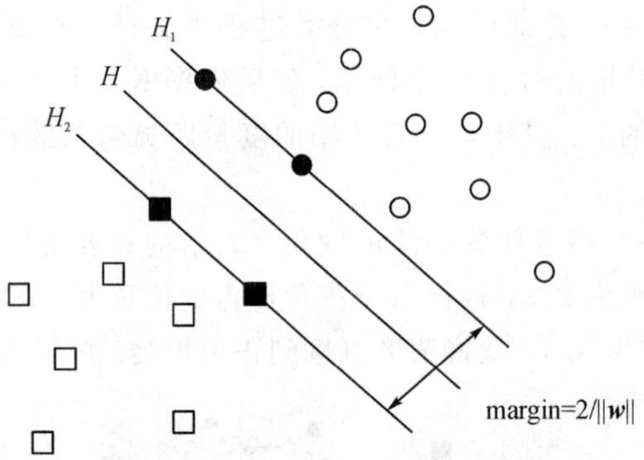

图 7.12　支持向量机用于两类样本的线性分类

3. 贝叶斯分类

贝叶斯分类针对已有的训练数据集，首先假设特征条件相互独立，然后学习输入与输出之间的联合概率分布，在该模型的基础上，给定一个输入样本，再根据贝叶斯定理，得出后验概率达到最大时的输出样本。

假设样本的特征向量 $\boldsymbol{x}=(x_1, x_2, \cdots, x_n)$ 归属类别 i 的概率为

$$p(i|x_1, x_2, \cdots, x_n) = \frac{p(x_1, x_2, \cdots, x_n|i)p(i)}{p(x_1, x_2, \cdots, x_n)} \tag{7.4}$$

式中，$p(x_1, x_2, \cdots, x_n|i)$ 是一个常数，为类别 i 的后验概率，$p(i)$ 为类别 i 的先验概率。

这样 $\boldsymbol{x}=(x_1, x_2, \cdots, x_n)$ 被分到概率最大的类 i 中，表示为

$$i^* = \arg\max p(x_1, x_2, \cdots, x_n | i) \tag{7.5}$$

贝叶斯分类可适用于数据量较大的数据集，而且具有较高的运算速度，但是它无法处理基于特征组合所产生的变化结果。

4. 隐马尔可夫分类

隐马尔可夫模型(Hidden Markov Model，HMM)是一种统计分析模型，用来描述一个含有隐含未知参数的马尔可夫过程，其难点是从可观察的参数中确定该过程的隐含参数。在隐马尔可夫模型中，它的状态不能直接观察到，但能通过观测向量序列观察到。每个观测向量都是通过某些概率密度分布表现为各种状态，且每一个观测向量是由一个具有相应概率密度分布的状态序列产生的。所以，隐马尔可夫模型是一个双重随机过程——具有一定状态数的隐马尔可夫链和显示随机函数集。

隐马尔可夫模型常用 5 个元素来刻画，由 2 个状态集合和 3 个概率矩阵组成，隐马尔可夫需要解决评估问题、解码问题和学习问题，针对这 3 个问题，人们提出了向前向后算法、Vierbi 算法和 Baum - Welch 算法。

5. 稀疏表示分类

稀疏表示分类(Sparse Representation based Classification，SRC)是 John Wright 等人于 2011 年提出的用于人脸识别的算法。稀疏表示是压缩感知理论中的关键技术，数据的稀疏表示可以有效地降低数据处理的成本，提高压缩效率。SRC 算法是通过从原始图像数据中提取部分特征来提高识别效果的。

7.2 影响因素与性能预测

为了对步态识别进行全面的阐述，就需要对其影响因素以及性能预测作进一步的分析。

7.2.1 影响因素

为了提高步态识别的识别率，必须首先分析对其造成影响的各种因素，然后采取相应的措施来克服影响，以达到期望的效果。需要指出的是，根据具体应用环境的区别和特征提取的差异，影响步态识别的因素也不尽相同。下面分析影响步态识别的各种因素。

1. 时间

时间变化一般会造成背景、服饰、鞋帽等的差异，特别是时间跨度比较大时(比如 6 个月)，它所导致的识别率差异也是非常大的。当然，随着年龄的增长，人的步态也会发生一定的变化，但当前的研究主要是针对成年人展开的，且时间跨度一般都在一年内。在基于形状的步态识别中，时间的变化对识别性能的影响远大于其他因素；在基于模型的步态识别中，时间变化导致的轮廓变化对于特征的提取也会造成一定的影响。

2. 服饰

服饰变化对提取的人体轮廓会产生比较大的影响。

3. 行走路面

行走路面造成的影响主要包括小腿以下(特别是脚踝以下)的轮廓提取以及由于特殊路面对人的行走方式产生的影响。例如，在草地上行走时，草丛会对人脚的一部分产生遮挡，这对轮廓提取会造成很大的影响；而在马路上行走时，我们可以清晰地看到人体的各个部分。研究表明，行走路面对识别性能的影响仅次于时间变化的影响。

4. 视角

视角变化会导致提取的人体轮廓产生巨大变化，这对特征的选择和提取都会产生比较大的影响。根据目前的研究，似乎侧面视角的人体轮廓包含了更有价值的信息，特征提取绝大多数也都是基于侧面轮廓的，当然也有与视角无关的特征提取和识别方法。

5. 鞋帽

鞋帽造成的影响主要是指提取的轮廓差异。

6. 背包等携带物

研究表明，随着负重的增加，人的行走速度和步调明显降低，并且步态周期时间逐渐延长。

7. 其他影响因素

其他影响步态识别性能的因素还包括遮挡、地形、伤病、疲劳、行走速度、特定训练(士兵的步态)以及心理变化等。

在众多因素中，当前研究的重点在于时间、服饰、行走路面、视角、鞋帽和背包等携带物造成的影响。步态特征的提取都是以提取的人体轮廓图像为基础的，各种因素对识别性能造成的影响都是通过对人体轮廓图像的影响间接反映出来的，因此在基于形状的步态识别中，人体轮廓图像的变化对识别性能产生的影响比较大；在基于模型的步态识别中，人体轮廓图像的变化对特征的提取和识别性能也会造成一定的影响。

7.2.2 性能预测

在步态识别的众多文献中，很少涉及步态识别总体性能预测的精确阐述。当前步态识别的研究仍处于初期阶段，如果一直对其总体识别性能的评定及预测缺乏理论和实践研究，从长远发展的观点来看，这将会导致研究的盲目性。

目前，Han 和 Bhanu 对步态识别的性能预测进行了阐述。他们利用人体各部分尺度分布的统计知识，假设人体各部分的尺度特征相互独立地服从同样的高斯分布，绘制出了理想情况下识别率随数据库规模、类内尺度特征标准差变化的曲线以及识别率上限随数据库规模、图像分辨率变化的曲线。他们的仿真结果显示识别率随数据库规模的增大而降低，同时图像分辨率和类内尺度特征的标准差也会对识别性能造成很大的影响。通过与实验数据的对比，发现识别性能低于预测的结果，这是由于摄像机校准误差、轮廓图像分割误差、匹配误差、身体自遮挡、识别算法等都会对识别率造成影响。

Sarkar 等人将步态与人脸的性能进行了比对，由于识别性能与数据库规模相关，文中作了测试与比对(FRVT2002——面向识别商家测试)。实验结果显示，对于时间间隔较长的情况，步态性能还有待提升。值得注意的是，文中采用的仅是处于起步阶段的基线算法，而基于人脸的研究已开展了十几年时间。随着性能更加优越的算法的提出与改进，步态识别将与人脸识别一争高下。

7.3 步态数据库

当前在步态识别方面，已存在许多数据库，然而各个数据库都有其各自的优势和特点，国内外研究者常使用的数据库及每种数据库适合的研究场景如表 7.1 所示。

表 7.1 常用的步态数据库

数据库	创建时间	样本数	序列数	场景	影响因素
UCSD 数据库	1998	6	42	墙壁背景	时间
SOTON 小数据库	2002	12	112	室内	衣着
SOTON 大数据库	2002	115	2163	室内、室外	视角、场景
CMU Mobo 数据库	2001	25	600	室内跑步机	视角、速度、携带物品
HID - UMD 数据库	2001	25	100	室外	视角、时间
USF 数据库	2001	122	1870	室外	路面、携带物品、时间
CASIA A 步态数据库	2001	20	240	室外	视角
CASIA B 步态数据库	2005	124	13640	室内	视角、外套、背包
CASIA C 步态数据库	2005	153	1530	室外、红外	背包

本书中大部分的研究工作都是在中科院自动化研究所提供的 CASIA 步态数据库中的数据集上进行的，下面对 CASIA 步态数据库进行详细介绍。

CASIA 步态数据库包含了 3 个数据集：Dataset A(小规模库)，Dataset B(多视角库)和 Dataset C(红外库)。

Dataset A 于 2001 年 12 月建成，包括 20 个对象(样本)，每个对象有 3 个视角(0°，45°，90°)，每个视角包括了 4 个图像序列，每个序列的帧数在 37～127 之间。图 7.13 是 Dataset A 中某一对象在 3 个视角下的步态图像示例。

图 7.13　Dataset A 中某一对象在 3 个视角下的图像示例

Dataset B 是一个大规模多视角的步态数据库，采集于 2005 年 1 月，总共有 124 个对象(样本)，每个对象有 11 个视角(0°，18°，36°，…，180°)，包括 3 种行走条件(普通条件、穿大衣、携带包裹)。图 7.14 是 Dataset B 中某一对象在普通行走情形下 11 个视角的步态图像示例。

图 7.14　Dataset B 中某一对象普通行走的 11 个视角图像示例

Dataset C 是一个用红外热相机在夜间拍摄的大规模数据库，于 2005 年 7～8 月采集完成，总共有 153 个对象(样本)，每个对象有正常行走、快走、慢走、背包走四种情形。图 7.15是 Dataset C 中某一对象在正常行走情形下的步态图像示例。

图 7.15　Dataset C 中某一对象正常行走的图像示例

本章小结

本章主要对步态识别方法进行了概述。首先介绍了步态识别过程的流程及主要的构成部分，然后针对当前已有的主要步态识别方法进行了简单介绍，并根据特征描述和分类方法的不同将其分为两大类，介绍了各种步态特征的提取方法，同时对其进行了简单分析，最后介绍了主要分类算法、影响因素与性能预测以及步态数据库。

参考文献

[1] 杨琪. 人体步态及行为识别技术研究[M]. 辽宁：辽宁科学技术出版社，2014.

[2] 李洪安，杜卓明，李占利，等. 基于双特征匹配层融合的步态识别方法[J]. 图学学报，2019(3)：441-446.

[3] 赵晓东. 基于步态的骨架识别技术的研究[D]. 太原：中北大学，2013.

[4] LI Z L，GAO T，YE O，et al. Human behavior recognition based on regional fusion feature[C]. International Conference on Intelligent Human-Machine Systems & Cybernetics，IEEE Computer Society，2018：370-374.

[5] LI Z L，YUAN P R，YANG F，et al. View-normalized gait recognition based on gait frame difference entropy Image[C]. International Conference on Computational Intelligence and Security，IEEE Computer Society，2017：456-459.

[6] DAVID C，MARK S N，JOHN N，et al. Using gait as a biometric，via phase-weighted magnitude spectral [C]. Proceedings of 1st International on Audio and Video Based Biometric Person Authentication，Spring Verlag，1997：95-102.

[7] 李占利，孙卓，崔磊磊，等. 基于核协同表示的步态识别[J]. 广西大学学报（自然科学版），2017，42(2)：705-711.

[8] YAM C Y，NIXON M S，CARTER J N. Automated person recognition by walking and running via model-based Approaches[J]. Pattern Recognition，2004，37(5)：1057-1072.

[9] AARON F，BOBICK Y，JOHNSON. Gait recognition using static，activity-specific parameters[C]. Proceeding of the 2001 IEEE Computer Society Conference on Computer Vision and Pattern Recognition，2001(1)：423-430.

[10] LEE L，GRIMSON W E L. Gait analysis for recognition and classification[C]. Fifth IEEE International Conference on Automatic Face and Gesture Recognition，2002：148-155.

[11] 李占利，崔磊磊，刘金瑄. 基于协同表示的步态识别[J]. 计算机应用研究，2016，33(9)：2878-2880.

[12] WAGG D K，NIXON M S. On automated model-based extraction and analysis of gait[C]. Sixth IEEE International Conference on Automatic Face and Gesture Recognition，2004：11-16.

[13] 胡荣. 人体步态识别研究[D]. 武汉：华中科技大学，2010.

[14] LI Z L, CUI L L, XIE A L. Target tracking algorithm based on particle filter and mean shift under occlusion[C]. The 2015 IEEE International Conference on Signal Processing, Communications and Computing (ICSPCC 2015), 2015: 1-4.

[15] JU H, BIR B. Individual recognition using gait energy image[J]. IEEE Transaction on Pattern Analysis and Machine Intelligence, 2006, 28(2): 316-322.

[16] 赵国英. 基于视频的步态识别[D]. 北京：中国科学院研究生院，2005.

[17] 韩鸿哲，王志良，刘冀伟，等. 基于线性判别分析和支持向量机的步态识别[J]. 模式识别与人工智能，2005，2(18)：160-164.

[18] 张全贵，王炳超，李凡，等. 基于 SVM 的步态识别方法综述[J]. 测控技术，2016，35(8)：1-5.

[19] WANG Z. Large-scale non-linear classification: algorithms and evaluations[C]. International Joint Conference on Artificial Intelligence, 2013: 11-13.

[20] 李林杰. 基于特征子空间的步态识别研究[D]. 秦皇岛：燕山大学，2014.

[21] 袁里驰. 基于改进的隐马尔可夫模型的语音识别方法[J]. 中南大学学报(自然科学版)，2008，6(39)：1303-1308.

[22] 张鹏. 耦合度量学习理论及其在步态识别中的应用研究[D]. 济南：山东大学，2016.

[23] SARKAR S, PHILLIPS P J, LIU Z, et al. The humanID gait challenge problem: data sets, performance, and analysis[J]. IEEE Transactions on Pattern Analysis and Machine Intelligence, 2005, 27(2): 162-177.

[24] LEE C S, ELGAMMAL A. Gait style and gait content: bilinear models for gait recognition using gait re-sampling [C]. Sixth IEEE International Conference on Automatic Face and Gesture Recognition, 2004: 147-152.

[25] 刘志勇，冯国灿，邹小林. 一种基于静态的步态识别新方法[J]. 计算机科学，2012(4)：261-264.

[26] NIXON M S, CARTER J N. Advances in automatic gait recognition[C]. Sixth IEEE International Conference on Automatic Face and Gesture Recognition, 2004: 139-144.

[27] BOYD J E, LITTLE J J. Biometric gait recognition[M]. Advanced Studies in Biometrics. Springer Berlin Heidelberg, 2005: 19-42.

[28] 贲晛烨. 基于人体运动分析的步态识别算法研究[D]. 哈尔滨：哈尔滨工程大学，2010.

[29] LIU Z, MALAVE L, OSUNTOGUN A, et al. Toward understanding the limits of gait recognition [C]. Proceedings of SPIE. 2004, 5404: 195-205.

[30] BEGG R, KAMRUZZAMAN J. A machine learning approach for automated recognition of movement patterns using basic, kinetic and kinematic gait data[J]. Journal of Biomechanics, 2005, 38(3): 401-408.

[31] 曹真. 基于静动态特征融合的正面视角步态识别研究[D]. 秦皇岛：燕山大学，2013.

[32] HAN J, BHANU B. Performance prediction for individual recognition by gait [J]. Pattern Recognition Letters, 2005, 26(5): 615-624.

[33] LI Z L, YANG F, LI H A. Improved moving object detection and tracking method [C]. 1st International Workshop on Pattern Recognition, 2016: 11-13.

[34] 李占利，孙卓，杨晓强，基于步态高斯图及稀疏表示的步态识别[J]. 科学技术与工程. 2017，17(4)，250-254.

第8章 基于轮廓特征的步态识别方法

本章针对单一轮廓特征识别率低的问题，提出了基于多轮廓特征融合的步态识别方法。该方法将步态区域面积、关键距离和质心到下半部分最外轮廓距离三类特征进行融合，其识别效果显著。在此基础上为了体现步态的动态变化过程，又提出了基于序列轮廓变化特征的步态识别方法。该方法首先提取序列步态关键距离、序列步态变化量和序列最大宽度特征，再分析融合序列轮廓变化特征的识别率，并与单一轮廓特征的识别率进行比较，最终将步态区域面积和序列步态关键距离特征进行融合，取得了较好的识别效果。另外，仅采用单一的步态特征较难完整地刻画出一个人的特征，现阶段大部分研究者采用多种步态特征融合的方法进行步态识别研究，因此本章提出了基于 Hu 矩特征与帧差百分比特征进行匹配层融合的步态识别方法。步态识别与其他生物特征进行融合识别的研究有很大起色，多种生物特征融合的步态识别方法将是未来的一个研究热点。

8.1 基于多轮廓特征融合的步态识别

随着有关步态识别的研究越来越多，相关学者提出了很多提取步态特征的算法。由于算法的复杂性不便于人们理解步态特征提取的过程，且不利于将步态识别应用到实际的生活场景中，因此本节提出了基于多轮廓特征融合的步态识别方法。该方法既可使步态特征简单化，又可保证这些步态特征能很好地刻画步态过程，还可解决单一轮廓特征识别率低的问题。下面首先分析步态区域面积、关键距离和下半部分最外轮廓距离这三类特征的提取原理；其次将这三类特征进行融合，进而采用主成分分析法对融合特征进行降维处理；最后利用最近邻分类器对测试样本进行分类。

8.1.1 轮廓特征

轮廓特征是指在序列归一化步态轮廓图的基础上提取的步态特征。本节提取了步态区域面积、关键距离和质心到下半部分最外轮廓点的距离(简称为下半部分最外轮廓距离)三类特征。

1. 步态区域面积

在行走的过程中，不同人相同部位摆动的频率、幅度不同，其中有些人的步态看起来极为相似，不容易进行识别。但是，当我们研究同一个人的同一段步态序列时，发现不同帧的步态图像在相同区域内的面积不同，即随着帧数的变化，步态区域面积不断变化。不同区域面积的变化幅度不同，幅度越大，说明身体这部分运动幅度越大，因此，步态区域面积可以作为步态特征。

柴艳梅等人将人体分为 3 个区域，即头、上身和腿，并按照这 3 个区域分别占身高 20%、40%、40%的比例划分，将这 3 个区域的面积作为步态特征，如图 8.1 所示。

图 8.1　将人体分为 3 个区域

图 8.1 将人体分为 3 个区域，划分粒度不够细致，仅能描述 3 个区域总体的步态变化情况，比如只能简单地描述为腿部在行走过程中变化幅度比较大。将这 3 个区域面积作为步态特征时，识别效率不高。为了提高步态识别率，可以根据人体骨骼化模型重新划分区域，将人体轮廓划分为多个区域。人体骨骼化模型如图 8.2 所示，图中标注的位置分别是头、颈、肩、髋、膝、踝。

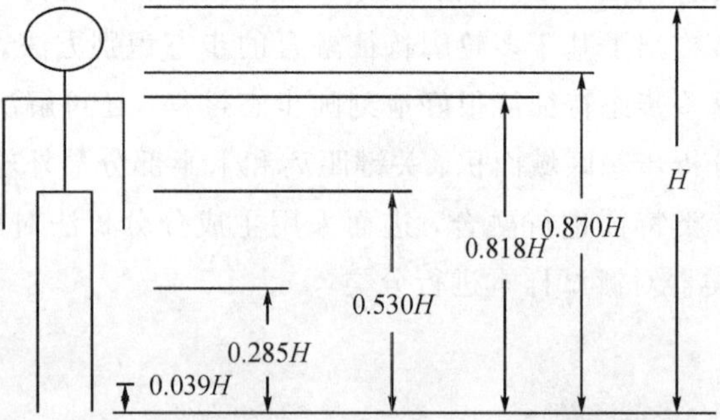

图 8.2　人体骨骼化模型示意图

根据图 8.2 中人体各关键点的位置，可将人体划分的粒度精细化。首先，将归一化步态轮廓图按中心线分为左半部分和右半部分；其次，分别按照关键点位置占人体高度的比值，将归一化步态轮廓图分成 6 个区域，这样便有 12 个子块；最后，由于人体在行走的过程中，腿部运动比较明显，故将大腿部分和小腿部分细化，分别将它们平均分为两部分，得到 16 个子块。归一化轮廓图的高度为 128，宽度 W 为 100，故假定人体的高度 H 为 128，则区域间的分割线公式为

$$\begin{cases} x_1 = \dfrac{W}{2} \\ y_1 = (1-0.870)\cdot H \\ y_2 = (1-0.818)\cdot H \\ y_3 = (1-0.530)\cdot H \\ y_4 = (1-0.285)\cdot H \\ y_5 = (1-0.039)\cdot H \\ y_6 = \left[1-\left(\dfrac{0.530-0.285}{2}+0.285\right)\right]\cdot H \\ y_7 = \left[1-\left(\dfrac{0.285-0.039}{2}+0.039\right)\right]\cdot H \end{cases} \tag{8.1}$$

方程组(8.1)中，x_1 指中心线位置，y_1、y_2、y_3、y_4、y_5 分别指颈、肩、髋、膝、踝的位置，y_6、y_7 分别指大腿区域平均分成两部分和小腿区域平均分成两部分时的高度。根据分割线方程组(8.1)，可确定 16 个区域，如图 8.3 所示。

图 8.3　归一化步态轮廓图分成 16 个区域

要计算每个区域的面积，即要计算每个区域中非零像素点的个数。假设子区域的面积为 $S(x, y)$，点(x, y)处的像素值为 $f(x, y)$，则该子块面积可以表示为

$$S(x, y) = \sum f(x, y) \tag{8.2}$$

$$f(x, y) = \begin{cases} 0 & (x, y) \in \text{背景} \\ 1 & (x, y) \in \text{目标} \end{cases} \tag{8.3}$$

第 8 章　基于轮廓特征的步态识别方法

2. 关键距离

人体轮廓的某些信息可以很好地反映步态变化，如步态周期内腿部的运动较为明显，而质心、左脚尖、右脚跟等的波动信息可以反映一部分步态信息。为此，可以选取人体的 4 个关键点，分别是质心、左脚尖、右脚跟、过质心的直线与头顶相交的点。由于点与点之间可以形成线段，因此初步选取质心到头顶的距离(D_1)、质心到左脚尖的距离(D_2)、质心到右脚跟的距离(D_3)以及质心高度(D_4)这 4 段距离作为步态特征。

人在行走的过程中，两脚之间的距离不断变化，由于此距离变化得比较明显，因此，本节中增加一个距离特征，即左脚尖到右脚跟的距离(D_5)，将这 5 段距离特征作为关键距离特征。这 5 段距离如图 8.4 所示。

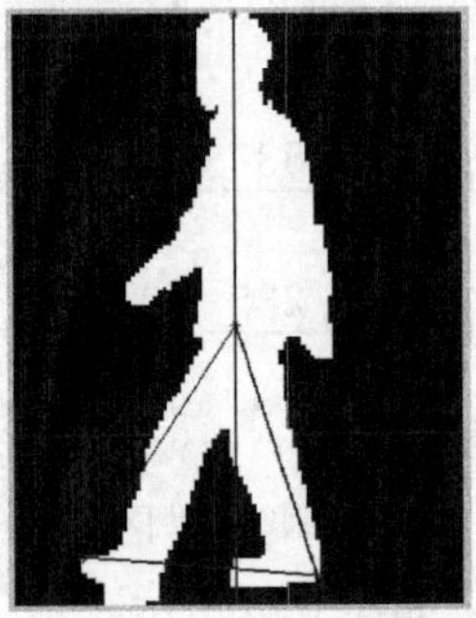

图 8.4　关键点及关键距离信息

计算轮廓的质心位置(x_c，y_c)，即

$$x_c = \frac{1}{n}\sum_{i=1}^{n} x_i,\quad y_c = \frac{1}{n}\sum_{i=1}^{n} y_i \tag{8.4}$$

假设头顶点的位置为(t_1，t_2)，左脚尖及右脚跟的位置分别为(L_1，L_2)、(R_1，R_2)，那么这 5 段距离 D_1、D_2、D_3、D_4、D_5 的表达式分别为

$$\begin{cases} D_1 = \sqrt{(t_1 - x_c)^2 + (t_2 - y_c)^2} \\ D_2 = \sqrt{(L_1 - x_c)^2 + (L_2 - y_c)^2} \\ D_3 = \sqrt{(R_1 - x_c)^2 + (R_2 - y_c)^2} \\ D_4 = x_c \\ D_5 = \sqrt{(L_1 - R_1)^2 + (L_2 - R_2)^2} \end{cases} \tag{8.5}$$

3. 下半部分最外轮廓距离

有关轮廓线的提取方法比较复杂，由于周期内不同帧的轮廓线上的轮廓点个数不一

致，导致不同帧的轮廓点维数不统一，不利于特征数据的存储。所以，我们提取归一化步态轮廓图每行的最外两个轮廓点，这样不仅保证了不同帧图像的特征数据维数一致，而且可以很好地刻画步态。分析步态周期内质心到各行最左边和最右边轮廓点的距离变化情况，如图 8.5 和图 8.6 所示。

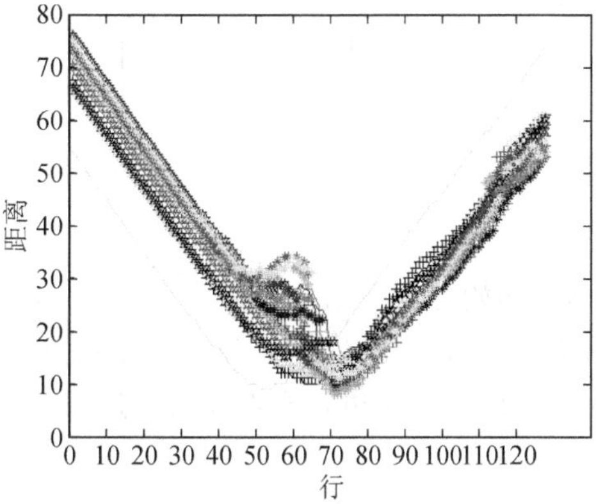

图 8.5　质心到最左轮廓线距离变化情况

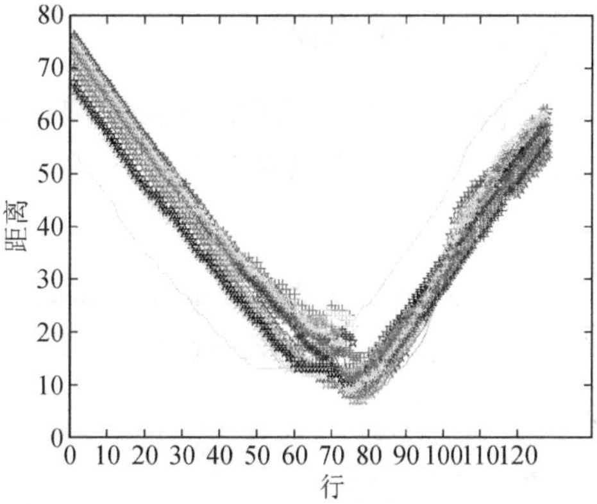

图 8.6　质心到最右轮廓线距离变化情况

观察图 8.5 和图 8.6 发现：图像的 1～40 行质心到最外轮廓点的距离变化得比较缓慢，人体上半部分质心到最外轮廓点的距离变化趋势不太明显，从 40 行和 50 行之间的某一行开始，质心到最外轮廓点的距离发生剧烈变化，因此，研究质心到人体下半部分最外轮廓点的距离是必要的。根据变化剧烈的行的范围和人体解剖学比例，选择距地面 0.630H 处的分割线以下的部分为人体的下半部分，如图 8.7 所示。

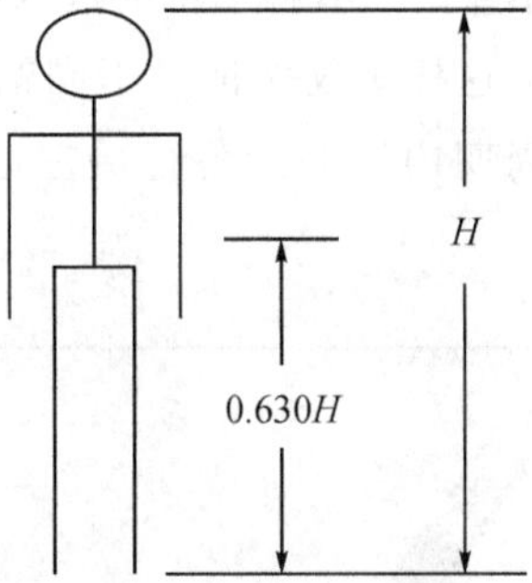

图 8.7　人体模型

根据人体解剖学比例，初始行计算结果约为第 48 行，与图 8.5 和图 8.6 距离变化剧烈的行数较为匹配，因此，研究的下半部分质心到最外轮廓点的距离是一个 162 维向量。从第 48 行开始，逐行扫描获取该行最左边轮廓点和最右边轮廓点的坐标，然后计算质心到最外轮廓点的距离，计算公式为

$$d_i = \sqrt{(x_i - x_c)^2 + (y_i - y_c)^2} \tag{8.6}$$

其中，$48 \leqslant i \leqslant 128$，则得到一个 162 维的步态特征向量。

8.1.2　基于多轮廓特征融合的步态识别方法

为了提高步态识别率，解决单一轮廓特征识别率低的问题，我们将多种轮廓特征进行融合，提出了基于多轮廓特征融合的步态识别方法。

1. 基本过程

在获取步态区域面积、关键距离和下半部分最外轮廓距离的基础上，将这三类特征进行融合，直接组合成一个特征向量，进而采用最近邻分类器对测试样本进行分类。

2. 计算步骤

1) 步态区域面积的计算步骤

Step1：根据人体骨骼化模型，确定分割线；

Step2：利用分割线方程将人体轮廓划分成 16 个区域；

Step3：利用式(8.2)分别计算子块的区域面积；

Step4：将区域面积特征写成列向量并对其归一化。

2) 关键距离的计算步骤

Step1：利用式(8.4)计算轮廓的质心；

Step2：计算左脚尖与右脚跟的位置；

Step3：利用式(8.5)计算 5 段距离 D_1、D_2、D_3、D_4、D_5；

Step4：将 5 段距离 D_1、D_2、D_3、D_4、D_5 写成列向量的形式并对其进行归一化处理。

3）下半部分最外轮廓距离的计算步骤

Step1：计算质心到各行最左边和最右边轮廓点的距离；

Step2：观察距离变化情况，确定初始行为 48 行；

Step3：获取下半部分最外轮廓距离，写成一个列向量并对其归一化。

4）基于多轮廓特征融合的步态识别方法的计算步骤

将归一化的步态区域面积、关键距离、下半部分最外轮廓距离写成列向量的形式，此列向量表达了轮廓特征。

训练阶段的计算步骤如下：

Step1：对每一类的一半序列对应的轮廓特征求均值，所得结果作为训练样本；

Step2：对训练样本构成的矩阵进行主成分分析(PCA)、降维；

Step3：对降维后的结果进行归一化处理。

测试阶段的计算步骤如下：

Step1：对每一类的剩余序列对应的轮廓特征求均值，所得结果作为测试样本；

Step2：对测试样本进行主成分分析(PCA)、降维及归一化处理；

Step3：采用最近邻分类器对测试样本进行分类。

8.1.3 实验与分析

在 GPU 为 3.20 GHz、内存为 4.00 GB 且应用 MATLAB R2010a 的环境下进行实验。本节采用 CASIA 步态数据库的 Dataset B 多视角库进行识别验证，包括正常行走、穿大衣行走和携带背包行走三种行走状态，每种行走状态有 11 个视角(0°，18°，36°，…，180°)下的 124 个对象的步态视频序列，其中每个对象有 6 个正常行走的步态视频序列，2 个穿大衣行走的步态视频序列，2 个携带背包行走的步态视频序列。Dataset B 中各行走状态下的步态视频序列如图 8.8 所示。

图 8.8　各行走状态下的步态视频序列

1. 步态区域面积实验结果分析

下面在 90°视角正常行走状态下进行分块实验，选取不同的分割线，分成不同数目的区域，组合每个区域的面积特征，用主成分分析法对组合区域面积特征进行降维处理，进一步提取特征，进而采用最近邻分类器进行分类。将步态轮廓图分成不同数目的区域，如图 8.9 所示。

图 8.9　步态轮廓图分成不同数目的区域

图 8.9 中从第 1 幅到第 5 幅图像是同一幅步态轮廓图，分别划分为 8、10、12、14、16 个区域。将不同区域数各自的组合区域面积特征直接采用最近邻分类器进行识别验证，不同区域数的步态识别率如表 8.1 所示。

表 8.1　90°视角正常行走状态下区域面积特征的实验结果

区域数	3	8	10	12	14	16
识别率/(%)	30.65	74.19	76.61	79.03	83.87	84.68
识别时间/s	5.04×10^{-5}	4.81×10^{-5}	5.03×10^{-5}	5.04×10^{-5}	4.99×10^{-5}	5.03×10^{-5}

从表 8.1 可知：当一幅步态轮廓图划分为 3 个区域时，识别率为 30.65%，远低于将步态轮廓图划分为 8、10、12、14、16 个区域时的识别率。同时可以看出，将一幅步态轮廓图划分为 8、10、12、14、16 个区域时，识别率一直递增，从区域数为 8 时的 74.19%增长到区域数为 16 时的 84.68%，即随着区域划分的粒度越细，识别率越高。从表 8.1 中还可以得出对于不同的区域数，其识别速度都比较快。为了进一步提取步态区域面积特征，采用主成分分析法对区域面积数据进行降维并进一步提取特征，所得结果如表 8.2 所示。

表 8.2　90°视角正常行走状态下降维后的区域面积特征的实验结果

区域数	3	8	10	12	14	16
识别率/(%)	11.29	61.69	60.08	70.97	67.74	75.00
识别时间/s	4.56×10^{-5}	4.67×10^{-5}	4.71×10^{-5}	4.35×10^{-5}	1.28×10^{-5}	4.96×10^{-5}

从表 8.2 可知：对步态区域面积特征进行降维处理后，当一幅步态轮廓图划分为 3 个区域时，识别率最低，仅有 11.29%，划分为多个区域时，识别率较高。当区域数为 10 时，识别率为 60.08%；当区域数为 16 时，识别率达到 75%；而当区域数为 14 时，识别率低于区域数为 12 时的识别率，由此说明并不是划分的区域数越多，识别率越高。同时也可以看出，不同的区域数的识别速度都较快。我们对区域数相同时采用降维方法进行识别和直接进行识别两种方式进行了比较，得到识别率的变化情况如图 8.10 所示。

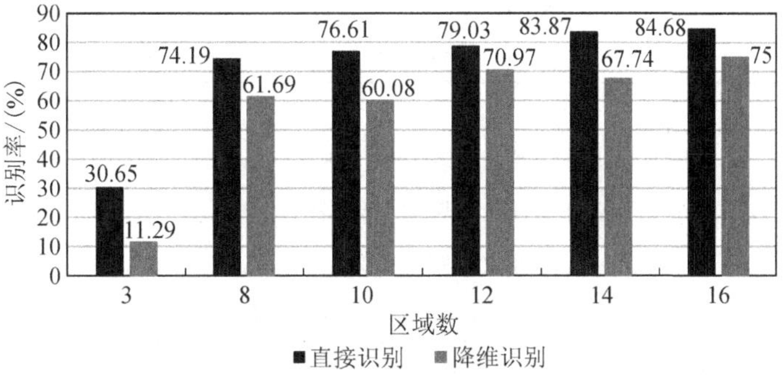

图 8.10 采用步态区域面积时的识别率

从图 8.10 可知，划分为 16 个区域时，无论是采用直接区域面积还是降维后的区域面积作为步态特征，识别率都较高，故在进行后续的实验时，直接选用 16 个区域面积作为特征。

2. 不同类型的步态轮廓特征实验结果分析

在 90°视角正常行走状态下进行实验，首先将每类的前 3 个图像序列作为训练样本集，后 3 个图像序列作为测试样本集，提取步态特征，进行实验。为了避免因选取的训练、测试样本集的不同对实验结果造成明显的影响，我们需要交换测试样本集和训练样本集，再次进行实验，并求两次识别率和识别时间的平均值。同时将本节算法与已有文献的实验结果进行比较，在同一平台下进行对比实验，并都采用最近邻分类器进行分类。实验结果如表 8.3 所示。

表 8.3 采用不同轮廓特征的实验结果

算法	识别率/(%)	识别时间/s
文献[2]3 个区域面积	30.65	5.04×10^{-5}
文献[2]16 个区域面积	84.68	5.03×10^{-5}
文献[4]4 段距离	31.45	4.28×10^{-5}
文献[4]5 段距离	49.19	4.99×10^{-5}
下半部分最外轮廓距离	54.84	9.23×10^{-5}

从表 8.3 可知：采用本章参考文献[2]的算法，仅考虑将 3 个区域面积作为步态特征，采用最近邻分类器进行识别，识别率为 30.65%，将轮廓分成 16 个区域时，识别率达到 84.68%，识别率提高了 54.03%，提高效果显著，识别速度较快。采用本章参考文献[4]的算法，仅考虑将 4 段距离(质心到左脚尖的距离、质心到右脚跟的距离、质心到头顶的距离以及质心高度)作为特征时，识别率为 31.45%，当增加左脚尖到右脚跟的距离后(即考虑 5 段距离)，识别率为 49.19%，识别率提高了 17.74%，提高效果显著。下面将这三种单一轮

廓特征进行融合，识别结果如表 8.4 所示。

表 8.4 轮廓特征融合的实验结果

算法	识别率/(%)	识别时间/s
区域面积＋关键距离(第一种)	87.10	5.14×10^{-5}
区域面积＋下半部分最外轮廓距离(第二种)	85.48	9.64×10^{-5}
关键距离＋下半部分最外轮廓距离(第三种)	73.39	9.17×10^{-5}
区域面积＋关键距离＋下半部分最外轮廓距离(第四种)	86.29	9.84×10^{-5}

从表 8.4 可知：这四种融合算法的识别速度较快。将步态区域面积与 5 段关键距离进行特征融合时，识别率达到 87.10%，而将区域面积、5 段关键距离和下半部分最外轮廓距离特征进行融合时，识别率仅为 86.29%，比前者的识别率降低了 0.81%，说明将这三种单一轮廓特征进行融合时，特征数据存在冗余，其中下半部分最外轮廓距离包括部分关键距离特征信息。为了进一步提取步态特征，对以上各种融合数据进行主成分分析(PCA)、降维并提取主成分信息，然后采用最近邻分类器进行分类。实验结果如表 8.5 所示。

表 8.5 轮廓特征融合数据降维后的实验结果

算法	识别率/(%)	识别时间/s
区域面积＋关键距离(第一种)	78.23	4.91×10^{-5}
区域面积＋下半部分最外轮廓距离(第二种)	74.19	4.81×10^{-5}
关键距离＋下半部分最外轮廓距离(第三种)	53.23	4.90×10^{-5}
区域面积＋关键距离＋下半部分最外轮廓距离(第四种)	82.26	4.65×10^{-5}

从表 8.5 可知：将区域面积、关键距离和下半部分最外轮廓距离特征进行融合并将融合数据进行 PCA 降维后，识别率为 82.26%，高于将区域面积和关键距离特征进行融合并进行 PCA 降维后的识别率 78.23%。表 8.5 中，降维后的区域面积、关键距离和下半部分最外轮廓距离特征的识别率最高，降维后的关键距离和下半部分最外轮廓距离特征的识别率最低。图 8.11 和图 8.12 可以直观地比较轮廓融合算法和降维后的轮廓融合算法的实验情况。

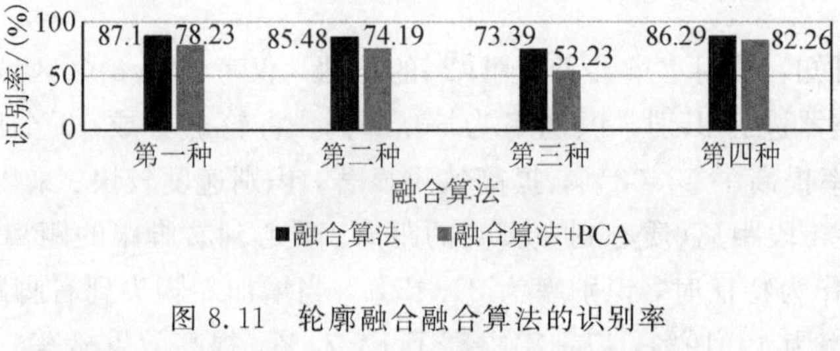

图 8.11 轮廓融合融合算法的识别率

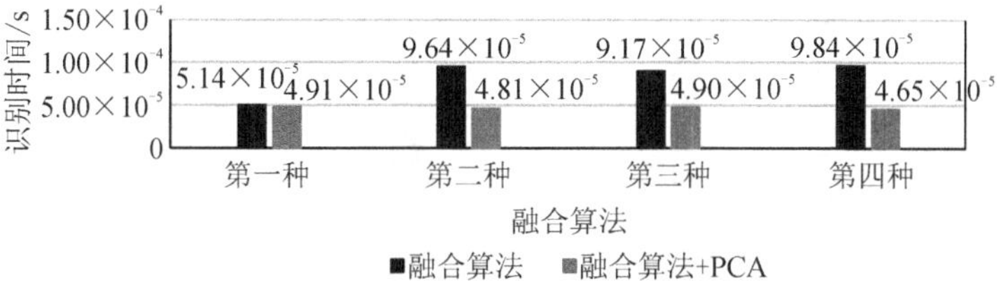

图 8.12 轮廓特征融合算法的识别时间

观察图 8.11 和图 8.12 可知：这些融合算法的识别速度都非常快，降维后的区域面积、关键距离和下半部分最外轮廓距离特征的识别率比降维后的区域面积和关键距离的识别率、降维后的区域面积和下半部分最外轮廓距离特征的识别率、降维后的关键距离和下半部分最外轮廓距离特征的识别率分别提高了 4.03%、8.07%、29.03%，识别率平均提高了 13.71%。故本节提出的基于多轮廓特征融合的步态识别方法是指将区域面积、关键距离和下半部分最外轮廓距离特征融合的步态识别方法。

3. 基于多轮廓特征融合的步态识别实验结果分析

选用 90°视角三种行走状态下已经预处理好的归一化步态轮廓图序列为样本，在正常行走、穿大衣行走、携带背包行走三种状态下每类分别取 3 个、1 个、1 个步态序列图作为训练样本集，每类剩余的 3 个、1 个、1 个步态序列图作为测试样本集。为了避免由于训练样本集选取不同而造成对实验结果产生巨大影响的情况发生，我们交换训练样本集和测试样本集，取两次实验结果的平均值，实验结果如表 8.6 所示。

表 8.6 采用本节算法的实验结果

行走状态	本节算法		本节算法+PCA	
	识别率/(%)	识别时间/s	识别率/(%)	识别时间/s
正常	86.29	9.84×10^{-5}	82.26	4.65×10^{-5}
穿大衣	78.23	9.88×10^{-5}	69.35	4.88×10^{-5}
携带背包	75.00	1.07×10^{-4}	63.71	4.95×10^{-5}

从表 8.6 可知：采用基于多轮廓特征融合的步态识别方法所获得的识别率在 75%以上，降维后的识别率在 63%以上，降维后平均测试一个样本的速度是未降维时的 2 倍左右。轮廓特征进行降维后识别率相比于降维前有所下降，但降维后的特征数据去除了数据之间的冗余，实现了数据压缩。图 8.13 和图 8.14 可以直观地比较两种算法的实验结果。

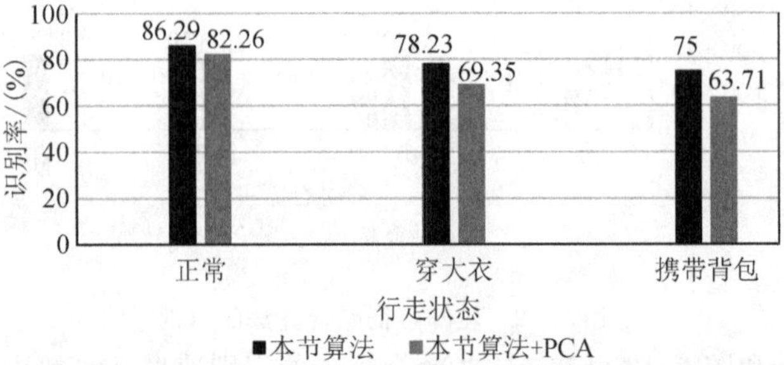

图 8.13　基于多轮廓特征融合的步态识别率

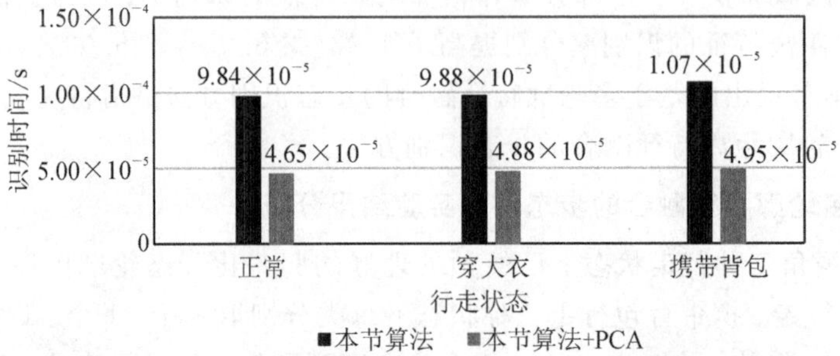

图 8.14　基于多轮廓特征融合的步态识别时间

图 8.13 和图 8.14 分别展示了采用基于多轮廓特征融合的步态识别方法的识别率和识别时间，对该算法降维后的识别率和识别时间与未降维时进行了比较，未降维时该算法的识别率较高，降维后该算法的识别速度快但识别率有所下降。

8.2　基于序列轮廓变化特征的步态识别

基于多轮廓特征融合的步态识别方法是通过求周期内所有帧图像步态特征的平均值，将特征的均值作为该周期的步态特征的一种步态识别方法，未体现周期内不同帧图像的差别。在研究对象穿大衣和携带背包的行走状态下，由于存在携带物，常导致识别率不高，为了提高步态识别率，可以考虑序列图像轮廓特征的变化过程。下面将分析序列步态关键距离、序列步态变化量和序列最大宽度这三类特征，提取周期内每帧图像的特征并拼接成一个矩阵，结合单一轮廓特征，最终提出基于序列轮廓变化特征的步态识别方法。

8.2.1　序列轮廓变化特征

序列轮廓变化特征是指所提取的周期内每一帧图像的特征，将这些特征拼接成一个特征矩阵，每列代表该帧数下图像的特征，每行可以体现同一类特征在该周期的变化趋势。下面进一步分析序列步态关键距离、序列步态变化量和序列最大宽度这三类特征提取的原理。

1. 序列步态关键距离

研究基于轮廓特征的步态识别方法时，仅提取5段关键距离作为步态特征进行识别的效果一般，由于特征数据规模较小，故不足以充分表达步态的本质信息，也没有很好地体现周期内不同帧步态特征的变化情况。在提取下半部分最外轮廓距离特征进行识别时，由于没有更好地体现周期内步态特征的变化情况，因此导致识别率不高。为了提高步态距离作为步态特征时的识别率，需对步态距离特征进行再研究。考虑到将16个步态区域面积作为步态特征进行识别时，识别效果较好，故在区域中提取最外轮廓关键点，计算质心到区域最外轮廓关键点的距离。

在16个区域中提取最外轮廓关键点时，由于中心线 $x_1=W/2$ 的存在，图像被平均分为左右两部分，如果求左半部分的8个区域的最外轮廓点，那么只能取左边的最外轮廓点，中心线右侧的同理，此时归一化轮廓图划分的16个区域和去掉中心线的8个区域所获得的最外轮廓点一致。因此，去掉划分16个区域时的中心线 $x_1=W/2$，研究8个区域的最外轮廓关键点。

确定8个区域后，对每一个区域的像素点采取从上到下、从左到右的扫描方式，确定该区域首次出现的最外轮廓点和最后出现的最外轮廓点。通过这种方式，获得了16个最外轮廓关键点，如图8.15中的小黑圈所示。

图8.15 区域最外轮廓关键点

将区域自上而下进行编号，分别表示为区域1，区域2，…，区域8，在区域中提取的最外轮廓点有真实的物理意义，比如，周期内序列图像中区域4的最外轮廓点变化可以表达人在行走过程中胳膊的摆动情况，区域7的最外轮廓点变化可以表达脚的运动情况。区域中最外轮廓点用 (x_i, y_i) $(i=1, 2, \cdots, 16)$ 表示。

步态关键距离指质心到区域最外轮廓点的距离，用公式表示为

$$D_i = \sqrt{(x_c - x_i)^2 + (y_c - y_i)^2} \tag{8.7}$$

其中，$i=1, 2, \cdots, 16$，每帧归一化步态轮廓图得到 16 个距离特征，将周期内每帧的 16 个距离拼接成一个矩阵的形式，此矩阵用于保存序列步态关键距离，矩阵的每一行可以体现同一特征的变化情况。

2. 序列步态变化量

在代数中，已知两点的坐标为(x_m, y_m)、(x_n, y_n)，则这两点的平均变化率为$\frac{y_m - y_n}{x_m - x_n}$。同理，在图像中，已知两个像素点的位置为$(x_m, y_m)$、$(x_n, y_n)$，则这两个位置的平均变化率也为$\frac{y_m - y_n}{x_m - x_n}$。

在序列步态关键距离中，已经获取了每帧图像 8 个区域中的 16 个关键点，区域 1 的两个关键点为(x_1, y_1)、(x_2, y_2)；区域 2 的两个关键点为(x_3, y_3)、(x_4, y_4)；同理，区域 8 的两个关键点为(x_{15}, y_{15})、(x_{16}, y_{16})。该区域的变化量 Δ_j 的计算式如下：

$$\Delta_j = \frac{y_{2j-1} - y_{2j}}{x_{2j-1} - x_{2j}} \tag{8.8}$$

其中，$j=1, 2, \cdots, 8$，每帧图像得到 8 个步态变化量。

假设一个人的步态周期为 24 帧，用 i'表示帧数，$i'=1, 2, \cdots, 24$，$\Delta_{i', j}$表示第 i'帧的第 j 个步态变化量，则此人在此周期的序列步态变化量矩阵 $\boldsymbol{\Delta}$ 为

$$\boldsymbol{\Delta} = \begin{bmatrix} \Delta_{1,1} & \Delta_{2,1} & \cdots & \Delta_{24,1} \\ \Delta_{1,2} & \Delta_{2,2} & \cdots & \Delta_{24,2} \\ \vdots & \vdots & & \vdots \\ \Delta_{1,8} & \Delta_{2,8} & \cdots & \Delta_{24,8} \end{bmatrix} \tag{8.9}$$

3. 序列最大宽度

步态轮廓最大宽度特征可以用来进行周期检测，说明最大宽度可以表征步态信息。从左到右逐行扫描轮廓点，记录每行的第一个最外轮廓点和最后一个最外轮廓点，计算这两点的宽度。每帧归一化步态轮廓图有 128 行，因此可得到一个 128 维的最大宽度向量。

将周期内每帧图像的 128 个最大宽度特征拼接成一个矩阵的形式，得到序列最大宽度特征，该矩阵每行可以体现出图像同一位置的宽度变化情况，很好地表达了步态最大宽度的变化过程。

8.2.2 基于序列轮廓变化特征的步态识别方法

人在行走的过程中，步态不断地发生着变化，为了进一步研究序列轮廓变化的过程，

获取序列帧图像的步态特征，我们提出基于序列轮廓变化特征的步态识别方法。

1. 基本过程

基于序列轮廓变化特征的步态识别方法，首先分析序列步态关键距离、序列步态变化量和序列最大宽度特征；其次，对上述特征进行融合，并将步态区域面积特征与本节提出的特征进行融合，将特征融合数据进行 PCA 降维及归一化处理；最后，采用最近邻分类器对测试样本进行分类。

2. 计算步骤

1）序列步态关键距离的计算步骤

Step1：将归一化步态轮廓图划分为 16 个区域的分割线 $x_1 = W/2$ 去掉，此时，步态轮廓图便被划分成了 8 个子区域；

Step2：逐行扫描得到每一个区域的第一个最外轮廓点和最后一个最外轮廓点，得到每帧轮廓图像的 16 个关键点；

Step3：计算质心到这 16 个关键点的距离；

Step4：每个周期选取前 20 帧的序列关键距离作为步态特征，将其特征向量写成列向量的形式并进行归一化处理。

2）序列步态变化量的计算步骤

Step1：计算每个子区域的变化量，每帧图像得到 8 个变化量；

Step2：每个周期选取前 20 帧的序列步态变化量作为特征，将其特征向量写成列向量并对其进行归一化。

3）序列最大宽度特征的计算步骤

Step1：扫描得到轮廓图像中每行的第一个最外轮廓点和最后一个最外轮廓点；

Step2：计算宽度，每幅轮廓图得到 128 个宽度；

Step3：每个周期选取前 20 帧的序列最大宽度作为特征，将其特征向量写成列向量并对其进行归一化。

4）训练阶段的计算步骤

Step1：将每一类的一半序列当作训练样本；

Step2：每个周期选取前 20 帧图像；

Step3：将每帧的序列步态关键距离、序列步态变化量和序列最大宽度特征进行融合（本节的融合是指直接进行特征组合）；

Step4：对训练样本构成的矩阵进行 PCA 降维；

Step5：对降维后的特征进行归一化处理。

5）测试阶段的计算步骤

Step1：将每一类剩余的序列当作测试样本；

Step2：每个周期选取前 20 帧图像；

Step3：将每帧的序列步态关键距离、序列步态变化量和序列最大宽度特征进行融合；

Step4：对测试样本进行 PCA 降维；

Step5：采用最近邻分类器对降维后的测试样本进行分类。

8.2.3 实验与分析

在 GPU 为 3.20 GHz、内存为 4.00 GB 且应用 MATLAB R2010a 的环境下进行实验，采用 Dataset B 数据库对本节算法进行识别验证。该数据库包含 124 个人的步态视频序列，每个对象在 90°视角下有 6 个正常行走的步态视频序列，2 个穿大衣行走的步态视频序列，2 个携带背包行走的步态视频序列。在分析序列步态关键距离、序列步态变化量和序列最大宽度特征的基础上，首先进行单一序列轮廓变化特征的实验；其次将这三类序列特征融合并进行实验分析，再结合轮廓特征，进行融合并进行实验分析；最后，将区域面积和序列关键距离进行融合并进行实验分析。

1. 周期内选取不同帧数时的实验结果分析

用矩阵表示每个对象获取的单一序列轮廓变化特征时，由于每个对象在行走过程中的步态周期不一致(例如，有的对象 24 帧为一个步态周期，有的对象 25 帧为一个步态周期)，因此不同对象的序列轮廓变化特征矩阵维数不统一，给步态分类带来了困扰。为了避免特征矩阵维数不统一的情况产生，我们从每个周期内选取相同的帧数，此时每个周期的特征矩阵的维数一致，步态分类也简单化。

选取几帧图像的特征来代表整个周期的步态特征需进行实验研究。下面研究用几帧的序列步态关键距离来代表整个周期的步态特征。我们分别用 $2n$ 帧的序列步态关键距离表示一个周期的序列关键距离特征，$n=1, 2, \cdots, 11$，比如，一个对象的周期数为 24，取 4 帧图像来表示，计算可得 24÷4＝6，说明每间隔 5 帧取一幅图像，即取该周期的第 1、7、13、19 帧图像的特征拼接成特征矩阵表示该周期的特征；如取 10 帧，计算可得 24÷10＝2.4，说明间隔 1 帧取一幅图像，即取该周期的第 1、3、5、7、9、11、13、15、17、19 帧图像；若间隔 2 帧取一幅图像，即是取第 1、4、7、10、13、16、19、22 帧图像，这样只能得到 8 幅图像，不能得到 10 幅图像。因此，在取图像时，用周期数除以准备取的图像数量，对此结果取整数部分，以这个整数为间隔，可以保证所取图像的数量。这里将准备取的图像数量简称为帧数，图 8.16 展示了选取不同帧数时序列步态关键距离的识别率情况。

从图 8.16 可知：随着一个周期内选择图像数目的增加，识别率逐渐增加，当增加到一定程度时，识别率趋于稳定。图 8.16 表明每个周期取 20 幅图像和 22 幅图像时，识别率是相同的，因此，我们在每个周期选取 20 幅图像，也就是选取该周期的前 20 幅图像作为该周期的图像。

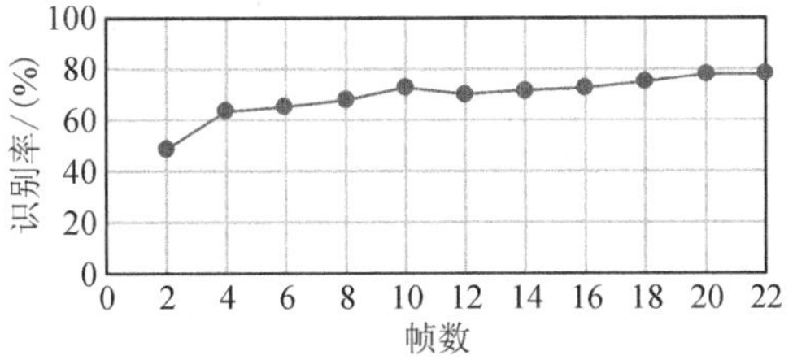

图 8.16　不同帧数序列步态关键距离的识别率

2. 单一特征实验结果分析

在 90°视角下，正常行走状态有 6 个步态序列，选取前 3 个步态序列为训练样本序列，剩余的 3 个步态序列为测试样本序列。下面分别提取每帧图像的序列步态关键距离、序列步态变化量和序列最大宽度特征，采用最近邻分类器对单一特征进行分类识别，并和单一轮廓特征进行比较，实验结果如表 8.7 所示。

表 8.7　单一特征的实验结果

算法	识别率/(%)	识别时间/s
关键距离	49.19	4.99×10^{-5}
下半部分最外轮廓距离	54.84	9.23×10^{-5}
区域面积	84.68	5.03×10^{-5}
序列最大宽度	60.48	1.61×10^{-3}
序列步态变化量	68.55	9.32×10^{-5}
序列步态关键距离	78.23	1.40×10^{-4}

从表 8.7 可知：序列步态关键距离、序列步态变化量、序列最大宽度、区域面积特征的识别率都在 60%以上，识别速度非常快。序列步态关键距离特征的识别率为 78.23%，比采用序列最大宽度特征的识别率高 17.75%，比采用序列步态变化量特征的识别率高9.68%，可见序列步态关键距离的识别效果比较好。将 16 个序列步态关键距离特征与提取的 5 个关键距离特征相比较，识别率提高了 29.04%，约是 5 个关键距离特征识别率的 1.6 倍。将 16 个序列步态关键距离特征与下半部分最外轮廓距离特征相比，识别率提高了 23.39%。因此，在进行特征融合时，不需要考虑 5 个关键距离特征和下半部分最外轮廓距离特征。

下面考虑区域面积、序列最大宽度、序列步态变化量和 16 个序列步态关键距离之间融合特征的步态识别率。

3. 特征融合的实验结果分析

将区域面积、序列最大宽度(以下简称为最大宽度)、序列步态变化量(以下简称为变化量)和 16 个序列步态关键距离(以下简称为距离)特征直接进行融合，将融合后的新特征采用最近邻分类器进行分类识别。识别结果如表 8.8 所示。

表 8.8　融合特征的实验结果

算法	识别率/(%)	识别时间/s
区域面积+最大宽度	72.58	1.70×10^{-3}
区域面积+变化量	71.77	1.01×10^{-4}
区域面积+距离	88.71	1.32×10^{-4}
最大宽度+变化量	70.97	1.85×10^{-3}
最大宽度+距离	66.94	1.90×10^{-3}
变化量+距离	69.35	1.91×10^{-4}
区域面积+距离+最大宽度	75.00	1.80×10^{-3}
区域面积+距离+变化量	71.77	1.84×10^{-4}
区域面积+距离+最大宽度+变化量	75.81	2.00×10^{-3}

从表 8.8 可知：在两种不同类型的特征相互融合时，采用区域面积和距离特征融合后的识别率最高，为 88.71%；采用最大宽度和距离特征融合后的新特征识别率最低，仅为 66.94%。而表 8.7 中仅采用距离特征进行识别时，识别率高达 78.23%，故在进行三种不同类型的特征融合时，仅考虑在区域面积和距离特征的基础上，再融合一种特征。而在三种不同类型的特征相互融合时，识别率分别为 75% 和 71.77%，此识别率低于采用距离特征时的识别率。当对四种不同类型的特征进行融合时，识别率为 75.81%，亦低于采用距离特征时的识别率。上述实验结果说明，并不是特征的维数越高，识别率越高，有可能不同类型的步态特征之间并不是相互协同且促进识别，而是有可能起阻碍的作用。故本节提出的算法是将区域面积和距离特征组合成新特征进行识别，我们把这种将区域面积和距离融合后的方法称为基于序列轮廓变化特征的步态识别方法。

4. 基于序列轮廓变化特征的实验结果分析

选用 90°视角下人的不同行走状态的步态序列进行基于序列轮廓变化特征的步态识别实验，90°视角下有三种行走状态，分别是正常行走、穿大衣行走和携带背包行走。选用正常行走状态下每人的前 3 个步态序列为训练样本集，剩余的 3 个步态序列为测试样本集；选用穿大衣行走状态下每人的第 1 个步态序列为训练样本集，剩余的 1 个步态序列为测试样本集；选用携带背包行走状态下每人的第 1 个步态序列为训练样本集，剩余的 1 个步态序列为测试样本集。计算出识别结果后，交换训练集和测试集，再次进行实验，将两次实验结果的平均值作为最终的识别结果。采用本节算法的实验结果如表 8.9 所示。

表 8.9　采用本节算法的实验结果

行走状态	本节算法		本节算法＋PCA 降维	
	识别率/(％)	识别时间/s	识别率/(％)	识别时间/s
正常	88.71	1.32×10^{-4}	87.10	5.94×10^{-5}
穿大衣	76.61	1.40×10^{-4}	76.61	6.15×10^{-5}
携带背包	82.26	1.36×10^{-4}	81.45	5.98×10^{-5}

从表 8.9 可知：采用基于序列轮廓变化特征的步态识别方法所获得的识别率在 76％以上，特征降维后的识别率也在 76％以上，识别效果较好，识别速度快，降维后的识别速度约是未降维时识别速度的 2.2 倍。降维后的识别率比未降维时的识别率低了不到 2％，说明区域面积和距离特征数据几乎没有数据冗余，融合后的特征数据之间是一种相互促进的关系。图 8.17 和图 8.18 可以更为直观地观察本节算法降维与不降维的实验效果。

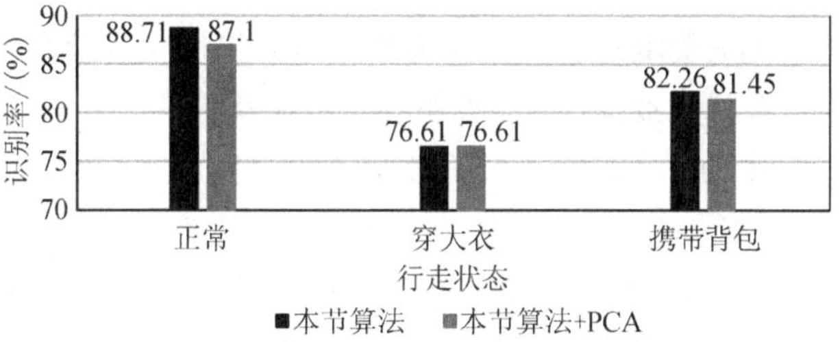

图 8.17　采用本节算法的步态识别率

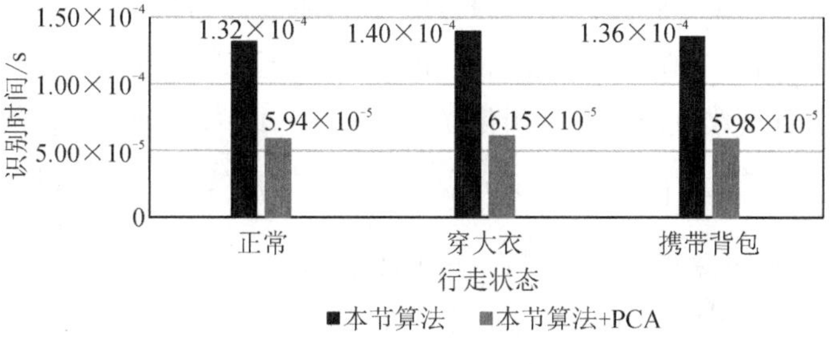

图 8.18　采用本节算法的步态识别时间

图 8.17 和图 8.18 分别展示了本节算法的步态识别率和步态识别时间。正常行走状态下，降维后的识别率比未降维时低了 1.61％；对象在穿大衣行走状态下降维后的识别率和未降维时的识别率一致，但降维时的识别速度明显加快；对象在携带背包行走状态下降维后的识别率比未降维时低了 0.81％。

8.3 基于双特征匹配层融合的步态识别方法

针对轮廓不完整的图像和关键帧容易造成部分信息丢失从而引起识别率下降的问题，本节提出了基于双特征匹配层融合的步态识别方法。由于步态既有静态图像特征，又有动态速度变化特征，因此我们提出了用匹配层融合方法将静态的 Hu 矩 6 个不变矩特征和动态的帧差百分比特征融合后进行步态身份识别。首先对一个周期内的归一化步态图像进行 Hu 矩特征以及帧差百分比的特征提取，将 Hu 矩 6 个不变矩特征描述成一个特征向量，然后运用匹配层融合算法对两个特征进行融合，最后使用 K 近邻分类器(见 7.1.3 小节)进行步态识别。下面就基于双特征匹配层融合的步态识别方法进行详细阐述。

8.3.1 Hu 矩特征

我们所说的图像特征是指用一组数据来描述的整个图像变量。将这组图像特征数据广泛应用于步态识别中时，要求这组数据越简单越好，并且要有较高的代表性。在图像识别发展过程中，不断地有特征被提出，图像不变矩特征就是其中之一。

矩是概率与统计中的一个概念，是随机变量的一种数字特征。设 X 为随机变量，c 为常数，k 为正整数，则 $E[(X-c)^k]$称为 X 关于 c 的 k 阶矩。当 $c=0$ 时，$a_k=E(X^k)$称为 X 的 k 阶原点矩；当 $c=E(X)$时，$\mu_k=E[(X-E(x))^k]$称为 X 的 k 阶中心矩。

针对一幅图像，可将像素的坐标看成是一个二维随机变量(X, Y)，那么一幅灰度图像可以用二维密度函数来表示，因此可以用矩来表示灰度图像的数字特征。不变矩是一组高度浓缩的图像特征，具有平移、灰度、尺度、旋转不变性的特征。

Hu 矩是由二阶和三阶中心矩推导得出的，广泛地应用于图像匹配、识别等领域。

对于任意非负整数 p、q，二维图像 $f(x, y)$在平面 $\mathbf{R}$ 上的 $p+q$ 阶矩为

$$m_{pq}=\int_{-\infty}^{+\infty}\int_{-\infty}^{+\infty} x^p y^q f(x, y)\mathrm{d}x\mathrm{d}y \quad p, q=0, 1, \cdots, Z \tag{8.10}$$

其中，$f(x, y)$表示图像灰度值，仅在有限 $\mathbf{R}$ 平面上分段连续；Z 为任意非负整数。由于 m_{pq} 并不具有平移不变性，因此 $p+q$ 阶中心矩为

$$\mu_{pq}=\int_{-\infty}^{+\infty}\int_{-\infty}^{+\infty} (x-\bar{x})^p (y-\bar{y})^q f(x, y)\mathrm{d}x\mathrm{d}y \quad p, q=0, 1, \cdots, Z \tag{8.11}$$

归一化中心距 n_{pq} 为

$$n_{pq}=\frac{\mu_{pq}}{\mu_{00}^{r}}, \quad r=\frac{p+q+2}{2} \quad p+q=2, 3, \cdots, Z \tag{8.12}$$

7 个不变矩的推导表达式为

$$
\begin{cases}
\phi_1 = n_{20} + n_{02} \\
\phi_2 = (n_{20} - n_{02})^2 + 4n_{11} \\
\phi_3 = (n_{30} - 3n_{12})^2 + (3n_{21} - n_{03})^2 \\
\phi_4 = (n_{30} + n_{12})^2 + (n_{21} + n_{03})^2 \\
\phi_5 = (n_{30} - 3n_{12})(n_{30} + n_{12})[(n_{30} + n_{12})^2 - 3(n_{21} + n_{03})^2] + \\
\qquad (3n_{21} + n_{03})(n_{21} + n_{03})[3(n_{30} + n_{12})^2 - (n_{21} + n_{03})^2] \\
\phi_6 = (n_{20} - n_{02})^2[(n_{30} + n_{12})^2 - (n_{21} + n_{03})^2] + \\
\qquad 4n_{11}(n_{30} + n_{12})(n_{21} + n_{03}) \\
\phi_7 = (3n_{12} - n_{30})(n_{30} + n_{12})[(n_{30} + n_{12})^2 - 3(n_{21} + n_{03})^2] + \\
\qquad (3n_{21} - n_{03})(n_{21} + n_{03})[3(n_{03} + n_{21})^2 - (n_{12} + n_{30})^2]
\end{cases}
\tag{8.13}
$$

此 7 个不变矩构成一组特征量，具有旋转、缩放和平移不变性的特征。由 Hu 矩组成的特征量对图像进行识别，能够有效和快速地识别大的轮廓图像。

根据以上 Hu 矩理论，可以求出样本步态轮廓图像的 Hu 不变矩，并进行特征识别。首先将样本的一个步态周期内的归一化轮廓图像进行叠加，如图 8.19 所示。然后对叠加后的一帧图像进行 Hu 矩求解，得到 7 个不变矩值。

图 8.19　2 个不同样本叠加后轮廓图像

表 8.10 为同一样本 2 个不同序列的 Hu 矩特征值，表 8.11 为 2 个不同样本的 Hu 矩特征值。从表 8.10 和表 8.11 可以看出，对于 2 个相同样本的不同序列，样本 Hu 矩特征具有相近性，而对于不同样本来说，样本 Hu 矩的值差异明显，因此 Hu 矩可以作为一个衡量人体在行进过程中的步态特征，用来辨别不同个体。由于第 7 个 Hu 矩特征值为 0，故取前 6 个不变矩特征值。

表 8.10　同一样本 2 个不同序列的 Hu 矩特征值

Hu 矩特征	序列 1	序列 2
ϕ_1	4.62285×10^{-2}	4.79733×10^{-3}
ϕ_2	5.80809×10^{-3}	7.17768×10^{-3}
ϕ_3	1.44094×10^{-3}	1.91133×10^{-3}
ϕ_4	4.16323×10^{-6}	7.06487×10^{-6}
ϕ_5	3.08993×10^{-4}	4.16694×10^{-4}
ϕ_6	4.52845×10^{-7}	2.10279×10^{-7}
ϕ_7	0	0

表 8.11　2 个不同样本的 Hu 矩特征值

Hu 矩特征	样本 a	样本 b
ϕ_1	0.191442	1.5376×10^{-2}
ϕ_2	9.62324×10^{-3}	2.81399×10^{-3}
ϕ_3	2.40663×10^{-4}	5.67855×10^{-4}
ϕ_4	3.50829×10^{-7}	6.81206×10^{-7}
ϕ_5	9.70394×10^{-5}	1.19743×10^{-4}
ϕ_6	1.05149×10^{-7}	2.26339×10^{-7}
ϕ_7	0	0

8.3.2　帧差百分比特征

人体在运动时是一个动态的过程，而加速度就是用来衡量人体在空间中运动变化的一个变量。我们知道，加速度是用来度量物体运动速度变化快慢的，表示单位时间内速度的变化量。现实生活中，人体在运动时，若抬起脚步的加速度越大，则帧间变化越明显，反之则不明显。放在图像中来看，就是图像的重叠面积不同，在一定程度上可区分个体。因此，帧差特征通过分析人体运动时相邻两帧图像的重叠率来计算人体运动时的加速度，将其作为识别每个个体的特征。

设图像尺寸长度为 M，高度为 L，样本所选帧数为 n，用 $T_j(m, l)$ 表示第 j 帧图像在点 (m, l) 处的像素值，则该序列的帧差特征值 E 为

$$E=\frac{1}{nML}\sum_{j=1}^{n}\sum_{m=1}^{M}\sum_{l=1}^{L}\left|T_{j+1}(m, l)-T_j(m, l)\right| \tag{8.14}$$

该特征在维数上不高，不需要降维处理，并且在匹配时计算量小，在提取时也较为容易。3个不同样本的3个序列的帧差特征如表8.12所示。

表8.12 3个不同样本的3个序列的帧差特征

序列	样本1	样本2	样本3
序列1	15.4181	16.4849	12.0680
序列2	15.5686	15.2742	11.4984
序列3	15.0222	15.1715	11.3978

从表8.12中可以看出，人体运动的加速度不同时，所得到的帧差特征是不同的，在人体运动的加速度相近时，得到的帧差特征值相近。在一定程度上看来，帧差特征可以作为识别两个不同个体的特征，但是由于该特征维数太低，难免会出现不同样本特征相近的情况，因此不直接使用帧差特征来识别样本个体，而是与Hu矩特征进行融合后，来提高总的识别率。

8.3.3 特征融合

在步态识别过程中，根据选取特征的要求，我们发现选取得到的Hu不变矩特征与帧差特征在维数上相差过大，因此，在进行特征融合时，选取匹配层融合的方法。

目前，匹配层融合算法在步态识别研究领域中应用最为广泛。匹配层融合方法既避免了将不同类别的特征融合在一起的复杂运算，又考虑了相比决策层融合更多的变量。匹配层融合的基本过程如图8.20所示。

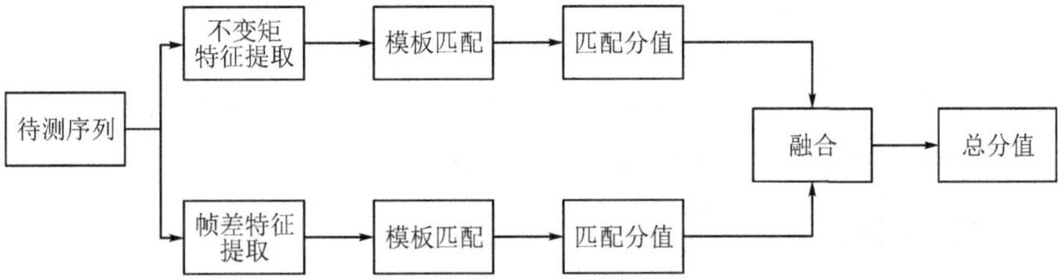

图8.20 匹配层融合基本过程

匹配层融合是将不同特征的分值按照一定运算进行融合的方法，最后用一个总分值来代表每个特征的值。融合规则为

$$r = \sum_{\Omega=1}^{N} C_{\Omega} \tag{8.15}$$

其中，r为融合后的总匹配分值；C_{Ω}为第Ω个特征的分值；N为特征的个数。式(8.15)表示的意义为将各个特征的匹配分值按照加法的规则相加求和，求出最终的分值r。

进行分配权值后的加法准则为

$$r = \sum_{\Omega=1}^{N} a_{\Omega} C_{\Omega} \tag{8.16}$$

其中，a_{Ω} 为对应特征的权值。在匹配层融合过程中，匹配分值代表某种特征按照某种距离的方式进行匹配后得到的相似性度量值。

设帧差百分比特征的匹配分值为

$$C_z = 1 - \frac{|\alpha - \bar{\alpha}|}{\bar{\alpha}} \tag{8.17}$$

其中，α 为待测序列的帧差百分比特征值；$\bar{\alpha}$ 为待测序列经过分类后，所属类别的帧差百分比特征均值。当待测序列的特征值越接近均值时，待测序列的匹配分值相应地越高，也就代表着匹配更加准确。

设 Hu 矩特征的匹配分值为 C_{Hu}，则

$$C_{\mathrm{Hu}} = \frac{1}{6} \sum_{n=1}^{6} \left(1 - \frac{|\beta_n - \overline{\beta_n}|}{\overline{\beta_n}}\right) \tag{8.18}$$

其中，β_n 为第 n 个 Hu 矩特征值；$\overline{\beta_n}$ 为待测序列所属类别的第 n 个 Hu 矩特征均值。同样的，当 Hu 矩特征的 6 个值都与均值接近时，该特征的匹配分值越大，反之则越小。

为了使每种特征的贡献程度达到最高，在求和过程中使用分配权值的方法。考虑到 Hu 矩特征在识别过程中属于主要的识别特征，具有作为单一特征识别个体的能力，而帧差百分比特征作为次要特征，单一识别个体的能力较弱，经过实验，设定 Hu 矩特征与帧差百分比特征按 4∶6 的权值参数来进行加法准则的融合。

设总分值为 C，融合公式为

$$C = \varepsilon_1 C_z + \varepsilon_2 C_{\mathrm{Hu}} \tag{8.19}$$

其中，ε_1 为帧差特征匹配分值的权值；ε_2 为 Hu 矩特征的匹配分值的权值。最后通过总分值中所占比例最大的匹配分值来进行个体的识别。

8.3.4 实验与分析

本节所用的数据集是中国科学院自动化研究所提供的 CASIA Dataset B 数据集。因为数据库中的对象在行走过程中的速度不可能是匀速的，即速度是变化的，所以在实验部分对一个加速度不同的视频序列进行了实验。将每个训练对象的正常步态序列添加至训练库，使用新的步态序列进行步态识别。

首先，使用单一 Hu 矩特征进行 K 近邻法识别，结果如表 8.13 所示。

表 8.13　Hu 矩特征步态识别结果

训练集数量/组	正确识别次数	步态识别正确率/(%)
5	4	80.0
10	7	70.0
15	11	73.3
20	13	65.0
25	16	64.0
30	17	56.7

从表 8.13 可看出，在单一 Hu 矩特征的情况下进行步态识别，随着训练集中个体数目的增加，总的识别率呈现下降趋势，只有在总体数目较少的情况下，匹配率才能达到良好。其中，导致识别率不高和识别率下降的主要原因有：

(1) 轮廓图像数据库中某些图像序列存在噪声点，影响匹配结果；

(2) 在图像处理与步态特征提取过程中相关算法未达到最优，导致提取出的特征不具有较高的准确性；

(3) K 近邻分类器算法的缺陷导致最终分类失败；

(4) 单一特征的维数过低，在面对庞大的训练集时，难免会出现某些不同个体特征相似的情况，从而导致识别出错。

针对问题(1)～(3)，可以通过优化内部算法进行改进。针对问题(4)，可以采用匹配层融合方法将静态的 Hu 矩 6 个不变矩特征和动态的帧差百分比特征融合后进行步态身份识别。表 8.14 为双特征融合的识别结果。通过对比表 8.13 和表 8.14 可见，双特征融合算法对步态识别效果有一定的提高。图 8.21 为 Hu 矩特征和双特征融合识别正确率对比图。

表 8.14　双特征融合步态识别结果

训练集数量/组	正确识别次数	步态识别正确率/(%)
5	5	100.0
10	8	80.0
15	12	80.0
20	16	80.0
25	18	72.0
30	21	70.0

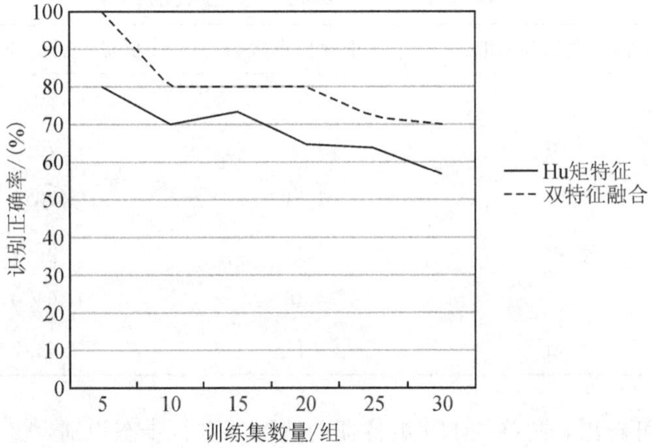

图 8.21　识别正确率对比图

Hu 不变矩特征能够有效和快速地识别出大的轮廓图像，帧差百分比特征能描述步态的动态变化特征，且可以有效地弥补 Hu 不变矩特征对于细节的区分度不够精准的缺陷。因此，把静态和动态这两种特征进行融合后，相对于单一特征的情况，能够有效地提高识别正确率。由于 Hu 不变矩和帧差百分比步态特征具有简单、维数不高的特点，因此，在面对过多的样本集时必然会发生特征数据重合的情况，从而在数量级上升的情况下识别率有所下降。但对于相同的样本集，本节提出的基于 Hu 不变矩和帧差百分比融合的步态特征相较于仅利用 Hu 矩步态特征在识别率上有明显提高，因此，本节方法有一定的实用价值。

本章小结

为了解决单一轮廓特征识别率低的问题，本章提出了基于多轮廓特征融合的步态识别方法、基于序列轮廓变化特征的步态识别方法和基于双特征匹配层融合的步态识别方法。基于多轮廓特征融合的步态识别方法本质是将步态区域面积、关键距离和下半部分轮廓距离特征进行组合，将组合后的新特征用于步态识别。基于序列轮廓变化特征的步态识别方法本质就是将步态区域面积和序列步态关键距离特征进行融合，融合后的特征数据采用最近邻分类器进行分类。基于双特征匹配层融合的步态识别方法是使用匹配层融合方法将静态的 Hu 矩 6 个不变矩特征和动态的帧差百分比特征融合后进行步态身份识别。以上三种步态识别方法，都显著提高了步态识别率，有一定的实用价值。

参考文献

[1] LI Z L, YUAN P R, YANG F, et al. View-normalized gait recognition based on gait frame difference entropy image[C]. International Conference on Computational Intelligence and Security, IEEE Computer Society, 2017: 456-459.

[2] 柴艳妹，赵荣椿. 一种新的基于区域特征的快速步态识别方法[J]. 中国图象图形学报，2006, 11(9): 1260-1265.

[3] LI Z L, YANG F, LI H. Improved moving object detection and tracking method[C]. 1st International Workshop on Pattern Recognition, 2016: 11-13.

[4] 陈玲，杨天奇. 基于质心和轮廓关键点的步态识别[J]. 计算机工程与应用，2015(19): 177-181, 192.

[5] LIU L, YIN Y, QIN W, et al. Gait recognition based on outermost contour[J]. International Journal of Computational Intelligence Systems, 2011, 4(5): 1090-1099.

[6] 丰明聪，葛洪伟. 基于可变区域特征和 SVM 的步态识别研究[J]. 计算机应用，2007, 27(12): 3081-3083.

[7] YOO J H, NIXON M S, HARRIS C J. Extracting human gait signatures by body segment properties [C]. Fifth IEEE Southwest Symposium on Image Analysis and Interpretation, 2002: 35-39.

[8] 李占利，孙卓，杨晓强. 基于步态高斯图及稀疏表示的步态识别[J]. 科学技术与工程，2017, 17(4): 250-254.

[9] 李占利，孙卓，崔磊磊，等. 基于核协同表示的步态识别[J]. 广西大学学报(自然科学版)，2017, 42(2): 705-711.

[10] CHO C W, CHAO W H, LIN S H, et al. A vision-based analysis system for gait recognition in patients with Parkinson's disease[J]. Expert Systems with Applications, 2009, 36(3): 7033-7039.

[11] NIYOGI S A, ADELSON E H. Analyzing and recognizing walking figures in XYT[C]. IEEE Conference on Computer Vision and Pattern Recognition, 1994, 94: 469-474.

[12] BOYD J E, LITTLE J J. Global versus structured interpretation of motion: Moving light displays [C]. Proceedings of the Nonrigid and Articulated Motion Workshop, 1997: 18-25.

[13] LITTLE J, BOYD J. Recognizing people by their gait: The shape of motion[J]. Videre: Journal of Computer Vision Research, 1998, 1(2): 1-32.

[14] LITTLE J, BOYD J. Describing motion for recognition[C]. International Symposium on Computer Vision, 1995: 235-240.

[15] BOULGOURIS N V, HATZINAKOS D, PLATANIOTIS K N. Gait recognition: A challenging signal processing technology for biometric identification[J]. Signal Processing Magazine, IEEE, 2005, 22(6): 78-90.

[16] 孙卓. 基于序列轮廓特征的步态识别研究[D]. 西安：西安科技大学，2017.

[17] SHAKHNAROVICH G, DARRELL T. On probabilistic combination of face and gait cues for

identification[C]. Fifth IEEE International Conference on Automatic Face and Gesture Recognition, 2002: 176-181.

[18] TOLLIVER D, COLLINS R T. Gait shape estimation for identification[C]. International Conference on Audio-and Video-Based Biometric Person Authentication, 2003: 734-742.

[19] CUNADO D, NIXON M S, CARTER J N. Automatic extraction and description of human gait models for recognition purposes[J]. Computer Vision and Image Understanding, 2003, 90(1): 1-41.

[20] CUNADO D, NIXON M S, CARTER J N. Using gait as a biometric, via phase-weighted magnitude spectra[C]. International Conference on Audio-and Video-Based Biometric Person Authentication, 1997: 93-102.

[21] BOBICK A F, JOHNSON A Y. Gait recognition using static, activity-specific parameters[C]. Proceedings of the 2001 IEEE Computer Society Conference on Computer Vision and Pattern Recognition, 2001, 1: 423-430.

[22] LEE L, GRIMSON W E L. Gait analysis for recognition and classification[C]. Fifth IEEE International Conference on Automatic Face and Gesture Recognition, 2002: 155-162.

[23] WANG L, TAN T N, HU W M, et al. Automatic gait recognition based on statistical shape analysis [J]. IEEE Transaction on Image Processing, 2003, 12(9): 1120-1131.

[24] 韩鸿哲，李彬，王志良，等. 基于傅里叶描述子的步态识别[J]. 计算机工程，2005，31(2)：48-49.

[25] 王亮，胡卫明，谭铁牛. 基于步态的身份识别[J]. 计算机学报，2003，26(3)：353-360.

[26] 陈欣，杨天奇. 不受服饰携带物影响的步态识别方法[J]. 计算机工程与应用，2016，52(5)：141-146.

[27] 李俊山，李旭辉. 数字图像处理[M]. 北京：清华大学出版社，2007.

[28] SARKAR S, PHILLIPS P J, LIU Z, et al. The humanID gait challenge problem: Data sets, performance, and analysis[J]. IEEE Transactions on Pattern Analysis and Machine Intelligence, 2005, 27(2): 162-177.

[29] WANG L, TAN T N, HU W M, et al. Fusion of static and dynamic body biometrics for gait recognition[J]. IEEE Transactions on Circuits and Systems for Video Technology, 2004, 14(2): 149-158.

[30] KALE A, SUNDARESAN A, RAJAGOPALAN A, CUNTOR A N. Identification of humans using gait[J]. IEEE Transactions on Image Processing, 2004, 13(9): 1163-1173.

[31] COLLINS R T, GROSS R, SHI J B. Silhouette-based human identification from body shape and gait [C]. Proceeding of the 5th IEEE International Conference on Automatic Face Gesture Recognition, 2002: 335-360.

[32] BENABDELKADER C, CUTLER R G, DAVIS L S. Stride and cadence as a biometric in automatic person identification and verification[C]. Proceeding of the 5th IEEE International Conference on Automatic Face Gesture Recognition, 2002: 372-377.

[33] WANG L, TAN T, NING H, et al. Silhouette analysis-based gait recognition for human identification[J]. IEEE Transactions on Pattern Analysis and Machine Intelligence, 2003, 25(12):

1505-1518.
[34] 杨旗. 人体步态及行为识别技术研究[M]. 沈阳：辽宁科学技术出版社，2014.
[35] KIM D, PAIK J. Gait recognition using active shape model and motion prediction[J]. IET Computer Vision, 2010, 4(1): 25-36.
[36] 王科俊，刘丽丽，贲晛烨，等. 基于步态能量图像和2维主成分分析的步态识别方法[J]. 中国图象图形学报，2009，14(12)：2503-2509.
[37] 张前进，徐素莉. 基于嵌入式隐马尔可夫模型的步态识别[J]. 信息与控制，2010，39(1)：25-29.
[38] ZHANG E, ZHAO Y, XIONG W. Active energy image plus 2DLPP for gait recognition[J]. Signal Processing, 2010, 90(7): 2295-2302.
[39] HAN J, BHANU B. Individual recognition using gait energy image[J]. IEEE Transactions on Pattern Analysis and Machine Intelligence, 2006, 28(2): 316-322.
[40] 周志华. 机器学习[M]. 北京：清华大学出版社，2016.
[41] 李洪安. 一种基于图像轮廓特征的步态身份识别软件V1.0：中国，2018SR197226[P]. 2018-03-23.
[42] LI Z L, CUI L L, XIE A L. Target tracking algorithm based on particle filter and mean shift under occlusion[C]. IEEE International Conference on Signal Processing, Communications and Computing (ICSPCC 2015), 2015: 1-4.
[43] 李洪安，杜卓明，李占利，等. 基于双特征匹配层融合的步态识别方法[J]. 图学学报，2019，40(3)：441-446.
[44] WRIGHT J, YANG A Y, GANESH A, et al. Robust face recognition via sparse representation[J]. IEEE Transactions on Pattern Analysis and Machine Intelligence, 2009, 31(2): 210-227.
[45] 李洪安. 一种基于多特征匹配层融合的步态身份识别装置：中国，ZL201820593252.3[P]. 2018-12-11.

第9章 基于协同表示与核协同表示的步态识别方法

针对单帧步态图像对噪声敏感且不能反映人体运动特性的问题，本章选用能够反映步态时空特性的步态能量图作为步态特征。首先，在图像预处理、周期检测及图像标准化的基础上计算步态能量图，然后使用主成分分析法进一步提取有效特征，从而降低特征维度，减少计算量。其次，提出基于协同表示的步态识别方法，来解决每类对象的步态能量图样本不够充足及用稀疏表示的方法会产生误差且计算比较耗时的问题，该方法用所有类来协同表示测试样本，并采用正则化的最小二乘方法求解，根据测试样本的最小重构残差进行分类。最后，针对仅利用步态的线性特征进行提取可能导致识别错误的问题，提出基于核协同表示的步态识别方法，利用核方法的非线性数据处理能力，将步态能量图投影到高维的特征空间来提取有效的步态特征，并采用协同表示的方法得到分类结果。

9.1 步态能量图特征

与人脸、指纹识别相比，步态识别最大的特点是步态可以描述成一个连续的运动过程。通常，人的行走可以看作是一个周期运动，行走的频率、相位、胳膊摆动、脚踝变化等步态特征都包含在这一运动过程中，所以提取步态图像的周期特征要比单独一帧步态图像的特征更能表征步态。步态能量图(Gait Energy Image，GEI)是在一个周期内的步态图像的平均，它反映了轮廓的主要形状和步态周期中这些形状的变化，不仅保留了步态的轮廓、频率、相位等信息，减少了步态数据量，而且对单帧图像中的噪声不敏感。因此，本章用步态能量图作为基础图像来提取步态特征以进行步态识别。

9.1.1 计算步态能量图

步态能量图的计算实际上就是利用加权平均的方法，将一个完整周期内的序列图像组成一幅能量图像。对于给定周期内的二值化步态图像序列，步态能量图的定义如下：

$$G(\boldsymbol{x},\ \boldsymbol{y}) = \frac{1}{N}\sum_{t=1}^{N} B_t(\boldsymbol{x},\ \boldsymbol{y}) \tag{9.1}$$

其中，N 表示一个完整步态周期内的图像序列帧数，t 表示周期内的时刻，$B_t(\boldsymbol{x},\ \boldsymbol{y})$是步态序列中时刻 t 的二值轮廓图。

图 9.1 给出了一个步态周期内的步态图像序列及 GEI，从图中可以看出，步态能量图不仅反映了人体轮廓的主要形状，而且也反映了人体轮廓在一个完整步态周期中的变化情况。通过累加平均，可使步态能量图对单帧图像存在的噪声不太敏感。步态能量图的特点如下：

(1) 每个步态能量图是一个步态周期中人在行走时身体各部分变化在空间上的集中描述。

(2) 步态能量图是整个步态周期中人行走的时间归一化累计能量图。

(3) 步态能量图中像素值的大小代表在周期运动中人体在该点出现的频率，像素越亮表示在这个位置的人体行走频率越高(即具有高能量)，反之，则表示人体在这个位置的行走频率越低(即具有低能量)。

图 9.1　步态周期序列图及 GEI

9.1.2　主成分分析降维

主成分分析(PCA)是一种多元统计方法，主要是通过分析和处理一组数据的特征值，根据实际需要保留主要变量，去除与原变量无关或影响较小的变量，从而以较少的维数尽可能多地反映原数据的信息。PCA 方法具有降低数据维度、减少计算量等优点，但同时也可能会使模型的准确度有所降低。通常来说，数学上的 PCA 处理就是将原来的 p 个指标进行分析后，以线性组合的方式得到一组新的指标来代替原来的指标。因此，在数理统计分析中，PCA 的一个重要用途便是对原始数据的降维。

假设讨论的问题中有 p 个指标，将样本数据表示为 $\boldsymbol{X}_1$，$\boldsymbol{X}_2$，…，$\boldsymbol{X}_n$，则 n 个样本数据的 p 个指标组成的矩阵为

$$\boldsymbol{X}=\begin{bmatrix} x_{11} & x_{12} & \cdots & x_{1p} \\ x_{21} & x_{22} & \cdots & x_{2p} \\ \vdots & \vdots & & \vdots \\ x_{n1} & x_{n2} & \cdots & x_{np} \end{bmatrix}=[\boldsymbol{X}_1 \quad \boldsymbol{X}_2 \quad \cdots \quad \boldsymbol{X}_p] \tag{9.2}$$

主成分分析就是通过线性变换将 p 个观测变量组合成 p 个新的变量，即

$$\begin{cases} \boldsymbol{F}_1 = a_{11}\boldsymbol{X}_1 + a_{12}\boldsymbol{X}_2 + \cdots + a_{1p}\boldsymbol{X}_p \\ \boldsymbol{F}_2 = a_{21}\boldsymbol{X}_1 + a_{22}\boldsymbol{X}_2 + \cdots + a_{2p}\boldsymbol{X}_p \\ \qquad\qquad\vdots \\ \boldsymbol{F}_p = a_{p1}\boldsymbol{X}_1 + a_{p2}\boldsymbol{X}_2 + \cdots + a_{pp}\boldsymbol{X}_p \end{cases} \tag{9.3}$$

式中，$\boldsymbol{F}_1$ 称作第一主成分，$\boldsymbol{F}_2$ 称作第二主成分，依此类推。式(9.3)要满足以下三个条件：

(1) 每个主成分的系数平方和为 1，即

$$a_{i1}^2 + a_{i2}^2 + \cdots + a_{ip}^2 = 1 \quad i = 1, 2, \cdots, p \tag{9.4}$$

(2) 主成分之间相互独立，即

$$\mathrm{Cov}(\boldsymbol{F}_i, \boldsymbol{F}_j) = \boldsymbol{0} \quad i \neq j, \quad i, j = 1, 2, \cdots, p \tag{9.5}$$

(3) 主成分的方差依次递减，即

$$\mathrm{Var}(\boldsymbol{F}_1) \geqslant \mathrm{Var}(\boldsymbol{F}_2) \geqslant \cdots \geqslant \mathrm{Var}(\boldsymbol{F}_p) \tag{9.6}$$

主成分分析的具体计算步骤如下：

Step1：对数据样本 $\boldsymbol{X}=[\boldsymbol{X}_1, \boldsymbol{X}_2, \cdots, \boldsymbol{X}_p]^{\mathrm{T}}$ 标准化(即将 $\boldsymbol{X}$ 取值为 $\boldsymbol{X}-E\boldsymbol{X}$)；

Step2：计算协方差矩阵 $\boldsymbol{C}_X$，即

$$\boldsymbol{C}_X = \frac{1}{p}\boldsymbol{X}^{\mathrm{T}}\boldsymbol{X} \tag{9.7}$$

Step3：求协方差矩阵 $\boldsymbol{C}_X$ 的特征值 $\lambda_1, \lambda_2, \cdots, \lambda_p$ 及对应的特征向量 $\boldsymbol{u}_1, \boldsymbol{u}_2, \cdots, \boldsymbol{u}_p$，即

$$\boldsymbol{C}_X\boldsymbol{u}_i = \lambda_i\boldsymbol{u}_i \quad i = 1, 2, \cdots, p \tag{9.8}$$

Step4：计算主分量，即将特征值按大小排序，按特征值的方差累计贡献率确定前 m 个特征值，求出各自对应的特征向量。

9.1.3 GEI 降维

由于提取的初始步态特征 GEI 维数为 128×100，维度比较大，为了去除数据中的冗余信息、提高数据分辨力、减少计算量，需要对 GEI 进行降维处理。另外，由于 PCA 是通过线性变换将原来线性相关的数据变换成线性无关的几个主成分，因此，需要假设所有的 GEI 都存在于一个低维的线性空间中，并且不同对象的 GEI 在这个空间中是线性可分的。我们选择一幅 128×100 大小的 GEI，按照列相连的方法构成一个 12 800 维的列向量，将 N 幅步态能量图按这样的方法构成列向量，共同构成一个样本矩阵 $\boldsymbol{X}=[\boldsymbol{X}_1, \boldsymbol{X}_2, \cdots, \boldsymbol{X}_N]$，那么，$N$ 幅步态能量图的平均向量 $\boldsymbol{\mu}$ 可表示为

$$\boldsymbol{\mu} = \frac{1}{N}\sum_{i=1}^{N}\boldsymbol{X}_i \tag{9.9}$$

为了得到 $\boldsymbol{X}$ 在低维度空间的特征向量 $\boldsymbol{Y}$，需要计算样本的协方差矩阵，即

$$C_X = \frac{1}{N}\sum_{i=1}^{N}(\boldsymbol{X}_i - \boldsymbol{\mu})(\boldsymbol{X}_i - \boldsymbol{\mu})^{\mathrm{T}} \tag{9.10}$$

通过计算可以得到 C_X 的特征值 λ_1，λ_2，…，λ_N 及对应的归一化特征向量 $\boldsymbol{U}_1$，$\boldsymbol{U}_2$，…，$\boldsymbol{U}_N$，为了保证 PCA 在均方误差意义下最优，我们可以将特征值按大小排序，然后根据 95%的贡献率取前 l 个特征值对应的特征向量 $\boldsymbol{U}_1$，$\boldsymbol{U}_2$，…，$\boldsymbol{U}_l$ 构成低维投影空间，从而得到降维后的特征向量 $\boldsymbol{Y}$，计算式可表示为

$$\boldsymbol{Y} = \boldsymbol{U}^{\mathrm{T}}\boldsymbol{X} \tag{9.11}$$

图 9.2 给出了对 GEI 进行降维的示意图。

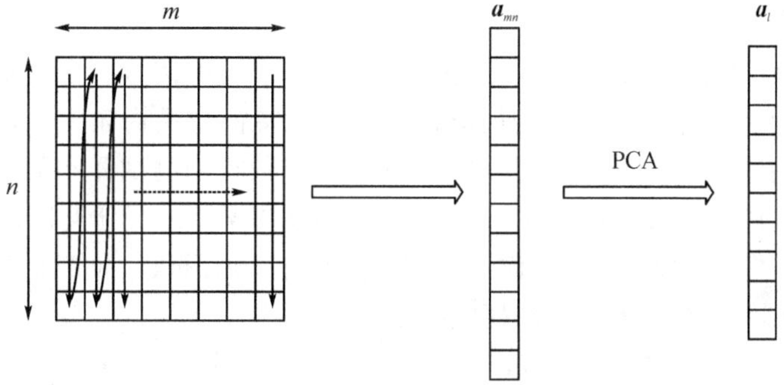

图 9.2　对 GEI 降维示意图

为了验证 PCA 在特征降维中的有效性，我们将采用和未采用 PCA 降维的两种方法得到的识别效果进行了对比。表 9.1 为步态数据库中正常状态下 90°侧影的 GEI 在降维前后的识别效果及识别时间的比较。

表 9.1　降维前后识别率及识别时间比较

方法	识别率/(%)	平均识别时间/ms
无 PCA	94.09	46.3
PCA	93.82	4.3

9.2　基于协同表示的步态识别方法

目前，稀疏表示理论已经成功应用于模式识别领域，并取得了不错的识别效果，但其原理机制仍存在疑问，l_1 范数的求解过程也比较耗时。在步态识别领域，虽然稀疏表示的方法取得了非常好的识别效果，但却忽略了两个重要问题：① 步态识别问题是小样本问题，各类对象的 GEI 数量相对较少，由于训练样本组成的字典通常是不完备的，这样可能会使

识别结果误差较大；② 基于稀疏表示的分类方法忽略了所有类的训练样本间的协作性，即用所有训练样本来共同表示测试样本，而过分强调了 l_1 范数的稀疏性约束，这使得算法的运行时间过长。

针对这些问题，本节提出了基于协同表示的步态识别方法。利用所有类别的 GEI 训练样本间的相似性，来协同地表示测试样本，即通过协同表示的分类方法来降低步态识别的复杂性，并提高步态的识别速度。

9.2.1 稀疏表示与协同表示

1. 稀疏表示

稀疏表示就是用尽可能少的非零系数来表示一个 n 维信号的主要信息，进而对信号实现压缩。基于稀疏表示的分类是用所有训练样本的特征向量构建字典，用字典中的各类训练样本来线性表示测试样本，通过求解最小化 l_1 范数得到测试样本的线性表示系数，最后根据测试样本与字典中各类训练样本之间的最小重构误差进行分类识别。

假定有 K 类步态样本，每类样本足够多且都有 n 幅图像，将二维步态特征按列拉伸为一维列向量，则第 i 类训练样本排列成的矩阵为

$$\boldsymbol{A}_i = [\boldsymbol{x}_{i,1}, \boldsymbol{x}_{i,2}, \cdots, \boldsymbol{x}_{i,j}, \cdots, \boldsymbol{x}_{i,n}] \in \mathbf{R}^{d\times n} \tag{9.12}$$

其中，d 为训练样本的维数，$\boldsymbol{x}_{i,j}$ 为第 i 类样本中第 j 个训练样本的列向量，$\boldsymbol{A}_i$ 是第 i 类全部训练样本构成的训练字典。

与第 i 类同类的测试样本 $\boldsymbol{y}\in\mathbf{R}^d$ 可以用第 i 类所有训练样本组成的训练字典 $\boldsymbol{A}_i$ 线性表示：

$$\boldsymbol{y} = \alpha_{i,1}\boldsymbol{x}_{i,1} + \alpha_{i,2}\boldsymbol{x}_{i,2} + \cdots + \alpha_{i,j}\boldsymbol{x}_{i,j} + \cdots + \alpha_{i,n}\boldsymbol{x}_{i,n} \tag{9.13}$$

其中，$\boldsymbol{\alpha}_i=[\alpha_{i,1}, \alpha_{i,2}, \cdots, \alpha_{i,n}]$为第 i 类训练样本所对应的表示系数向量。

在实际应用中，由于测试样本所属类别 i 是未知的，因此就需要用所有类别的训练样本组成总的训练字典，然后再对测试样本进行稀疏表示。训练字典为

$$\boldsymbol{A} = [\boldsymbol{A}_1, \boldsymbol{A}_2, \cdots, \boldsymbol{A}_n] = [\boldsymbol{x}_{1,1}, \boldsymbol{x}_{1,2}, \cdots, \boldsymbol{x}_{K,n}] \in \mathbf{R}^{d\times nK} \tag{9.14}$$

那么，测试样本 $\boldsymbol{y}$ 就可以用所有训练样本组成的字典 $\boldsymbol{A}$ 来线性表示：

$$\boldsymbol{y} = \sum_{i=1}^{K}\sum_{j=1}^{n}\alpha_{i,j}\boldsymbol{x}_{i,j} = \boldsymbol{A\alpha} \tag{9.15}$$

其中 $\boldsymbol{\alpha}=[\boldsymbol{\alpha}_1, \cdots, \boldsymbol{\alpha}_i, \cdots, \boldsymbol{\alpha}_K]^{\mathrm{T}}=[0, \cdots, 0; \cdots; \alpha_{i,1}, \alpha_{i,2}, \cdots, \alpha_{i,n}; \cdots; 0, \cdots, 0]^{\mathrm{T}}$ 是待求解的系数向量。理想情况下，系数向量 $\boldsymbol{\alpha}$ 中只有与测试样本 $\boldsymbol{y}$ 相关的第 i 类的值是非零的，其他无关类的系数都应为 0。但通常情况下，得到的稀疏表示系数中与测试样本无关类的表示系数值也可能不为 0，如图 9.3 所示。

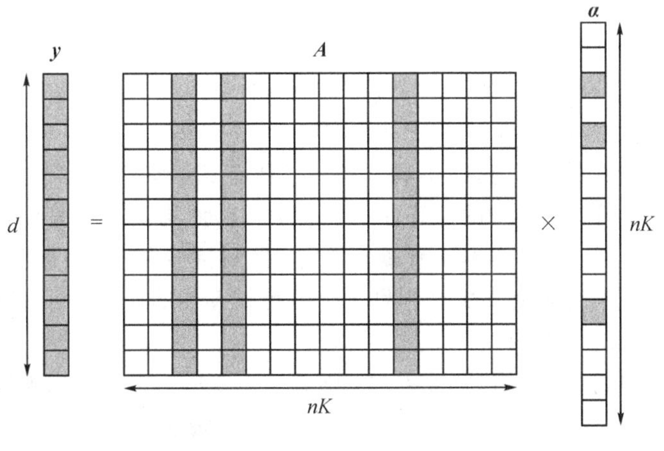

图 9.3 测试样本 $\boldsymbol{y}$ 的稀疏表示

因为通过降维后的步态样本维度 $d < nK$，故式(9.15)为欠定的线性方程组，求得的解不唯一。为了找到测试样本 $\boldsymbol{y}$ 的最优稀疏解 $\boldsymbol{\alpha}$，通常需要求解以下的最优化问题：

$$\hat{\alpha}_0 = \arg\min_{\boldsymbol{\alpha}} \|\boldsymbol{\alpha}\|_0 \quad \text{s.t.} \quad \boldsymbol{y} = \boldsymbol{A\alpha} \tag{9.16}$$

其中，$\|\cdot\|_0$ 为 l_0 范数，就是向量 $\boldsymbol{\alpha}$ 中的非零元素个数，即向量 $\boldsymbol{\alpha}$ 的稀疏度。l_0 范数的优化问题实际上是 NP-hard 问题，该问题可以用贪婪算法(如正交匹配追踪算法)等求解，但这些算法的计算太复杂并且耗时太多，因此需要用其他方法替代解决。有研究证明，当解 $\boldsymbol{\alpha}$ 足够稀疏时，l_1 范数的最优解和 l_0 范数的最优解是等价的，则最小化 l_0 范数求解可转化为最小化 l_1 范数问题：

$$\hat{\alpha}_1 = \arg\min_{\boldsymbol{\alpha}} \|\boldsymbol{\alpha}\|_1 \quad \text{s.t.} \quad \boldsymbol{y} = \boldsymbol{A\alpha} \tag{9.17}$$

一般来说，类别数较多且类别中样本个数较少时，根据上述方法设计的分类器的分类结果就会有较大误差，此时可以简单地将表示系数向量 $\boldsymbol{\alpha}$ 中最大元素的所属类别看作是测试样本 $\boldsymbol{y}$ 的类别。但当类别数适中且每类训练样本的个数较多时，可以采用下面的重构误差方法进行判断。

对于每一类 i，令 $\boldsymbol{\delta}_i$：$\mathbf{R}^n \to \mathbf{R}^n$ 是选择与第 i 类相关的系数向量的特征函数，对于 $\boldsymbol{\alpha} \in \mathbf{R}^n$，向量 $\boldsymbol{\delta}_i(\boldsymbol{\alpha}) \in \mathbf{R}^n$ 为稀疏表示系数向量 $\boldsymbol{\alpha}$ 中与第 i 类相关的元素，其他无关类的元素都为零。此时，只使用与第 i 类相关的非零元素，可以将测试样本 $\boldsymbol{y}$ 近似表示为 $\boldsymbol{y}_i = \boldsymbol{A\delta}_i(\hat{\alpha}_1)$。通过计算所有类 $\boldsymbol{y}_i$ 与测试样本 $\boldsymbol{y}$ 之间的差值，将测试样本 $\boldsymbol{y}$ 归属于残差最小的类别：

$$\min_i r_i(\boldsymbol{y}) = \|\boldsymbol{y} - \boldsymbol{A\delta}_i(\hat{\alpha}_1)\|_2 \tag{9.18}$$

2. 协同表示

在稀疏表示中，假设每类的训练样本足够多，且每类的字典 $\mathbf{A}_i$ 是过完备的。但实际情况中，字典 $\mathbf{A}_i$ 是不完备的。如果使用不完备的字典 $\mathbf{A}_i$ 来线性表示测试样本 $\boldsymbol{y}$，则会造成较大的重构误差，从而使分类结果不稳定。为了解决这种样本缺失问题，稀疏表示模型则利用样本之间的相似性，用所有其他类的样本作为某一类的可能样本，也就是通过所有样本协同表示测试样本，在 l_1 范数系数约束下对测试样本 $\boldsymbol{y}$ 进行编码。

从稀疏表示算法中可知，稀疏表示模型中存在两个关键信息：① 测试样本 $\boldsymbol{y}$ 的表示系数向量 $\boldsymbol{\alpha}$ 必须是稀疏的；② 测试样本 $\boldsymbol{y}$ 是通过所有类的训练样本构成的字典 $\boldsymbol{A}$ 来协同表示，而不是仅仅使用一个类中的训练样本来表示，且通过字典 $\boldsymbol{A}$ 编码后得到的稀疏系数具有判别性，可用来判断测试样本 $\boldsymbol{y}$ 所属的类别。但到目前为止，仍存在一些问题：是使用 l_1 范数的稀疏约束使系数向量 $\boldsymbol{\alpha}$ 更具判别力，还是所有类的协同表示都达到了这样的效果？下面进行一个简单的分析。

将式(9.17)中的 l_1 范数稀疏性去除，则表示式变成一个最小二乘解问题：

$$\hat{\boldsymbol{\alpha}} = \arg\min_{\alpha} \| \boldsymbol{y} - \boldsymbol{A\alpha} \|_2^2 \tag{9.19}$$

测试样本 $\boldsymbol{y}$ 的稀疏表示可通过系数向量 $\boldsymbol{\alpha}$ 近似表示为 $\hat{\boldsymbol{y}} = \sum_i \boldsymbol{A}_i \hat{\alpha}_i$，实际上，其为 $\boldsymbol{y}$ 到字典 $\boldsymbol{A}$ 张成空间上的垂直投影，判断 $\boldsymbol{y}$ 所属类别的重构误差项 $r_i(\boldsymbol{y}) = \| \boldsymbol{y} - \boldsymbol{A}_i \hat{\alpha}_i \|_2^2$ 可表示为

$$r_i(\boldsymbol{y}) = \| \boldsymbol{y} - \boldsymbol{A}_i \hat{\alpha}_i \|_2^2 = \| \boldsymbol{y} - \hat{\boldsymbol{y}} \|_2^2 + \| \hat{\boldsymbol{y}} - \boldsymbol{A}_i \hat{\alpha}_i \|_2^2 \tag{9.20}$$

很显然，式中的 $\| \boldsymbol{y} - \hat{\boldsymbol{y}} \|_2^2$ 对于所有类来说都是常数，故在确定测试样本 $\boldsymbol{y}$ 所述类别时，只有 $r_i^* = \| \hat{\boldsymbol{y}} - \boldsymbol{A}_i \hat{\alpha}_i \|_2^2$ 起真正的决定性作用。

在此，为了更好地理解如何用字典表示测试样本，我们给出了字典 $\boldsymbol{A}$ 表示测试样本 $\boldsymbol{y}$ 的几何模型，如图 9.4 所示，其中，$\boldsymbol{\chi}_i = \boldsymbol{A}_i \hat{\alpha}_i$ 是 $\boldsymbol{A}_i$ 空间的一个向量，$\boldsymbol{\chi}_i = \sum_{j \neq i} \boldsymbol{A}_j \hat{\alpha}_j$ 为其他所有类空间的一个向量，因 $\boldsymbol{\chi}_i$ 平行于 $\hat{\boldsymbol{y}} - \boldsymbol{A}_j \hat{\alpha}_j$，由正弦定理很容易得到：

$$\frac{\| \hat{\boldsymbol{y}} \|_2}{\sin(\boldsymbol{\chi}_i, \bar{\boldsymbol{\chi}}_i)} = \frac{\| \hat{\boldsymbol{y}} - \boldsymbol{A}_i \hat{\alpha}_i \|_2}{\sin(\hat{\boldsymbol{y}}, \boldsymbol{\chi}_i)} \tag{9.21}$$

其中，$(\boldsymbol{\chi}_i, \bar{\boldsymbol{\chi}}_i)$ 是 $\boldsymbol{\chi}_i$ 和 $\bar{\boldsymbol{\chi}}_i$ 之间的夹角，$(\hat{\boldsymbol{y}}, \boldsymbol{\chi}_i)$ 是 $\hat{\boldsymbol{y}}$ 和 $\boldsymbol{\chi}_i$ 之间的夹角。从几何角度看，表示误

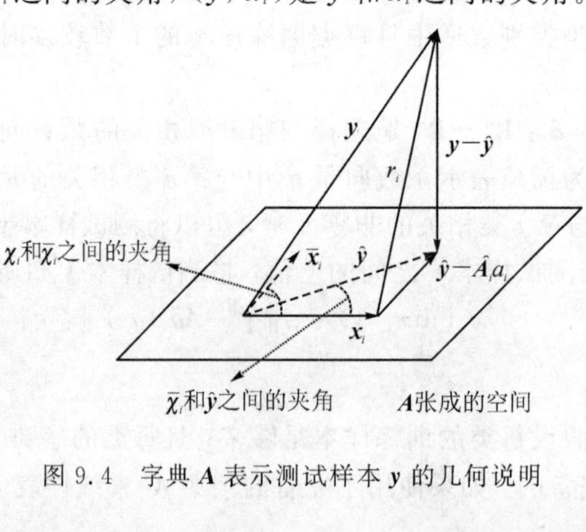

图 9.4　字典 $\boldsymbol{A}$ 表示测试样本 $\boldsymbol{y}$ 的几何说明

差可以写为

$$r_i^* = \| \hat{\boldsymbol{y}} - \boldsymbol{A}_i \hat{\alpha}_i \|_2 = \frac{\sin(\hat{\boldsymbol{y}}, \boldsymbol{\chi}_i) \ \| \hat{\boldsymbol{y}} \|_2}{\sin(\boldsymbol{\chi}_i, \bar{\boldsymbol{\chi}}_i)} \tag{9.22}$$

式(9.22)表明，通过协同表示来判断测试样本是否属于第 i 类时，不仅要考虑 $\hat{\boldsymbol{y}}$ 和 $\boldsymbol{\chi}_i$ 之间的夹角是否小，还应考虑 $\boldsymbol{\chi}_i$ 和 $\bar{\boldsymbol{\chi}}_i$ 之间的夹角是否大，这样的双重检验机制使分类更加有效，也更加鲁棒。

当存在过多类别时，训练样本集就会很大，最小二乘模型 $\hat{\boldsymbol{\alpha}} = \arg\min_\alpha \| \boldsymbol{y} - \boldsymbol{A\alpha} \|_2$ 的解就会不稳定。在稀疏表示模型中，利用 l_1 范数的稀疏性约束可以得到稳定解，但 l_1 范数的最小化计算十分耗时。若采用稀疏性约束较弱的 l_2 范数对解 $\hat{\boldsymbol{\alpha}}$ 进行正则化，在识别中也能得到与 l_1 范数正则化相似的分类效果，但运行时间明显缩短了，这就是说在稀疏表示分类模型中，是样本间的协同表示影响了识别结果，而不是 l_1 范数的稀疏性约束项影响了结果。

3. 协同表示分类算法

基于稀疏表示的分类是在字典中寻找测试样本的最稀疏线性表示，也就是用最少的训练样本来线性表示测试样本；而协同表示的分类则不局限于稀疏性约束，是使用各类训练样本的线性组合来表示测试样本。不同于稀疏表示，协同表示使用了稀疏度较 l_1 范数弱的 l_2 范数来解 $\hat{\boldsymbol{\alpha}}$。

为了降低计算成本，可以采用正则化的最小二乘法来求解，如下式：

$$\hat{\boldsymbol{\alpha}} = \arg\min_\alpha \{ \| \boldsymbol{y} - \boldsymbol{A\alpha} \|_2^2 + \lambda \| \boldsymbol{\alpha} \|_2^2 \} \tag{9.23}$$

其中，λ 为正则化参数，$\lambda \| \boldsymbol{\alpha} \|_2^2$ 有两方面的作用：① 使最小二乘解稳定；② 为 $\hat{\boldsymbol{\alpha}}$ 引入一定量的稀疏。因为 l_2 范数的稀疏性比 l_1 范数的稀疏性弱，降低了计算的复杂度，且对识别结果影响不大，所以有必要引入一定量的稀疏。图 9.5 所示为第 8 类测试样本 $\boldsymbol{y}$ 分别根据式(9.17)得到的 l_1 优化范数系数和根据式(9.23)得到的 l_2 优化范数系数。

从图 9.5 可以看出，(a)中表示系数向量的稀疏度高于(b)中的，但(b)的识别结果同样正确，可以说系数向量的稀疏性对识别结果有用，但不起决定作用。因此，式(9.23)可以降低计算量，同时也能够获得相似的识别效果。

对式(9.23)求最值，有

$$\boldsymbol{0} = \frac{\partial[(\boldsymbol{y} - \boldsymbol{A\alpha})^{\mathrm{T}}(\boldsymbol{y} - \boldsymbol{A\alpha}) + \lambda \boldsymbol{\alpha}^{\mathrm{T}} \boldsymbol{\alpha}]}{\partial \boldsymbol{\alpha}}$$

$$\boldsymbol{0} = \frac{\partial[\boldsymbol{y}^{\mathrm{T}} \boldsymbol{y} - 2\boldsymbol{y}^{\mathrm{T}} \boldsymbol{A\alpha} + \boldsymbol{\alpha}^{\mathrm{T}} \boldsymbol{A}^{\mathrm{T}} \boldsymbol{A\alpha} + \lambda \boldsymbol{\alpha}^{\mathrm{T}} \boldsymbol{\alpha}]}{\partial \boldsymbol{\alpha}}$$

$$\boldsymbol{0} = -2\boldsymbol{A}^{\mathrm{T}} \boldsymbol{y} + 2\boldsymbol{A}^{\mathrm{T}} \boldsymbol{A\alpha} + 2\lambda \boldsymbol{\alpha}$$

$$\boldsymbol{\alpha} = (\boldsymbol{A}^{\mathrm{T}} \boldsymbol{A} + \lambda \boldsymbol{I})^{-1} \boldsymbol{A}^{\mathrm{T}} \boldsymbol{y} \tag{9.24}$$

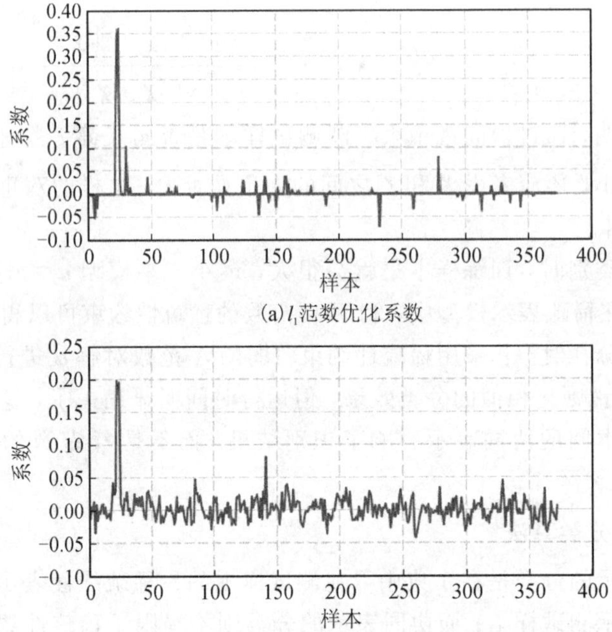

(a) l_1范数优化系数

(b) l_2范数优化系数

图 9.5　测试样本对应的稀疏表示系数

设 $\boldsymbol{P}=(\boldsymbol{A}^{\mathrm{T}}\boldsymbol{A}+\lambda\boldsymbol{I})^{-1}\boldsymbol{A}^{\mathrm{T}}$，而 $\boldsymbol{P}$ 与测试样本 $\boldsymbol{y}$ 无关，可以作为投影矩阵预先计算出来，这样就降低了算法的计算成本，式(9.24)的解就可以表示为 $\hat{\boldsymbol{\alpha}}=\boldsymbol{P}^{\mathrm{T}}\boldsymbol{y}$。

分类时除了使用表示残差，还加入了具有一定分类信息的 l_2 范数稀疏项 $\|\hat{\boldsymbol{\alpha}}\|_2$，这比只用表示残差时的分类准确性稍微有所提高。其中，正则化的表示残差表示为

$$r_i=\frac{\|\boldsymbol{y}-\boldsymbol{A}_i\hat{\boldsymbol{\alpha}}_i\|_2}{\|\hat{\boldsymbol{\alpha}}\|_2} \tag{9.25}$$

此时，测试样本 $\boldsymbol{y}$ 所属类别为：$\text{identity}(\boldsymbol{y})=\arg\min\{r_i(\boldsymbol{y})\}$。

9.2.2　基于协同表示的步态识别方法

由于步态识别属于小样本问题，即每类的步态样本较少，因此，基于稀疏表示的方法会受到步态样本集及训练样本数目的影响，导致训练样本构成的字典对测试样本的线性表示可能不是非常准确。为了解决这一问题，我们首先将协同表示的分类方法应用到步态识别中，将每类步态特征向量进行分组，一组作为训练样本进行训练，另一组作为测试样本进行测试，然后用训练集计算协同表示系数，最后以该系数计算测试样本的重构残差进行分类。

1. 基本过程

基本过程主要分为训练和测试两个部分。训练部分主要是通过训练样本构建表示字典$\boldsymbol{A}$，进而得到矩阵$\boldsymbol{P}$，测试部分则主要是根据矩阵$\boldsymbol{P}$来计算测试样本的表示系数及测试样本与各类训练样本之间的残差，然后根据最小残差的原则对样本进行分类。图 9.6 所示为训练和测试的基本过程。

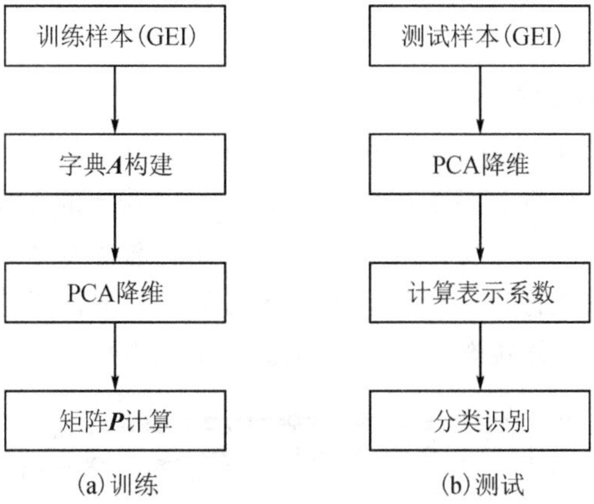

图 9.6　训练及测试的基本过程

2. 计算步骤

1）训练过程的步骤

Step1：将每个训练样本的 GEI 展开成列向量，用所有训练样本组成字典$\boldsymbol{A}=[\boldsymbol{A}_1, \boldsymbol{A}_2, \cdots, \boldsymbol{A}_n]$，其中$\boldsymbol{A}_i(i=1, 2, \cdots, n)$为第$i$类训练样本组成的集合，每列为一个样本数据；

Step2：将$\boldsymbol{A}$的列进行规范化；

Step3：采用 PCA 对字典$\boldsymbol{A}$进行降维处理；

Step4：以字典$\boldsymbol{A}$计算投影矩阵$\boldsymbol{P}$，即

$$\boldsymbol{P}=(\boldsymbol{A}^{\mathrm{T}}\boldsymbol{A}+\lambda\boldsymbol{I})^{-1}\boldsymbol{A}^{\mathrm{T}} \tag{9.26}$$

2）测试过程的步骤

Step1：将测试样本展开成列向量并进行列规范化；

Step2：对测试样本$\boldsymbol{y}$进行 PCA 降维；

Step3：对$\boldsymbol{y}$计算表示系数$\boldsymbol{\alpha}$，即

$$\boldsymbol{\alpha}=\boldsymbol{P}^{\mathrm{T}}\boldsymbol{y} \tag{9.27}$$

Step4：计算各个类对测试样本的重构残差，即

$$r_i=\frac{\|\boldsymbol{y}-\boldsymbol{A}_i\alpha_i\|_2}{\|\boldsymbol{\alpha}\|_2} \tag{9.28}$$

Step5：输出识别结果，将测试样本归类于残差最小的类，即

$$\text{identity}(\boldsymbol{y}) = \arg\min\{r_i(\boldsymbol{y})\}$$

9.2.3 实验与分析

本实验采用大规模、多视角的 Dataset B 数据集，其中包含了 124 个实验对象，11 个视角，每个对象的每个视角包括正常、背包和穿大衣三种状态下的步态图像序列。实验是在 GPU 为 3.20 GHz、内存为 4.00 GB 且应用 MATLAB R2010b 的环境下实现的。

1. 参数 λ 对识别率的影响

通过前面的分析我们知道，正则化参数 λ 的引入主要是为了能够得到稳定且具有一定稀疏性的表示系数 $\boldsymbol{\alpha}$，因此，需要研究 λ 值对步态识别率的影响。本节选择 124 个对象的 90°侧影图像，有正常、背包、穿大衣三种状态，分别选择每个对象的三幅正常图像、一幅背包图像、一幅穿大衣图像进行训练，各个状态下的其他图像作为测试集。图 9.7 给出了在正常、背包、穿大衣三种状态下 λ 取不同值时的识别率。

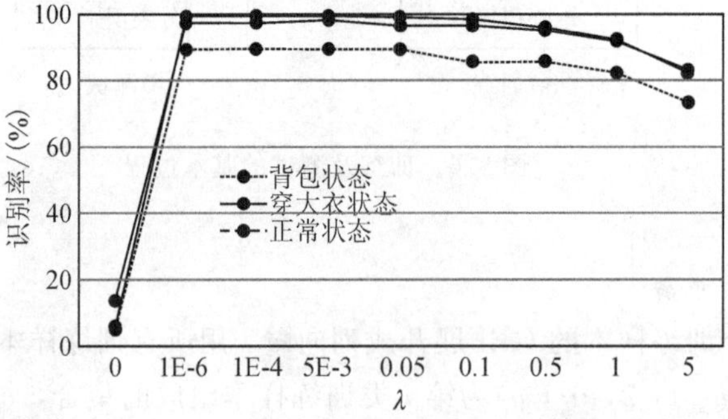

图 9.7　各状态下 λ 取不同值时的识别率

从图中可以看出，当 λ 取 0 时，三种状态下的步态数据集的识别率都非常低。当引入稀疏性较弱的 l_2 范数，即 λ 取相对小的值(0.000001～0.5)时，三种状态下的步态数据集的识别率都很理想。但当 λ 的取值比较大(λ>0.5)，即稀疏性起更重要的作用时，三种状态下的步态数据集的识别率都会降低。实验结果表明，协同表示比系数向量 $\boldsymbol{\alpha}$ 的稀疏性对识别率的影响更大，且 λ 取值不宜过大，也不宜过小，因此，本节所有实验的 λ 取值都选为 0.001。

2. 单一角度下的识别性能

通常情况下，侧影步态特征最明显且较易提取，因此，本节首先采用 90°侧影步态进行单一角度下的步态识别性能分析。另外，将本节方法的实验结果分别与最邻近分类(Nearest Neighbor，NN)、稀疏表示分类(Sparse Representation based Classification，SRC)方法进行比较。三种状态下的步态数据集在不同方法下的识别率和平均识别时间分别

如表 9.2 和表 9.3 所示。

表 9.2　NN、SRC 及本节方法的识别率

算法	NN	SRC	本节方法
正常状态下的识别率/(%)	93.82	98.93	98.93
背包状态下的识别率/(%)	81.45	88.71	87.91
穿大衣状态下的识别率/(%)	92.74	95.96	97.18

表 9.3　NN、SRC 及本节方法的平均识别时间

算法	NN	SRC	本节方法
正常状态下的识别时间/s	0.004 8	0.547 3	0.001 8
背包状态下的识别时间/s	0.002 4	0.192 5	0.001 3
穿大衣状态下的识别时间/s	0.002 4	0.191 2	0.001 3

从表 9.2 中可以看出，虽然本节方法在背包状态下的识别率略低于 SRC 算法，但在正常及穿大衣情况下都取得了很好的识别效果，且在三种状态下，本节方法和 SRC 算法的识别率比 NN 算法提高了 5%左右，这主要是因为本节方法和 SRC 算法都采用了样本间的协同表示。表 9.2 的结果也说明了在样本较少的情况下，本节方法对不同状态下的步态识别率有一定程度的提高。

从表 9.3 中可以看出，本节方法与 NN 算法相比平均识别速度提高了 45%，与 SRC 算法相比平均识别速度提高了约 99%。对于正常状态下的步态样本，本节方法的识别速度比另外两种方法提高得更多，且远远高于 SRC 算法，主要原因是与测试样本无关的部分可以作为投影矩阵事先计算出来，并且对于输入的每个测试样本 $\boldsymbol{y}$ 都能迅速计算出重构系数，而 SRC 算法对每次输入的测试样本 $\boldsymbol{y}$ 都要计算一次 l_1 范数，十分耗时，并且随着样本数目的增多，识别时间也随之增加。因此，虽然本节方法与 SRC 算法相比，识别率的提高不是很大，但识别速度有很大提高；而与 NN 算法相比，识别率及识别速度均有提高。

3. 不同角度下的识别性能

实际情况中，摄像机拍摄角度的改变或人体运动方向的改变都会对步态识别结果造成一定的影响。因此，本节接下来以 90°视角下各状态的步态为训练集，分别以 72°和 108°视角下的步态样本为测试集来进行跨角度实验。实验结果如表 9.4～表 9.7 所示，在视角改变的情况下，本节方法与 SRC 算法的识别率相差不多，但与 NN 算法相比有较大提高。另外，本节方法的识别速度也均高于另外两种方法。

表 9.4　72°测试的识别率

算法	NN	SRC	本节方法
正常状态下的识别率/(%)	54.3	69.49	62.37
背包状态下的识别率/(%)	33.06	71.77	69.36
穿大衣状态下的识别率/(%)	41.53	74.6	72.58

表 9.5　72°测试的平均识别时间

算法	NN	SRC	本节方法
正常状态下的识别时间/s	0.003 3	1.34	0.001 7
背包状态下的识别时间/s	0.002 2	0.38	0.001 3
穿大衣状态下的识别时间/s	0.002 2	0.39	0.001 3

表 9.6　108°测试的识别率

算法	NN	SRC	本节方法
正常状态下的识别率/(%)	68.01	75.67	71.51
背包状态下的识别率/(%)	42.34	76.61	64.11
穿大衣状态下的识别率/(%)	46.77	89.92	80.24

表 9.7　108°测试的平均识别时间

算法	NN	SRC	本节方法
正常状态下的识别时间/s	0.003 2	1.35	0.001 7
背包状态下的识别时间/s	0.002 2	0.39	0.001 3
穿大衣状态下的识别时间/s	0.002 2	0.40	0.001 3

通过实验可知，本节的方法具有较好的识别率，且大大降低了运行时间，但对于不同角度的步态识别率还没有达到很好的效果。

9.3　基于核协同表示的步态识别方法

9.2 节主要利用了协同表示的分类方法进行步态识别，所用的步态特征为经 PCA 降维后的 GEI。虽然取得了较高的识别率，但在 PCA 特征提取过程中只考虑了 GEI 数据间的二阶统计信息，没有利用其中的高阶统计信息。研究表明，一幅图像的高阶统计信息通常包含了图像多个像素间的非线性关系，而基于核的主成分分析法可以捕捉到这些非线性信息，其优点就是将原始空间中线性不可分的分类问题变换到特征空间，从而实现线性可分。因此，本节利用核主成分分析进行步态特征提取，并结合协同表示的分类方法进行步态识别。

9.3.1 核方法

在机器学习及模式识别领域，一种重要的数据处理方法是通过非线性变换将数据映射到某个高维空间中去。在一般情况下，直接实现这种方法非常不容易。首先需要解决的是非线性函数的形式、参数以及特征空间的维数等问题，通常计算代价大且得不到显式的非线性映射函数，另外，在高维特征空间中运算还会存在“维数灾难”，而采用基于核的方法能够很好地处理这些问题，并且更容易理解。

核方法是一种解决非线性数据模式分析问题的有效途径，其特征是应用核函数进行数据处理并减少计算。其原理如图 9.8 所示。

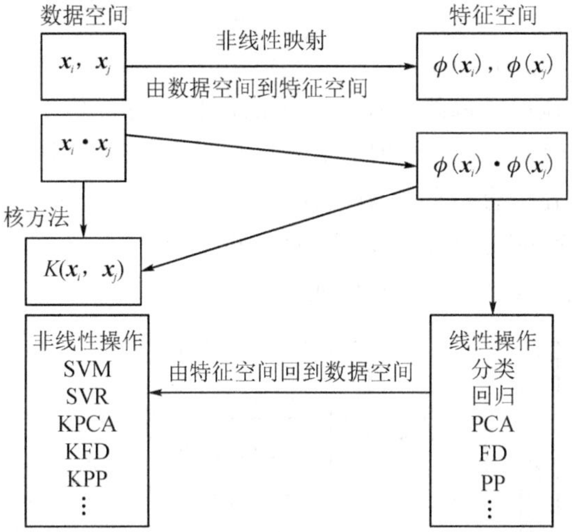

图 9.8 核方法原理示意图

从具体的操作过程上看，核方法主要由两部分组成：一是能够将数据空间中的原始数据映射到特征空间的非线性映射函数；二是能够在特征空间进行线性操作的数据处理算法。

设 $\boldsymbol{x}$，$\boldsymbol{y} \in \boldsymbol{X}$，$\boldsymbol{X}$ 为数据空间的样本集，非线性映射函数为 Φ，核方法就是要实现数据空间到特征空间的映射，则有

$$(\boldsymbol{x}, \boldsymbol{y}) \rightarrow K(\boldsymbol{x}, \boldsymbol{y}) = \Phi(\boldsymbol{x}) \cdot \Phi(\boldsymbol{y}) \tag{9.29}$$

其中，$K(\boldsymbol{x}, \boldsymbol{y})$为核函数，$\Phi(\boldsymbol{x}) \cdot \Phi(\boldsymbol{y})$为内积。从式(9.29)可以看出，核函数将高维特征空

间的内积运算转化成低维数据空间的函数计算，巧妙地避开了高维特征空间中存在的维数灾难。在核方法中，核函数是基础，具有非常重要的作用，而且不难确定，满足 Mercer 条件的函数就可以作为核函数。

Mercer 条件：对于给定的任意函数 $K(\boldsymbol{x}, \boldsymbol{y})$，使得它是某个高维特征空间中内积运算的充要条件是对于不恒等于零的函数 $g(\boldsymbol{x})$，使 $\int g(\boldsymbol{x})^2 \mathrm{d}\boldsymbol{x} < \infty$，且

$$\iint K(\boldsymbol{x}, \boldsymbol{y}) g(\boldsymbol{x}) g(\boldsymbol{y}) \mathrm{d}\boldsymbol{x} \mathrm{d}\boldsymbol{y} \geqslant \boldsymbol{0} \tag{9.30}$$

成立。满足该条件并不困难。由于核方法的基础就是通过一种非线性映射实现原始空间到特征空间的转换，假设原始空间的数据为

$$\boldsymbol{x}_i \in \mathbf{R}^{d_L} \quad i = 1, 2, \cdots, N \tag{9.31}$$

式中，d_L 为原始空间的维数。对于任意的满足 Mercer 条件、对称且连续的函数 $K(\boldsymbol{x}_i, \boldsymbol{x}_j)$，存在一个 Hilbert 空间 H，对于映射 Φ：$\mathbf{R}^{d_L} \rightarrow H$，有

$$K(\boldsymbol{x}_i, \boldsymbol{x}_j) = \sum_{n=1}^{d_F} \Phi_n(\boldsymbol{x}_i) \Phi(\boldsymbol{x}_j) \tag{9.32}$$

其中，d_F 为 H 空间的维数。

式(9.32)进一步说明了高维特征空间中的内积运算等价于原始空间的核函数运算。也就是说，在实际应用中采用核方法时，不需要事先考虑映射函数 Φ 的具体表达形式，只需要考虑怎样选择一个比较合适的核函数即可。事实上，选定一个核函数后，总能找到一个这样的特征空间，能通过核函数来表示空间中的内积运算。

核方法是一种模块化的方法，具体实施步骤如图 9.9 所示。

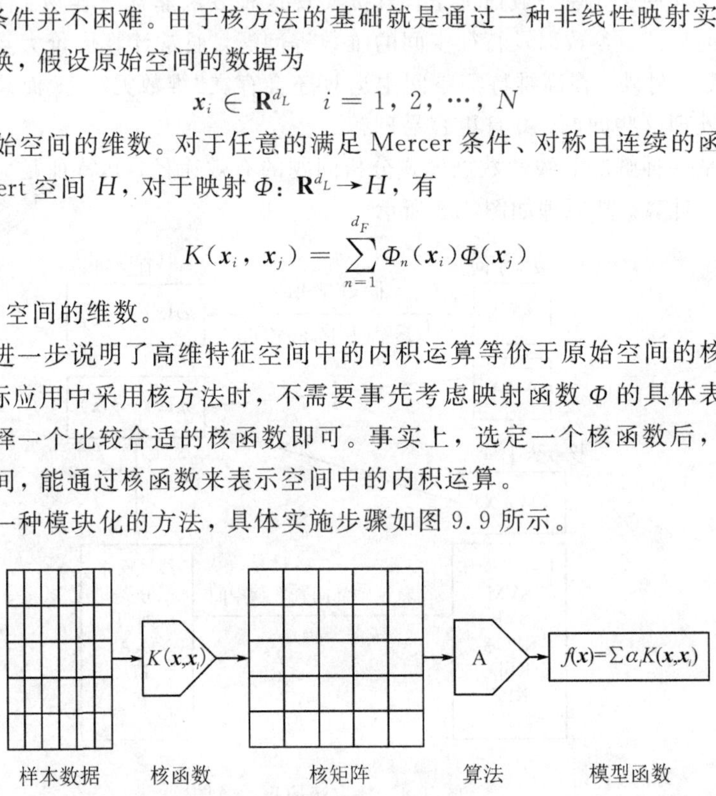

图 9.9 核方法的实施步骤

下面给出几个模式识别中常用的核函数。

(1) 线性核函数：

$$K(\boldsymbol{x}, \boldsymbol{x}_i) = \boldsymbol{x} \cdot \boldsymbol{x}_i \tag{9.33}$$

(2) 多项式核函数：

$$K(\boldsymbol{x}, \boldsymbol{x}_i) = (\boldsymbol{x} \cdot \boldsymbol{x}_i)^d \quad d = 1, 2, \cdots, n \tag{9.34}$$

(3) 高斯核函数：

$$K(\boldsymbol{x}, \boldsymbol{x}_i) = \exp\left(-\frac{\| \boldsymbol{x} - \boldsymbol{x}_i \|^2}{2\sigma^2}\right) \tag{9.35}$$

（4）感知器核函数：

$$K(\boldsymbol{x}, \boldsymbol{x}_i) = \tanh[\beta(\boldsymbol{x} \cdot \boldsymbol{x}_i) + \boldsymbol{b}] \tag{9.36}$$

其中 d，σ，β，$\boldsymbol{b}$ 为核参数。

核方法能够得到广泛应用，主要在于它具有以下优点：

（1）引入核函数，极大地减少了计算量，避免了高维空间的维数灾难。

（2）不需要知道非线性映射函数的具体形式及参数。

（3）核方法是模块化的，可以与其他算法结合形成各种基于核的算法，并且两部分算法可以分别设计和进行，因此，可以根据具体的应用来选择不同的核函数及算法。

9.3.2 核主成分分析

核主成分分析（Kernel Principal Component Analysis，KPCA）是 Scholkopf 等人对 PCA的一种改进算法，即将核方法应用在 PCA 中，从而将 PCA 从线性情形拓展到非线性情形。与主成分分析不同，核主成分分析主要采用非线性的方法来提取主成分，即通过一个非线性函数 Φ 将原始向量 $\boldsymbol{X}$（$\boldsymbol{X} \in \mathbf{R}^N$）映射到一个高维度特征空间 F：$F = \{\Phi(\boldsymbol{X}): \boldsymbol{X} \in \mathbf{R}^n\}$，然后在特征空间 F 上进行主成分分析。通过这种映射，原始空间中无法通过线性分类的数据就能够在高维的特征空间中变得线性可分。

对于原始空间中的 M 个样本 $\boldsymbol{x}_k$（$k=1, 2, \cdots, M$），$\boldsymbol{x}_k \in \mathbf{R}^N$，使 $\sum_{k=1}^{M} \boldsymbol{x}_k = \boldsymbol{0}$，则其协方差矩阵为

$$\boldsymbol{C} = \frac{1}{M}\sum_{i=1}^{M} \boldsymbol{x}_i \boldsymbol{x}_i^{\mathrm{T}} \tag{9.37}$$

对于常用的 PCA 方法，可以通过下式求解特征方程来得到特征值及与其相对应的特征向量，即

$$\lambda \boldsymbol{v} = \boldsymbol{C}\boldsymbol{v} \tag{9.38}$$

其中 λ 为特征值，$\boldsymbol{v}$ 为特征值对应的特征向量。

现将原始空间中的样本点 $\boldsymbol{x}_1$，$\boldsymbol{x}_2$，…，$\boldsymbol{x}_M$ 通过非线性映射函数 Φ 变换成特征空间 F 中的样本点 $\Phi(\boldsymbol{x}_1)$，$\Phi(\boldsymbol{x}_2)$，…，$\Phi(\boldsymbol{x}_M)$，并且假设

$$\sum_{k=1}^{M} \Phi(\boldsymbol{x}_k) = \boldsymbol{0} \tag{9.39}$$

则在特征空间 F 上的协方差矩阵为

$$\bar{\boldsymbol{C}} = \frac{1}{M}\sum_{i=1}^{M} \Phi(\boldsymbol{x}_i)\Phi(\boldsymbol{x}_i)^{\mathrm{T}} \tag{9.40}$$

因此，特征空间中的 PCA 是求解特征方程

$$\lambda \boldsymbol{v} = \bar{C}\boldsymbol{v} \tag{9.41}$$

得到特征值 λ 及其相对应的特征向量 $\boldsymbol{v} \in F$，进一步可以知道

$$\lambda[\Phi(\boldsymbol{x}_k) \cdot \boldsymbol{v}] = \Phi(\boldsymbol{x}_k) \cdot \bar{C}\boldsymbol{v} \quad k = 1, 2, \cdots, M \tag{9.42}$$

其中特征向量 $\boldsymbol{v}$ 可以用 $\Phi(\boldsymbol{x}_i)(i=1, 2, \cdots, M)$线性表示，即

$$\boldsymbol{v} = \sum_{i=1}^{M} \boldsymbol{\alpha}_i \Phi(\boldsymbol{x}_i) \tag{9.43}$$

将式(9.41)和式(9.42)代入式(9.43)可以得到

$$\lambda \sum_{i=1}^{M} \boldsymbol{\alpha}_i [\Phi(\boldsymbol{x}_k) \cdot \Phi(\boldsymbol{x}_i)] = \frac{1}{M} \sum_{i=1}^{M} \boldsymbol{\alpha}_i [\Phi(\boldsymbol{x}_k) \cdot \sum_{j=1}^{M} \Phi(\boldsymbol{x}_j)][\Phi(\boldsymbol{x}_j) \cdot \Phi(\boldsymbol{x}_i)] \quad k = 1, 2, \cdots, M \tag{9.44}$$

定义一个大小为 $M \times M$ 的矩阵 $\boldsymbol{K}$：

$$\boldsymbol{K} \equiv \Phi(\boldsymbol{x}_i)\Phi(\boldsymbol{x}_j) \tag{9.45}$$

则式(9.44)可简化为

$$M\lambda\boldsymbol{\alpha} = \boldsymbol{K}\boldsymbol{\alpha} \tag{9.46}$$

通过求解上述方程可以得到要求的特征值和对应的特征向量。原始样本点在 F 特征空间中向量 $\boldsymbol{V}^k$ 上的投影可以表示为

$$\boldsymbol{V}^k \cdot \Phi(\boldsymbol{x}) = \sum_{i=1}^{M} \boldsymbol{\alpha}_i^k [\Phi(\boldsymbol{x}_i) \cdot \Phi(\boldsymbol{x})] \tag{9.47}$$

然而，一般情况下，假设 $\sum_{k=1}^{M} \Phi(\boldsymbol{x}_k) = \boldsymbol{0}$ 并不成立，则 $M\lambda\boldsymbol{\alpha} = \boldsymbol{K}\boldsymbol{\alpha}$ 中的 $\boldsymbol{K}$ 用 $\widetilde{\boldsymbol{K}}$ 代替，且

$$\widetilde{K}_{ij} = K_{ij} - \frac{1}{M}\sum_{k=1}^{M} K_{kj} - \frac{1}{M}\sum_{l=1}^{M} K_{il} + \frac{1}{M^2}\sum_{k,\, l=1}^{M} K_{kl} \tag{9.48}$$

根据上述 KPCA 的基本原理，可以得到 KPCA 的计算步骤如下：

Step1：将所有类别的样本数据写成一个数据矩阵；

Step2：选择合适的核函数 $K(\boldsymbol{x}, \boldsymbol{y})$及核参数，然后按式(9.48)计算核矩阵 $\widetilde{\boldsymbol{K}}$；

Step3：计算核矩阵的特征值及其对应的特征向量，并对特征值进行降序排序，同时调整其对应的特征向量；

Step4：根据要求的特征值累计贡献率提取主分量构成投影矩阵；

Step5：对核矩阵 $\widetilde{\boldsymbol{K}}$，在投影矩阵上进行投影，所得投影数据即为原始数据经过 KPCA 处理后的数据。

综上可知，核主成分分析的本质就是先通过映射函数将原始数据映射到高维的特征空间中，然后再进行主成分分析。在高维特征空间中，它与主成分分析相似，各主分量相互独立且不相关，并且最前面的几个主分量具有大部分的能量。另外，它与 PCA 也有不同之

处，即通过非线性映射以后，高维特征空间中的图像向量不能在原始空间中进行重建。

9.3.3 基于核协同表示的步态识别方法

步态识别中常用的线性特征提取方法，如 PCA、文档主题生成模型(Latent Dirichlet Allocation，LDA)，通常能获得较好的步态表征结果，但对于我们所获得的步态数据集而言，线性特征只是一种假设的理想情况，步态数据集也可能是非线性结构，更可能是高度非线性结构。基于线性假设的特征提取方法无法揭示隐藏在步态图像空间中的非线性结构，而核方法是非线性模式分析方法中的一种。为了获取更好的步态识别性能，本节将核方法与协同表示算法结合，即核协同表示(Kernel Collaborative Representation based Classifier，KCRC)算法。核协同表示算法的基本思想是：首先通过核函数将原始数据映射到高维的特征空间，使原来线性不可分的数据能够在高维的空间中具有可分性，然后利用特征空间中的数据进行特征提取，最后采用协同表示的方法构建测试样本的重构矩阵。

1. 基本过程

本节首先选取核函数及相应参数，然后依据核函数分别对训练样本及测试样本进行计算得到训练核矩阵及测试核矩阵，对训练核矩阵计算其特征值及特征向量，并对特征值从大到小进行降序排序，根据贡献率提取前 n 个特征向量构成核投影矩阵；其次分别将训练样本及测试样本向核投影矩阵做投影，得到核训练集及核测试集，并对两个数据集进行归一化处理；最后，根据 l_2 范数最小化问题求解得到测试样本集的协同表示系数，利用最小残差来确定测试样本所属类别。具体过程的框图如图 9.10 所示。

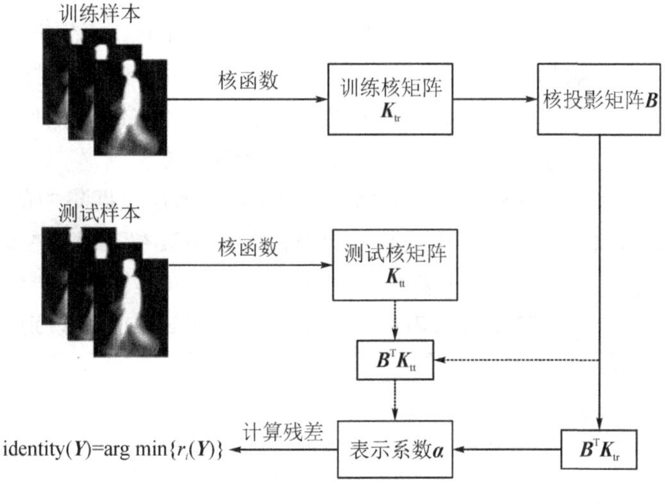

图 9.10　核协同表示的基本框图

2. 计算步骤

KCRC 算法的详细步骤如下所述。

Step1：选择 n 类步态图像的 GEI 作为训练样本集 $\boldsymbol{X}=[\boldsymbol{X}_1, \boldsymbol{X}_2, \cdots, \boldsymbol{X}_n]$，并将与训练样本集同类的其他 GEI 作为测试样本集 $\boldsymbol{Y}=[\boldsymbol{Y}_1, \boldsymbol{Y}_2, \cdots, \boldsymbol{Y}_n]$；

Step2：通过多项式核函数计算训练样本集的核矩阵 $\boldsymbol{K}_{\mathrm{tr}}$；

Step3：计算训练核矩阵 $\boldsymbol{K}_{\mathrm{tr}}$ 的特征值及特征向量，对得到的特征值按大小进行排序，根据要求的累计贡献率取前 p 个特征值 $\lambda_1, \lambda_2, \cdots, \lambda_p$，取出这些特征值对应的特征向量构成核投影空间，并对核投影矩阵 $\boldsymbol{B}$ 的各个向量进行归一化处理；

Step4：选择合适的核函数及参数对测试样本集计算核矩阵 $\boldsymbol{K}_{\mathrm{tt}}$；

Step5：分别将训练核矩阵 $\boldsymbol{K}_{\mathrm{tr}}$ 和测试核矩阵 $\boldsymbol{K}_{\mathrm{tt}}$ 向核投影空间做映射，从而得到核训练样本集 $\boldsymbol{X}^K$：$\boldsymbol{X}^K=\boldsymbol{B}^{\mathrm{T}}\boldsymbol{K}_{\mathrm{tr}}$ 与核测试样本集 $\boldsymbol{Y}^K$：$\boldsymbol{Y}^K=\boldsymbol{B}^{\mathrm{T}}\boldsymbol{K}_{\mathrm{tt}}$，并分别进行归一化处理；

Step6：用核训练样本集 $\boldsymbol{X}^K$ 对核测试样本集 $\boldsymbol{Y}^K$ 中的每一个样本 $\boldsymbol{Y}$ 进行表示：

$$\boldsymbol{\alpha} = \boldsymbol{P}^{\mathrm{T}}\boldsymbol{Y} \text{ 且 } \boldsymbol{P} = [(\boldsymbol{X}^K)^{\mathrm{T}}\boldsymbol{X}^K + \lambda\boldsymbol{I}]^{-1}(\boldsymbol{X}^K)^{\mathrm{T}} \tag{9.49}$$

计算正则化重构残差：

$$\boldsymbol{\alpha} = \boldsymbol{P}^{\mathrm{T}}\boldsymbol{Y} \text{ 且 } r_i = \frac{\| \boldsymbol{Y} - \boldsymbol{X}_i^K\boldsymbol{\alpha}_i \|_2}{\| \boldsymbol{\alpha}_i \|_2} \tag{9.50}$$

Step7：据测试样本的最小残差来确定其所属类别，即 $\mathrm{identity}(\boldsymbol{Y})=\arg\min\{r_i(\boldsymbol{Y})\}$。

9.3.4 实验与分析

1. 核函数及核参数对识别率的影响

在核方法的实际应用中，如果核参数的选择不同，则相应的分类结果也就不同，同样，核函数的选择也会影响具体的分类结果。核函数及相应的参数的选择对识别结果的优劣影响比较大，如何选择合适的核函数和核参数，目前没有太多的理论作指导。所以在实际研究过程中，我们需要通过多次实验来选择比较合适的核函数。

本实验同样采用了 CASIA 步态数据库，以 Dataset B 数据集中的 124 个对象的 90°视角下的侧影步态 GEI 为例，对多项式核函数及高斯核函数在不同核参数下对 KCRC 识别结果的影响进行实验对比。表 9.8～表 9.10 分别为正常、背包、穿大衣情况下的识别结果。

表 9.8　正常状态不同核函数及参数下 KCRC 的识别结果

多项式核函数	核参数 d	0.5	1	2	3	4
	识别率/(%)	98.25	98.25	98.39	98.26	98.26
高斯径向基核函数	核参数 σ	25	50	75	100	125
	识别率/(%)	95.16	97.18	97.45	97.58	97.58

表 9.9　背包状态不同核函数及参数下 KCRC 的识别结果

多项式核函数	核参数 d	0.5	1	2	3	4
	识别率/(%)	89.52	91.13	89.12	89.12	89.12
高斯径向基核函数	核参数 σ	25	50	75	100	125
	识别率/(%)	83.07	85.89	86.69	87.9	87.9

表 9.10　穿大衣状态不同核函数及参数下 KCRC 的识别结果

多项式核函数	核参数 d	0.5	1	2	3	4
	识别率/(%)	95.16	95.97	96.37	96.37	96.37
高斯径向基核函数	核参数 σ	25	50	75	100	125
	识别率/(%)	93.96	94.76	94.76	94.36	94.76

从表 9.8～表 9.10 可以看出，对各个状态下的侧影步态识别，多项式核函数和高斯径向基核函数都能取得较好的识别结果，且当两种核函数对应的核参数分别达到一定值后，识别率趋于稳定。对于步态识别，多项式核函数的识别效果比高斯径向基函数的识别更好一点，所以我们采用多项式核函数，核参数 d 取值为 3。

2. 单一角度的识别效果对比

实验采用 CASIA 步态数据库中的 Dataset B(多视角库)，在 MATLAB R2010b 环境下完成。首先对 90°侧影步态进行识别验证，分别选每个人在正常、穿大衣、背包状态的 3 幅、1 幅、1 幅图像作测试集，其余的作训练集。按照上节 KCRC 算法的步骤进行操作，并与主成分分析(PCA)、核主成分分析(KPCA)、协同表示分类算法(CRC)进行比较，最终的实验结果如图 9.11 所示。

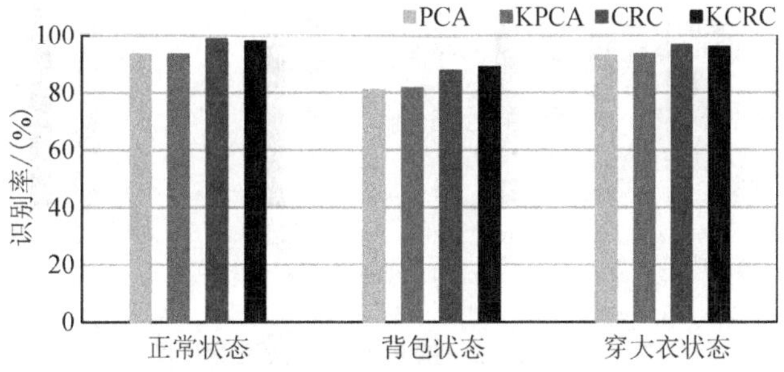

图 9.11　各算法实验结果对比图

从图 9.11 可以看出，对于各状态的侧影步态，KPCA 的识别率比 PCA 的识别率略有提高，说明在 GEI 特征提取方面，KPCA 比 PCA 有更好的识别性能，这主要是因为 PCA 只能提取到 GEI 的线性成分，而 KPCA 还能提取到 GEI 图像中的非线性成分，所以 KPCA 能提取更丰富的图像特征。本节 KCRC 方法的识别效果与所采用的 CRC 算法相比，虽然没有很大的提高，但与 PCA、KPCA 相比获得了更好的识别效果。

3. 不同角度下的识别效果

基于协同表示的步态识别方法提高了步态识别率，大大缩短了步态识别时间，虽然也提高了角度变化情况下各状态的识别率，但与角度不变情况下的效果相比还有一定差距。为了验证本节特征提取方法对步态识别的有效性及对角度因素的鲁棒性，分别选择了正常状态、背包状态、穿大衣状态下 90°视角的 GEI 序列为训练样本，并分别选取各状态下 72°和 108°视角的 GEI 序列作为测试样本进行跨角度实验，对训练样本和测试样本使用核主成分分析的方法进一步提取特征，然后使用协同表示的分类方法根据测试样本的重构残差来确定测试样本的类别。本节算法与 KPCA、CRC 算法的实验结果比较如图 9.12 所示。

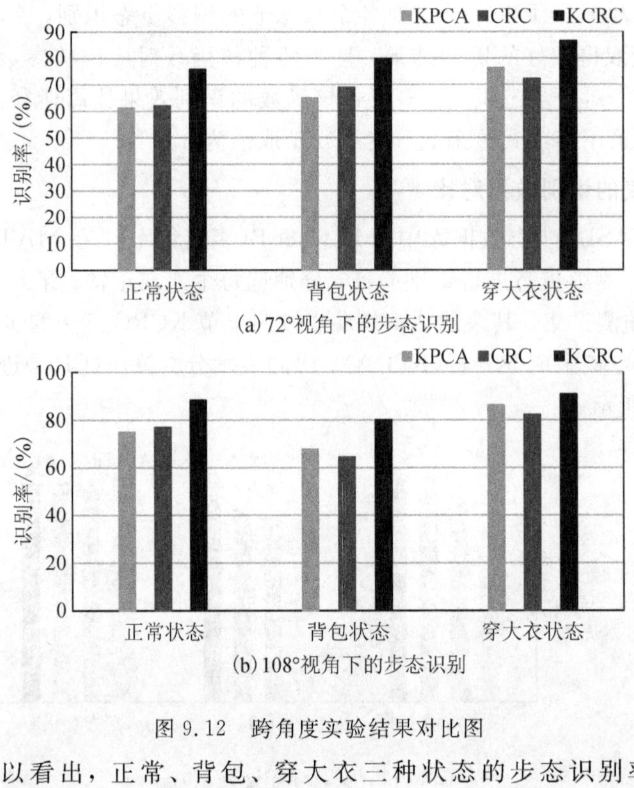

图 9.12　跨角度实验结果对比图

从图 9.12 可以看出，正常、背包、穿大衣三种状态的步态识别率均在 75％以上。KCRC 与其他算法相比均有不同程度的提高，与 KPCA 相比识别率提高了约 15％，与 CRC 相比识别率提高了约 10％。这主要是因为：采用 KPCA 将步态图像映射到了非线性的特征空间，可以提取出有助于识别的非线性特征。此外，本节算法得到的特征维数相对较高，其构成的线性方程是超定的，CRC 算法采用了正则化的最小二乘方法，而本节算法在求解时避免了求解 l_1 范数最小化的时间消耗。

本章小结

本章的主要工作是对步态识别的分类和特征提取进行了改进。针对步态识别中每类样本少、步态识别时间长、在角度变换情况下识别率低的问题，提出了基于协同表示的步态识别方法和基于核协同表示的步态识别方法，通过与步态识别中的其他方法相比，证实了两种方法的优势，这对于步态识别的研究具有一定的意义。

参考文献

[1] WRIGHT J, YANG A Y, GANESH A, et al. Robust face recognition via sparse representation[J]. IEEE Transactions on Pattern Analysis and Machine Intelligence, 2009, 31(2): 210-227.

[2] 李占利，孙卓，崔磊磊，等. 基于核协同表示的步态识别[J]. 广西大学学报（自然科学版）. 2017, 42(2), 705-711.

[3] LI Z L, CUI L L, XIE A L. Target tracking algorithm based on particle filter and mean shift under occlusion[C]. The 2015 IEEE International Conference on Signal Processing, Communications and Computing, 2015: 1-4.

[4] ZHANG L, YANG M, FENG X C. Sparse representation or collaborative representation: Which helps face recognition[C]. IEEE International Conference on Computer Vision, 2011: 471-478.

[5] 李占利，孙卓，杨晓强. 基于步态高斯图及稀疏表示的步态识别[J]. 科学技术与工程. 2017, 17(4): 250-254.

[6] SHI Q, ERIKSSON A, VAN D H A, et al. Is face recognition really a compressive sensing problem? [C]. 2011 IEEE Conference on Computer Vision and Pattern Recognition (CVPR), 2011: 553-560.

[7] 陈祥涛，张前进. 基于核主成分分析的步态识别方法[J]. 计算机应用，2011, 31(05): 1237-1241.

[8] YANG M, ZHANG L, ZHANG D, et al. Relaxed collaborative representation for pattern classification[C]. 2012 IEEE Conference on Computer Vision and Pattern Recognition (CVPR), 2012: 2224-2231.

[9] 王建仁，魏龙，段刚龙，等. 自适应学习的多特征元素协同表示分类算法[J]. 计算机应用，2014, 34(4): 1094-1098.

[10] 林国军，解梅. 一种鲁棒协作表示的人脸识别算法[J]. 计算机应用研究，2014, 31(8): 2520-2522.

[11] 张哲来，马小虎. 基于虚拟样本的协同表示人脸识别算法[J]. 计算机应用研究，2015, 32(11): 3518-3520.

[12] 于倩. 基于稀疏表示和协作表示的虹膜识别算法研究[D]. 秦皇岛：燕山大学，2014.

[13] 王海军，张圣燕. 基于协同表示的目标跟踪算法[J]. 中国科学院大学学报，2016，33(1)：135-143.

[14] HAN J，BHANU B. Individual recognition using gait energy image[J]. IEEE Transactions on Pattern Analysis and Machine Intelligence，2006，28(2)：316-322.

[15] 袁里驰. 基于改进的隐马尔可夫模型的语音识别方法[J]. 中南大学学报(自然科学版)，2008，39(6)：1303-1308.

[16] 韩鸿哲，王志良，刘冀伟，等. 基于线性判别分析和支持向量机的步态识别[J]. 模式识别与人工智能，2005，18(2)：160-164.

[17] CASIA Gait Database[OL]. http：//www. sinobiometrics. com.

[18] 边肇祺，张学工. 模式识别[M]. 北京：清华大学出版社，2002.

[19] CUTLER R，DAVIS L S. Robust real-time periodic motion detection，analysis，and applications[J]. IEEE Transactions on Pattern Analysis and Machine Intelligence，2000，22(8)：781-796.

[20] 高绪伟. 核 PCA 特征提取方法及其应用研究[D]. 南京：南京航空航天大学，2009.

[21] BENABDELKADER C，CUTLER R，DAVIS L. Stride and cadence as a biometric in automatic person identification and verification[C]. Proceedings of Fifth IEEE International Conference on Automatic Face Gesture Recognition，2002：372-377.

[22] 张亮. 稀疏性与协同性相结合的多信息融合的人脸识别算法[D]. 济南：济南大学，2014.

[23] 李占利，崔磊磊，刘金瑄. 基于协同表示的步态识别[J]. 计算机应用研究，2016，33(9)：2878-2880.

[24] 崔磊磊. 基于协同表示的步态识别方法研究[D]. 西安：西安科技大学，2016.

第10章 基于步态帧差熵图的视角归一化步态识别方法

在实际场景中，人的行走方向和摄像机的光轴之间总会存在一定的夹角，而且人行走时有时会走直线有时会转弯，导致同一目标可能会有来自不同方向的多个步态图像序列。当行人以某一视角出现在场景中时，识别系统要先判断该序列属于哪个视角，然后才在对应视角的数据库中进行特征的匹配以完成识别过程。这无疑提高了识别的复杂度，同时增加了计算成本。若能够将获取到的视频图像都变换到某个固定的视角下，那么在识别时就不用再考虑该图像序列来自哪个视角，而是可以直接进行识别。通常同一目标不同视角的步态图像之间存在着一定的变换关系，只要找到这种关系，就可以完成任意视角间图像的变换。因此，本章首先引入图像低秩的概念，然后寻找这种变换关系，进而完成步态图像的视角归一化，以此进行步态识别。

10.1 视角归一化原理

10.1.1 不变特征

要完成不同视角下步态图像的变换，就需要寻找不同视角下步态图像中对应特征点或特征区域之间的关系。而通常情况下，不同视角的步态图像信息会有所差异，这就需要寻找在某种程度上这些特征点或特征区域随着视角的变化而保持基本稳定或不变的信息。针对该问题，研究者们已经提出并研究了很多不变特征和特征描述子，如Gabor小波采用不同的基函数过滤图像，然后再从过滤的图像中计算旋转不变特征；尺度不变特征变换(Scale Invariant Feature Transform，SIFT)对来自不同视角的图像也可以通过仿射不变来解决，它是在空间尺度中寻找极值点，并提取出其位置、尺度、旋转不变数，但在透视摄像机下有时需要采用透视变换。不过，在理论上，透视变换是不存在真正意义上不变的特征描述子的，而且这些方法通常不能处理并发的干扰因素，如遮挡、光照变化等，因为这些因素会严重破坏真实图像匹配过程中的局部特征。

人们对于图像不变特征的研究一直在进行，然而至今仍然没有一个可行的方法。这主要是因为：一方面，如果认为变换是发生在摄像机视角改变的图像域之间，或者光照变化的图像强度上，则在严格的数学意义上来说，二维图像的结构不变是几乎没有的，通常都是近似不变；另一方面，在一些典型的三维场景里通常会具有充满规则的结构，而且这些结构是具有不变性的，如人工物体，它们通常具有类似于直角、对称等规则结构，而且它们的二维仿射或透视投影图像中包含了对应三维物体几何形状中大量精确有用的信息。

设想如果不再试图寻找图像中很少且不精确的局部不变特征，而是直接从三维物体对应的二维图像中通过域变换，如仿射或投影，提取三维物体中的不变结构，就可将该问题转变为从投影或形变的二维图像中恢复某个不变的三维结构的逆问题。这样就避免了图像中局部不变特征的提取，而是可以直接通过一定的域变换完成。

10.1.2 低秩特性

若图像中某种结构是对称或规则的，则经过仿射或投影变换后其特征信息不会发生变化。目前已经有很多种方法可以从图像中检测和提取各种规则结构，但几乎所有这些方法都是从提取和组合局部特征开始的，如角点、边缘或 SIFT 特征点等。然而对于局部特征的检测和边缘的提取，这两者本身就对图像局部的变化非常敏感，如噪声、遮挡或光照等，因此这种方法本身就缺乏一定的鲁棒性和稳定性。另外，对于一些具有对称、规则结构或是没有明显局部特征的图像，需要一种即使图像中存在明显形变或损坏也可以进行对称或规则结构检测和提取的方法。

若能从二维图像区域中提取某些不变的信息，而这些信息恰好可以和三维物体有所关联，这样就可以找到物体本质不变的特征。有研究表明，二维图像区域中某些不变的几何或纹理信息相当于三维物体表面一大类规则或近似规则的结构，而这些三维物体表面却可以用低秩矩阵来进行模拟。如果图像的秩比较高，往往是因为图像中的噪声比较严重。另外，在某种程度上，一些传统的特征可将图像中的不变特征与图像的秩联系起来，如上述提到的角点、边缘、对称结构都可以看成低秩纹理的特殊例子，如图 10.1 所示。

当这样的低秩纹理图像经过某种域变换(如仿射或投影变换)后，若将变换后的纹理看成一个矩阵，则其不具有低秩性。因此，若要提取图像中的不变特征，就需要对形变的非低秩纹理图像进行低秩化。这种方法的优点在于可以直接使用图像所需区域的所有原始像素，而不需要预先提取局部特征，如角点、边缘、SIFT、Gabor 及 DOG 特征等，可以应用在任意尺寸图像的具有低秩的区域中。另外，该方法本身就对图像像素中由腐蚀、遮挡和复杂背景等引起的相对小区域的噪声具有一定的鲁棒性。

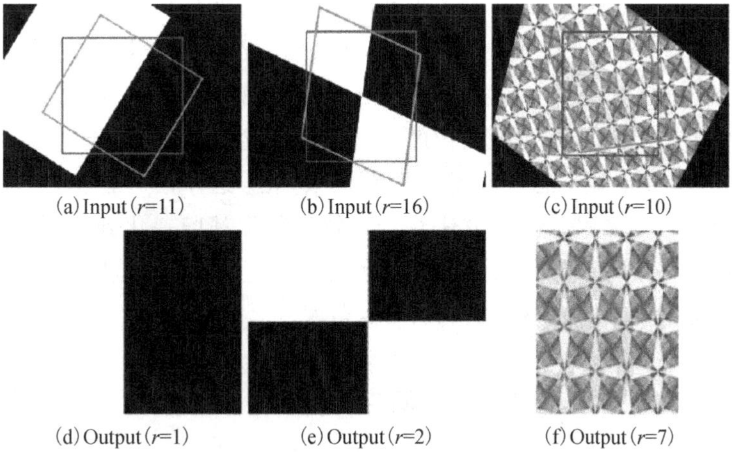

图 10.1　形变结构和低秩结构示例

图像低秩性的定义为：设二维灰度图像为定义在 $\mathbf{R}^2$ 上的函数 $I^0(x, y)$，若一维函数族 $\{I^0(x, y_0) \mid y_0 \in \mathbf{R}\}$ 可以张成有限个低维线性子空间，则称 I^0 是低秩图像，即

$$r = \dim(\text{span}\{I^0(x, y_0) \mid y_0 \in \mathbf{R}\}) \leqslant k \tag{10.1}$$

其中，对于某个小的正整数 k，如果 r 是有限的，则称 I^0 是秩为 r 的图像。

10.1.3　视角归一化与低秩优化

三维物体表面对称或规则的结构在进行仿射或投影变换后，对应的图像具有最小的秩。人在行走的过程中，人体的步态也是一个随时间周期性变化的过程，而且当人行走的方向与摄像机的光轴垂直(90°视角)时，这种周期性的表现形式最为直观和明显。这样根据上述理论，若将 90°视角下的步态投影得到投影图像，则其对应的图像就具有最小的秩。图像的秩在某种意义下可以与核范数进行等价，对各视角下 GEI(步态能量图)的核范数进行统计，结果表明 90°视角下的步态特征图像核范数是最小的，其核范数如图 10.2 所示。

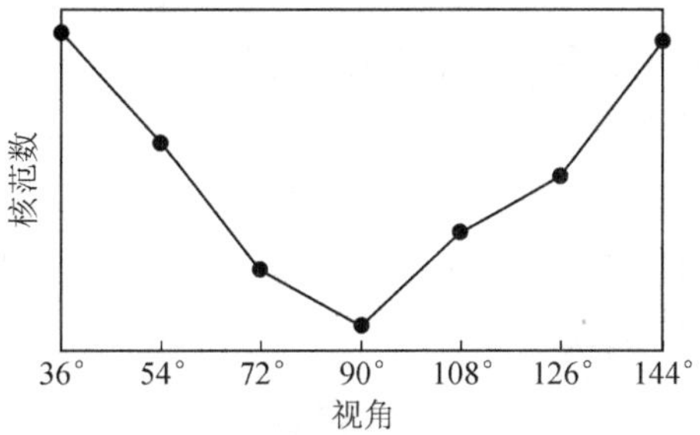

图 10.2　不同视角下 GEI 的核范数

由图 10.2 可见，当视角从 36°到 90°时，步态特征图像核范数逐渐降低至最小值；当视角从 90°到 144°时，步态特征图像核范数逐渐增加。另外，大量实验已经表明 90°视角下步态识别的准确率是最高的，而由前面分析知道 90°视角下步态特征图像的秩是最小的，这样就可以对其他视角下的步态特征图像的秩进行低秩优化，使其达到最小，也就是将特征图像变换到 90°视角下，即步态特征图像的视角归一化。这样在识别过程中，无论测试样本来自于哪个视角，只要采用归一化方法将步态特征图像都归一化到 90°视角，就可以直接与 90°视角下的训练样本进行匹配，而不用再考虑测试样本的视角问题，这样就大大简化了跨视角下的识别过程，同时也减小了识别的复杂度。

10.2 基于步态帧差熵图的视角归一化方法

步态特征图像的视角归一化可以通过低秩优化的方法实现，这样问题就变为如何解决步态特征图像的低秩优化问题。下面对低秩优化问题模型的建立和求解进行详细介绍。

10.2.1 步态帧差熵图

人体的步态特征主要体现在步态图像序列的变化部分，对变化部分的准确刻画可以有效提高步态特征的识别精度。而香农熵恰好常被用来衡量一个随机变量的不确定性，变量的不确定性越大，熵也就越大。本节将熵引入到步态特征的描述中，在步态帧差能量图(Gait Frame Difference Energy Image，GFDEI)的基础上提出步态帧差熵图(Gait Frame Difference Entropy Image，GFDEnI)。

香农熵可以通过概率理论来定义，如下：

$$H = -\sum_{i=1}^{n} p_i \operatorname{lb} p_i \tag{10.2}$$

其中，p_i 表示事件 i 在 n 种状态下的概率，满足 $\sum_{i=1}^{n} p_i = 1$，$0 \leqslant p_i \leqslant 1$；lb 即 $\log_2$(下同)。

GFDEnI 的合成过程为：在一个完整的步态周期内，首先通过相邻帧差法获得 GFDEI 序列，然后根据香农熵原理得到图像上每个像素点的香农熵，进而合成 GFDEnI。

设一幅大小为 $R\times C$ 的图像定义为 $\boldsymbol{I}=[f(x, y)]_{R\times C}$，其中 $f(x, y)$ 为点 (x, y) 处的灰度值。若定义该图像的灰度级为 0，1，…，$L-1$，假设某灰度级 i 上的像素数为 M_i，则可以将整幅图像的总像元数 M 定义为

$$M = \sum_{i=0}^{L-1} M_i = RC \tag{10.3}$$

在香农熵的基础上定义一幅图像的一元灰度熵，则有

$$H = -\sum_{i=0}^{L-1} p_i \mathrm{lb} p_i, \quad p_i = \frac{M_i}{M} \tag{10.4}$$

其中，p_i 为灰度级 i 出现的概率。由上述理论公式，可构建 GFDEnI 中每个像素点的熵：

$$H(x, y) = -\sum_{i=1}^{N} p_i(x, y)\, \mathrm{lb} p_i(x, y) \tag{10.5}$$

其中，$p_i(x, y)$是点(x, y)处于第 i 灰度级的概率，N 为图像中灰度级的个数。

由于步态轮廓图像是二值图像，只有黑、白两个灰度级，因此取 $N=2$。计算出每个像素点的熵后，采用式(10.6)对 $H(x, y)$进行归一化，使其处于 0 到 255 的范围内，至此得到 GFDEnI。

$$G(x, y) = \frac{[H(x, y) - H(\mathrm{minimum})] \times 255}{H(\mathrm{maximum}) - H(\mathrm{minimum})} \tag{10.6}$$

其中 $H(\mathrm{minimum}) = \min[H(x, y)]$，$H(\mathrm{maximum}) = \max[H(x, y)]$。图 10.3 为同一对象不同状态下的 GFDEnI。

图 10.3　同一对象不同状态下的 GFDEnI

10.2.2　低秩变换

设任意视角的步态特征图像 $\boldsymbol{I}(x, y)$与 90°视角下的步态特征图像 $\boldsymbol{I}^0(x, y)$存在下列关系：

$$\boldsymbol{I}(x, y) = \boldsymbol{I}^0 \circ \boldsymbol{\tau}^{-1}(x, y) = \boldsymbol{I}^0[\boldsymbol{\tau}^{-1}(x, y)] \tag{10.7}$$

其中域变换 $\boldsymbol{\tau}$: $\mathbf{R}^2 \to \mathbf{R}^2$ 是某个李氏群，例如旋转群 SO(2)、二维仿射群 Aff(2)或单应性群 GL(3)。$\boldsymbol{\tau}$ 取为单应性群 GL(3)，主要是因为它能精确描述二维坐标中的投影变换，在给定变化的角度时，它可以用来准确估计步态位置的变化。

不同视角下的步态特征图像之间除了存在域变换外，步态特征图像还会受到腐蚀、遮挡等因素的影响，在考虑这些因素的影响后，采用稀疏误差矩阵 $\boldsymbol{E}$ 来对其进行表示，上面

的关系式(10.7)调整为

$$\boldsymbol{I} \circ \boldsymbol{\tau} = \boldsymbol{I}^0 + \boldsymbol{E} \tag{10.8}$$

给定某一视角下的步态特征图像 $\boldsymbol{I}$ 后，如何恢复其对应的低秩图像 $\boldsymbol{I}^0$、稀疏误差矩阵 $\boldsymbol{E}$ 以及域变换 $\boldsymbol{\tau}$，这样的问题就转变为下面的优化问题：

$$\begin{aligned} &\min_{\boldsymbol{I}^0,\, \boldsymbol{E},\, \tau} \ \operatorname{rank}(\boldsymbol{I}^0) + \gamma \| \boldsymbol{E} \|_0 \\ &\text{s.t.}\ \boldsymbol{I} \circ \boldsymbol{\tau} = \boldsymbol{I}^0 + \boldsymbol{E} \end{aligned} \tag{10.9}$$

式中，$\| \boldsymbol{E} \|_0$ 表示 $\boldsymbol{E}$ 中非零元素的个数，$\gamma \geqslant 0$ 是一个权重参数，用来平衡图像的秩和误差的稀疏性。

然而，矩阵秩存在非凸性问题，l_0 范数存在 NP 困难，这样就不能直接对式(10.9)的优化问题进行求解，因此我们考虑将其转化为相应的凸问题，即将秩用核范数代替，l_0 范数用 l_1 范数代替，这样式(10.9)就转变为一个新的优化问题：

$$\begin{aligned} &\min_{\boldsymbol{I}^0,\, \boldsymbol{E},\, \tau} \ \| \boldsymbol{I}^0 \|_* + \lambda \| \boldsymbol{E} \|_1 \\ &\text{s.t.}\ \boldsymbol{I} \circ \boldsymbol{\tau} = \boldsymbol{I}^0 + \boldsymbol{E} \end{aligned} \tag{10.10}$$

式中，$\| \cdot \|_*$ 表示矩阵的核范数或奇异值的总和，$\| \cdot \|_1$ 表示 l_1 范数或元素绝对值的和。对于其中的非线性约束 $\boldsymbol{I} \circ \boldsymbol{\tau} = \boldsymbol{I}^0 + \boldsymbol{E}$，可以通过连续的凸规划来对其进行优化，其中 λ 的值一般可以通过经验决定，根据训练集上识别率最大化来调整。

至此，式(10.10)中的目标函数已经转化为凸问题，然而由于约束条件是非线性且非凸的，因此要解决此优化问题，需要再对约束条件进行线性化。这里可以采用估计值和不断迭代的方法进行，线性化后的约束条件可表示为

$$\boldsymbol{I} \circ \boldsymbol{\tau} + \nabla \boldsymbol{I} \Delta \boldsymbol{\tau} = \boldsymbol{I}^0 + \boldsymbol{E} \tag{10.11}$$

其中 $\nabla \boldsymbol{I}$ 是雅克比矩阵，则式(10.10)转变为

$$\begin{aligned} &\min_{\boldsymbol{I}^0,\, \boldsymbol{E},\, \Delta\tau} \ \| \boldsymbol{I}^0 \|_* + \lambda \| \boldsymbol{E} \|_1 \\ &\text{s.t.}\ \boldsymbol{I} \circ \boldsymbol{\tau} + \nabla \boldsymbol{I} \Delta \boldsymbol{\tau} = \boldsymbol{I}^0 + \boldsymbol{E} \end{aligned} \tag{10.12}$$

这样，式(10.10)的优化问题已经转化为式(10.12)的凸规划问题，且可以获得最优解。但是由于线性化只能获得原非线性问题的局部最优解，因此需对该方法进行不断迭代以使其收敛到原非凸问题的局部最小值。

上述问题的求解算法可以描述为：

输入：图像 $\boldsymbol{I} \in \mathbf{R}^{w \times h}$，初始化变换 $\tau \in G$(仿射或投影变换的集合)，权值 $\lambda > 0$

While 不收敛

Step1 归一化并计算雅克比矩阵：

$$\boldsymbol{I}\circ\boldsymbol{\tau}\leftarrow\frac{\boldsymbol{I}\circ\boldsymbol{\tau}}{\|\boldsymbol{I}\circ\boldsymbol{\tau}\|_F}$$

$$\nabla\boldsymbol{I}\leftarrow\frac{\partial}{\partial\zeta}\left(\frac{\mathrm{vec}(\boldsymbol{I}\circ\boldsymbol{\zeta})}{\|\mathrm{vec}(\boldsymbol{I}\circ\boldsymbol{\zeta})\|_F}\right)\bigg|_{\zeta=\tau}$$

Step2　解决线性化问题：

$$(\boldsymbol{I}^{0*},\ \boldsymbol{E}^*,\ \Delta\boldsymbol{\tau}^*)\leftarrow\arg\min_{\boldsymbol{I}^0,\ \boldsymbol{E},\ \Delta\boldsymbol{\tau}}\|\boldsymbol{I}^0\|_*+\lambda\|\boldsymbol{E}\|_1$$

$$\text{s. t.}\ \ \boldsymbol{I}\circ\boldsymbol{\tau}+\nabla\boldsymbol{I}\Delta\boldsymbol{\tau}=\boldsymbol{I}^0+\boldsymbol{E}$$

Step3　更新变换 $\boldsymbol{\tau}\leftarrow\boldsymbol{\tau}+\Delta\boldsymbol{\tau}^*$

End While

输出：优化的 $\boldsymbol{I}^{0*}$，$\boldsymbol{E}^*$，$\boldsymbol{\tau}^*$

上述迭代线性化的算法是解决非线性问题的常用方法，可以证明这种迭代线性化方法能够二次方收敛于原非线性问题的局部最小值。该算法中计算最复杂的部分就是第二步中内部循环的凸规划，这个问题可以看成是一个半定规划问题，可采用传统算法来解决，如内点法。

内点法是一种求解线性规划或非线性凸规划问题的常用算法，其主要思想是：在可行域的边界筑起一道很高的“围墙”，当迭代点靠近边界时，目标函数陡然增大，以示惩罚，阻止迭代点穿越边界，这样就可以将最优解“挡”在可行域之内了。该方法有一个惩罚函数，用于描述凸集。其数学描述如下所述。

设有线性规划问题：

$$\begin{aligned}&\min\ f(\boldsymbol{x}) &&x\in\mathbf{R}^n\\&\text{s. t.}\ \ c(\boldsymbol{x})\geqslant 0 &&c(\boldsymbol{x})\in\mathbf{R}^m\end{aligned}\tag{10.13}$$

利用内点法进行求解时，构造惩罚函数的一般表达式为

$$B(\boldsymbol{x},\ \mu)=f(\boldsymbol{x})-\mu\sum_{i=1}^{m}\ln[c_i(\boldsymbol{x})]\tag{10.14}$$

这里 μ 是一个小的正参数，称为“惩罚因子”。当 μ 趋近于 0 时，$B(\boldsymbol{x},\ \mu)$将趋近于式(10.14)的解。

内点法有着很好的收敛性，但是它不能随着问题规模的变化而扩展，因此不适用于实际应用中的大图像。针对该问题，可采用增广 Lagrange 乘子法来解决式(10.14)中的线性化问题。

10.2.3　增广 Lagrange 乘子法

增广 Lagrange 乘子法是在 Lagrange 乘子法的基础上对其目标函数增加了更多因素。因此在介绍增广 Lagrange 乘子法之前，首先对 Lagrange 乘子法的原理进行说明。为了有一个比较好的直观解释，这里用二维最优化的例子来解释为什么 Lagrange 乘子法可以求解

最优化问题。

设有线性规划问题：

$$\begin{aligned}&\min f(x,\ y)\\&\text{s.t. }\ g(x,\ y)=c\end{aligned}\tag{10.15}$$

如图 10.4 所示为 Lagrange 乘子法示意图，虚线标出的是约束 $g(x,\ y)=c$ 的点的轨迹，实线是 $f(x,\ y)$的等高线，箭头表示的斜率与等高线的法线平行。

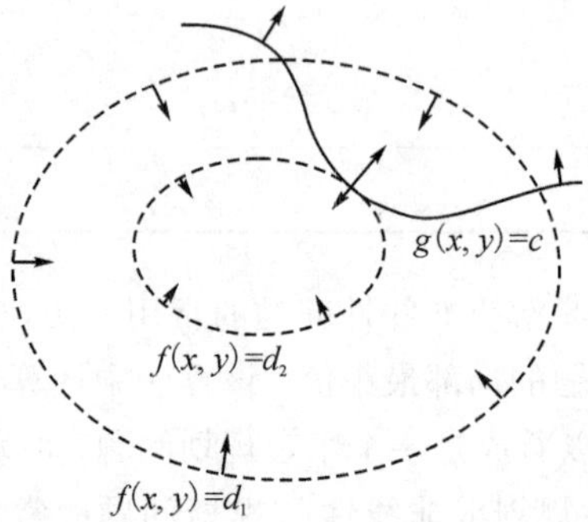

图 10.4　Lagrange 乘子法示意图

从图 10.4 可以直观地看到在最优解处，f 和 g 的法线方向刚好相反（或者是梯度共线），即

$$\nabla[f(x,\ y)+\lambda(g(x,\ y)-c)]=0\quad \lambda\neq 0\tag{10.16}$$

而满足式(10.16)的点即为满足式(10.17)的点，即

$$\min F(x,\ y)=f(x,\ y)+\lambda(g(x,\ y)-c)\tag{10.17}$$

所以式(10.15)和式(10.17)是等价的，即 $F(x,\ y)$在达到极值时与 $f(x,\ y)$值相等，因为 $F(x,\ y)$达到极值时 $g(x,\ y)-c$ 总等于零。

接下来介绍增广 Lagrange 乘子法的原理。设凸规划问题：

$$\min_{x} f(\boldsymbol{x})\quad \text{s.t. } A(\boldsymbol{x})=\boldsymbol{b}\tag{10.18}$$

其中 f 是连续的凸函数，A 是线性函数，$\boldsymbol{b}$ 是同样维度的向量。增广 Lagrange 乘子法的基本原理是将上述约束规划问题转化为具有相同最优解的无约束问题进行求解。

为了解决上述问题，定义增广 Lagrange 函数：

$$L_{\mu}(\boldsymbol{x},\ \boldsymbol{y})=f(\boldsymbol{x})+\langle \boldsymbol{y},\ \boldsymbol{b}-A(\boldsymbol{x})\rangle+\frac{\mu}{2}\ \|\boldsymbol{b}-A(\boldsymbol{x})\|_2^2\tag{10.19}$$

其中，$\boldsymbol{y}$ 是相同维度的 Lagrange 乘数向量，$\|\cdot\|_2$ 是欧氏距离，$\mu>0$ 是不可行点上的惩罚因子。

增广 Lagrange 乘子法在最小化增广 Lagrange 函数的同时计算一个合适的 Lagrange 乘子，它的基本迭代过程如下：

$$x_{k+1} = \arg\min_{x} L_{\mu_k}(x, y_k) \tag{10.20}$$

$$y_{k+1} = y_k + \mu_k(b - A(x_k)) \tag{10.21}$$

$$\mu_{k+1} = \rho \cdot \mu_k \tag{10.22}$$

其中，$\{\mu_k\}$是一个单调递增正序列($\rho>1$)，这样就将原来的约束优化问题转化为一个无约束的凸规划问题。

在迭代过程中，只要 $L_\mu(x, y)$关于 x 满足最小化，则上述迭代过程就能很好地得到结果，这主要是基于矩阵核范数和 l_1 范数的下列重要特性：

$$S_\mu(y_1 + y_2) = \arg\min_{x} \mu \| x \|_1 - \langle x, y_1 \rangle + \frac{1}{2} \| x - y_2 \|_F^2 \tag{10.23}$$

$$US_\mu[\sum]V^{\mathrm{T}} = \arg\min_{x} \mu \| x \|_* - \langle x - W_1 \rangle + \frac{1}{2} \| x - W_2 \|_F^2 \tag{10.24}$$

其中，$U\sum V^{\mathrm{T}}$ 是($W_1 + W_2$)的奇异值分解，μ 是一个任意的非负实常数，$S[\cdot]$代表了一种软阈值或收缩算子，其定义如下：

$$S_\mu[x] = \mathrm{sign}(x) \cdot (|x| - \mu) \tag{10.25}$$

$$\mathrm{sign}(x) = \begin{cases} 1 & x > 0 \\ -1 & x < 0 \end{cases} \tag{10.26}$$

其中，$\mu>0$，收缩算子 $S[\cdot]$可以是向量也可以是矩阵。

10.2.4 增广 Lagrange 乘子法求解优化问题

针对式(10.12)中的线性优化问题，其增广 Lagrange 函数定义为：

$$L_\mu(I^0, E, \Delta\tau, Y) = f(I^0, E) + \langle Y, R(I^0, E, \Delta\tau) \rangle + \frac{\mu}{2} \| R(I^0, E, \Delta\tau) \|_F^2 \tag{10.27}$$

其中，$\mu>0$，Y 是 Lagrange 乘子矩阵，$\langle \cdot, \cdot \rangle$表示矩阵内积，并且

$$f(I^0, E) = \| I^0 \|_* + \lambda \| E \|_1 \tag{10.28}$$

$$R(I^0, E, \Delta\tau) = I \circ \tau + \nabla I \Delta\tau - I^0 - E \tag{10.29}$$

这样该优化问题的增广 Lagrange 迭代过程可以表示为

$$(I_k^0, E_k, \Delta\tau_k) = \arg\min_{I^0, E, \Delta\tau} L_{\mu_k}(I^0, E, \Delta\tau, Y_{k-1}) \tag{10.30}$$

$$Y_k = Y_{k-1} + \mu_{k-1} R(I_k^0, E_k, \Delta\tau_k) \tag{10.31}$$

假设对于 $\mu_0>0$ 和 $\rho>1$，有 $\mu_k=\rho^k\mu_0$。

针对上面的迭代问题，同时对变量 I^0、E 和 $\Delta\tau$ 进行最小化的计算量太大，可以采用交替最小化法，即一次只对其中一个变量进行最小化。交替最小化法的过程可以表示为

$$I_{k+1}^0 = \arg\min_{I^0} L_{\mu_k}(I^0, E_k, \Delta\tau_k, Y_k) \tag{10.32}$$

$$\boldsymbol{E}_{k+1} = \arg\min_{\boldsymbol{E}} L_{\mu_k}(\boldsymbol{I}_{k+1}^0, \boldsymbol{E}, \Delta\boldsymbol{\tau}_k, \boldsymbol{Y}_k) \tag{10.33}$$

$$\Delta\boldsymbol{\tau}_{k+1} = \arg\min_{\Delta\boldsymbol{\tau}} L_{\mu_k}(\boldsymbol{I}_{k+1}^0, \boldsymbol{E}_{k+1}, \Delta\boldsymbol{\tau}, \boldsymbol{Y}_k) \tag{10.34}$$

该问题用收缩算子可以表示为

$$\boldsymbol{I}_{k+1}^0 \leftarrow U_k S_{\mu_k^{-1}}\left[\sum\nolimits_k\right]\boldsymbol{v}_k^{\mathrm{T}} \tag{10.35}$$

$$\boldsymbol{E}_{k+1} \leftarrow S_{\lambda\mu_k^{-1}}\left[\boldsymbol{I}\circ\boldsymbol{\tau} + \nabla\boldsymbol{I}\Delta\boldsymbol{\tau}_k - \boldsymbol{I}_{k+1}^0 + \mu_k^{-1}\boldsymbol{Y}_k\right] \tag{10.36}$$

$$\Delta\boldsymbol{\tau}_{k+1} \leftarrow (\nabla\boldsymbol{I})^{\S}(-\boldsymbol{I}\circ\boldsymbol{\tau} + \boldsymbol{I}_{k+1}^0 + \boldsymbol{E}_{k+1} - \mu_k^{-1}\boldsymbol{Y}_k) \tag{10.37}$$

其中，$U_k \sum_k \boldsymbol{V}_k^{\mathrm{T}}$ 是$(\boldsymbol{I}\circ\boldsymbol{\tau} + \nabla\boldsymbol{I}\Delta\boldsymbol{\tau}_k - \boldsymbol{E}_k + \mu_k^{-1}\boldsymbol{Y}_k)$的奇异值分解，$(\nabla\boldsymbol{I})^{\S}$ 表示$\nabla\boldsymbol{I}$的广义逆。

对上述交替最小化法求解优化问题的过程进行整理，其算法如下：

输入：归一化后的图像 $\boldsymbol{I}\circ\boldsymbol{\tau}\in\mathbf{R}^{m\times n}$，雅克比矩阵$\nabla\boldsymbol{I}$，$\lambda>0$

初始化：$k=0$，$\boldsymbol{Y}_0=\boldsymbol{0}$，$\boldsymbol{E}_0=\boldsymbol{0}$，$\Delta\boldsymbol{\tau}_0=\boldsymbol{0}$，$\mu_0>0$，$\rho>1$

While 不收敛

$(U_k, \sum_k, \boldsymbol{V}_k) = \mathrm{svd}(\boldsymbol{I}\circ\boldsymbol{\tau} + \nabla\boldsymbol{I}\Delta\boldsymbol{\tau}_k - \boldsymbol{E}_k + \mu_k^{-1}\boldsymbol{Y}_k)$

$\boldsymbol{I}_{k+1}^0 = U_k S_{\mu_k^{-1}}[\sum_k]\boldsymbol{V}_k^{\mathrm{T}}$

$\boldsymbol{E}_{k+1} = S_{\lambda\mu_k^{-1}}[\boldsymbol{I}\circ\boldsymbol{\tau} + \nabla\boldsymbol{I}\Delta\boldsymbol{\tau}_k - I_{k+1}^0 + \mu_k^{-1}\boldsymbol{Y}_k]$

$\Delta\boldsymbol{\tau}_{k+1} = (\nabla\boldsymbol{I})^{\S}(-\boldsymbol{I}\circ\boldsymbol{\tau} + \boldsymbol{I}_{k+1}^0 + \boldsymbol{E}_{k+1} - \mu_k^{-1}\boldsymbol{Y}_k)$

$\boldsymbol{Y}_{k+1} = \boldsymbol{Y}_k + \mu_k(\boldsymbol{I}\circ\boldsymbol{\tau} + \nabla\boldsymbol{I}\Delta\boldsymbol{\tau}_{k+1} - \boldsymbol{I}_{k+1}^0 - \boldsymbol{E}_{k+1})$

$\mu_{k+1} = \rho\mu_k$

End While

输出：$\boldsymbol{I}^0$，$\boldsymbol{E}$，$\Delta\boldsymbol{\tau}$

至此，通过上述算法就可以完成步态特征图像的低秩优化问题。将其中的步态特征图像分别替换为 GEI、GFDEI、GFDEnI，则采用该低秩优化算法就可以将任意非 90°视角下的 GEI、GFDEI、GFDEnI 归一化到 90°视角。

基于步态帧差熵图的视角归一化识别方法步骤如下：

Step1：采用背景差分法获得目标轮廓二值图像 $\boldsymbol{I}$；

Step2：根据轮廓图像的宽度变化检测出步态周期 T；

Step3：提取步态帧差熵图得到一个周期之内的 GFDEnI；

Step4：应用增广 Lagrange 乘子法对得到的步态特征图像进行低秩优化；

Step5：对优化后的图像采用最近邻分类法进行跨视角下的分类识别。

10.3 实验与分析

为了验证本章提出的步态特征图像视角归一化方法，本节我们分别对非 90°视角下的

GEI、GFDEI、GFDEnI 采用低秩优化进行视角归一化实验，再采用最近邻分类方法完成分类识别。

10.3.1 步态特征图像归一化前后结果

图 10.5 是 54°、72°、108°、126°视角下的步态特征图像经本章的视角归一化方法进行低秩优化后得到的结果。其中 $\boldsymbol{I}$ 是输入的不同视角下的步态特征图像，$\boldsymbol{I}\circ\boldsymbol{\tau}$ 是对 $\boldsymbol{I}$ 进行 $\boldsymbol{\tau}$ 变换后的结果，$\boldsymbol{I}^0$ 是进行归一化后图像的低秩部分，$\boldsymbol{E}$ 为优化问题中的噪声部分(用稀疏矩阵表示)。

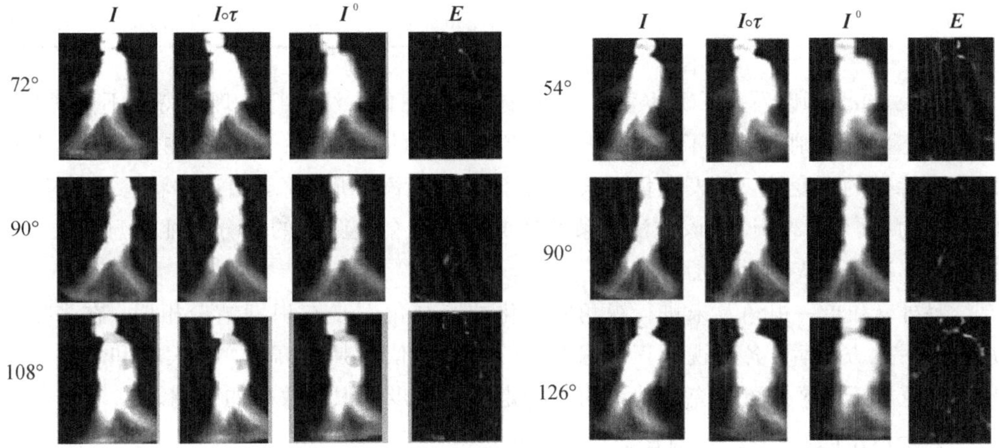

图 10.5　54°、72°、108°、126°步态特征图像归一化结果

从图 10.5 可以看出，对输入的步态特征图像进行 τ 变换后，图像 $\boldsymbol{I}\circ\boldsymbol{\tau}$ 变得比图像 $\boldsymbol{I}$ 规整了一些，而且变换后图像的低秩图像 $\boldsymbol{I}^0$ 部分相比原步态特征图像少了很多的噪声和边缘的干扰，这可以从表示稀疏误差部分的图像 $\boldsymbol{E}$ 中得出。另外还可以看到，72°和 108°的变换结果要明显好于 54°和 126°的结果，这说明越偏离 90°视角，变换的效果就会越差，这也更加说明了视角差异影响步态特征，从而进一步影响步态识别的效果。

10.3.2 视角归一化前后的识别效果对比

1. GEI 视角归一化前后的识别效果

为了验证本章的视角归一化方法，对 GEI 采用低秩优化的方法进行视角归一化，再在跨视角下完成识别验证，识别效果如表 10.1 所示。

表 10.1　三种状态下不同视角 GEI 在视角归一化前后的识别率

单位：%

视角	正常状态		穿大衣状态		背包状态	
	归一化前	归一化后	归一化前	归一化后	归一化前	归一化后
54°	63.01	68.55	60.21	66.27	70.32	65.55
72°	66.75	65.29	61.22	65.13	71.00	70.78
90°	81.45	81.50	80.67	80.81	75.87	75.99
108°	70.02	76.88	63.12	65.04	70.22	73.26
126°	65.33	66.02	62.99	69.89	66.45	68.16

由表 10.1 可以看出，GEI 采用本章的视角归一化方法进行处理使得在不同视角、不同行走状态下的识别率都有了一定的提高，说明本章的视角归一化方法在最大程度上保证了图像中特征的不变性。但表中仍有某些视角的识别率有所下降，如正常状态下的 72°、背包状态下的 54°和 72°，说明该方法在某些情况下还是会使图像的部分特征信息丢失，致使特征表达不准确，从而影响了识别率。

另外，和单一视角及未进行视角归一化的跨视角下步态识别结论相似，在采用本章的视角归一化方法后，各个视角正常状态下的识别率依然是最高的，穿大衣和背包状态的识别率高低不定，这也更加充分地说明了行走状态对步态识别效果的影响。

2. GFDEI 视角归一化前后的识别效果

采用本章的视角归一化方法对 GFDEI 进行跨视角下的识别验证，识别效果如表 10.2 所示。

表 10.2　三种状态下不同视角 GFDEI 在视角归一化前后的识别率

单位：%

视角	正常状态		穿大衣状态		背包状态	
	归一化前	归一化后	归一化前	归一化后	归一化前	归一化后
54°	66.32	68.91	65.22	67.03	67.72	70.12
72°	63.74	66.11	60.38	63.17	65.09	61.01
90°	86.55	85.34	80.05	79.10	78.96	77.26
108°	76.42	75.06	60.72	62.99	55.47	60.59
126°	60.31	66.53	58.43	60.55	63.88	70.06

由表 10.2 可知，GFDEI 在采用视角归一化方法后，其跨视角下的步态识别率有了一定的提高，而 90°视角下的识别率基本不变或有略微降低，说明本章的视角归一化方法基本没有破坏原来图像中的特征信息。其他视角的识别率在整体提高的趋势下偶有降低，原因可能主要在于归一化过程中模型求解的不准确，导致了特征信息的丢失。

3. GFDEnI 视角归一化前后的识别效果

本实验对本章中提出的 GFDEnI 采用低秩优化的方法进行视角归一化，然后再进行跨视角的识别验证，识别效果如表 10.3 所示。

表 10.3　三种状态下不同视角 GFDEnI 在视角归一化前后的识别率

单位：%

视角	正常状态		穿大衣状态		背包状态	
	归一化前	归一化后	归一化前	归一化后	归一化前	归一化后
54°	60.92	70.21	73.87	75.29	70.66	72.38
72°	64.11	61.74	71.37	68.55	80.31	82.77
90°	92.36	92.99	85.59	86.01	82.47	82.63
108°	68.59	79.33	75.43	78.33	82.62	75.46
126°	65.13	66.88	70.01	65.22	72.28	74.33

由表 10.3 可知，与 GEI、GFDEI 进行归一化前后的效果类似，在对各视角不同状态下的原始特征图像进行低秩优化后，三种状态下的步态识别率都有一定的提升，部分状态和视角下的识别率仍然有所下降，如正常状态下的 72°、穿大衣状态下的 72°和 126°、背包状态下的 108°。而与 GEI、GFDEI 有所不同的是，GFDEnI 在采用低秩优化进行视角归一化后的识别率虽然有所下降，但是下降幅度不是特别大，这说明了本章提出的 GFDEnI 在保持图像特征不变性方面要比 GEI、GFDEI 效果好。

表 10.4 列出了三种状态不同视角下 GEI、GFDEI、GFDEnI 采用低秩优化进行视角归一化后的识别效果。

表 10.4　三种状态不同视角下 GEI、GFDEI、GFDEnI 在视角归一化后的识别率

单位：%

视角	正常状态			穿大衣状态			背包状态		
	GEI	GFDEI	GFDEnI	GEI	GFDEI	GFDEnI	GEI	GFDEI	GFDEnI
54°	68.55	68.91	70.21	66.27	67.03	75.29	65.55	70.12	72.38
72°	65.29	66.11	61.74	65.13	63.17	68.55	70.78	61.01	82.77
90°	81.50	85.34	92.99	80.81	79.10	86.01	75.99	77.26	82.63
108°	76.88	75.06	79.33	65.04	62.99	78.33	73.26	60.59	75.46
126°	66.02	66.53	66.88	69.89	60.55	65.22	68.16	70.06	74.33

表 10.4 是对 GEI、GFDEI、GFDEnI 在不同状态、不同视角下采用低秩优化进行视角归一化后步态识别率的对比结果表。从表 10.4 可以看出，在三种不同的状态下，大多数视角下 GFDEnI 在进行归一化后的识别结果要比 GEI、GFDEI 好，这得益于步态熵对图像中动态特征的刻画，它结合了图像中静态和动态信息的步态特征图像，能够更准确地刻画步态，从而使得步态识别率有所提高。但是在某些视角下，如正常状态下的 72°、穿大衣状态下的 126°等，识别率有所下降。出现这种现象的原因可能是该视角下的步态图像在进行目标检测和预处理时得到的轮廓不完整，也可能是选取的样本图像不够广泛和随机，下一步要针对这种现象进行深入研究。

本章小结

本章主要介绍了采用低秩优化算法进行步态特征图像视角归一化的方法。首先对图像中常见的不变特征进行介绍；然后在不变特征的基础上引入低秩的概念，并说明视角归一化与低秩优化的关系；再后介绍了低秩优化问题的求解过程；最后对步态 GEI、GFDEI、GFDEnI 分别采用视角归一化方法进行实验，并对实验结果进行对比和分析，验证了本章所提出的基于步态帧差熵图的视角归一化步态识别方法的有效性。

参考文献

[1] LI Z L, YANG F, LI H A. Improved moving object detection and tracking method[C]. 2016 First International Workshop on Pattern Recognition, 2016: 11-13.

[2] LI Z L, YANG F, FU J D. Research on gait recognition method based on gait frame difference entropy image[C]. 2nd International Conference on Electronic, Network and Computer Engineering, 2016: 465-470.

[3] 杨芳. 基于视角归一化的步态识别研究[D]. 西安：西安科技大学，2017.

[4] 曹真. 基于静动态特征融合的正面视角步态识别研究[D]. 秦皇岛：燕山大学，2013.

[5] KALE A, SUNDARESAN A, RAJAGOPALAN A N, et al. Identification of humans using gait[J]. IEEE Transactions on Image Processing, 2004, 13(9): 1163-1173.

[6] 范媛媛. 基于步态的身份识别算法研究与实现[D]. 合肥：合肥工业大学，2016.

[7] NIYOGI S, ADELSON E. Analyzing and recognizing walking figures in XYT[C]. IEEE Computer Society Conference on Computer Vision and Pattern Recognition, Seattle, Wash, USA, 1994: 469-474.

[8] BOULGOURIS N V, HATZINAKOS D, PLATANIOTIS K N. Gait recognition: A challenge signal processing technology for biometric identification[J]. Signal Processing Magazine, IEEE, 2005, 22(6): 78-90.

[9] SARKAR S, PHILLIPS J, LIU Z, et al. The humanID gait challenge problem: Data sets, performance and analysis[J]. IEEE Transactions on Pattern Analysis and Machine Intelligence, 2005, 27(2): 162-177.

[10] COLLINS R, GROSS R, SHI J. Silhouette-based human identification from body shape and gait[C]. Proceeding of the 5th IEEE International Conference on Automatic Face and Gesture Recognition, 2002: 366-371.

[11] YAM C Y, NIXON M S, CARTER J N. Gait recognition by walking and running: A model-based approach[C]. The 5th Asian Conference on Computer Vision, 2002: 1-6.

[12] LEE L, GRIMSON W E L. Gait analysis for recognition and classification[C]. Proceedings of the IEEE Conference on Face and Gesture Recognition, 2002: 155-161.

[13] URTASUN R, FUA P. 3D Tracking for gait characterization and recognition[C]. Proceedings of the Fifth IEEE International Conference on Automatic Face and Gesture Recognition, Seoul, Korea, 2004: 17-22.

[14] KALE A, SUNDARESAN A, RAJAGOPALAN A N, et al. Identification of human using gait[J]. IEEE Transactions on Image Processing, 2004, 13(9): 1163-1173.

[15] HE Q, DEBRUNNER C. Individual recognition from periodic activity using hidden markov models [C]. IEEE Workshop on Human Motion, 2000: 47-52.

[16] 常远. 基于多特征融合的正面视角步态识别研究[D]. 秦皇岛: 燕山大学, 2015.

[17] 王亮, 胡卫明, 谭铁牛. 基于步态的身份识别[J]. 计算机学报, 2003, 3(26): 353-360.

[18] LIU L L, YIN Y L, QIN W, et al. Gait recognition based on outermost contour[J]. International Journal of Computational Intelligence System, 2011, 4(5): 1090-1999.

[19] 刘砚秋, 王旭, 王玉梅, 等. 傅里叶变换的多视角步态识别[J]. 计算机工程与应用, 2012, 6(48): 169-170.

[20] 聂栋栋, 马勤勇, 王毅. 自适应动态能量特征提取的步态识别[J]. 小型微型计算机系统, 2014, 35 (1): 164-166.

[21] WORAPAN K, WU Q, ZHANG J, et al. Cross-view and multi-view gait recognition based on view transformation model using multi-layer perceptron[J]. Pattern Recognition Letters, 2012, 33(7): 882-889.

[22] SHAKHNAROVICH G, LEE L, DARRELL T. Integrated face and gait recognition from multiple views[C]. Proceedings of the IEEE Conference on Computer Vision and Pattern Recognition, 2001: 439-446.

[23] BHANU B, HAN J. Individual recognition by kinematic-based gait analysis[C]. International Conference on Pattern Recognition, 2002, 3: 343-346.

[24] LEE C S, ELGAMMAL A. Towards scalable view-invariant gait recognition: Multilinear analysis for

gait[C]. Audio and Video-based Biometric Person Authentication (AVBPA), 2005: 395-405.
[25] BODOR R, DRENNER A, FEHR D, et al. View-independent human motion classification using image-based reconstruction[J]. Image Vision Compute, 2009, 27(8): 1194-1206.
[26] LI Z L, GAO T, YE O, et al. Human behavior recognition based on regional fusion feature[C]. International Conference on Intelligent Human-Machine Systems & Cybernetics, IEEE Computer Society, 2018: 370-374.
[27] ZHAO G, LIU G, LI H, et al. 3D gait recognition using multiple cameras[C]. IEEE conference on Automatic Face and Gesture Recognition, United Kingdom, 2006: 529-534.
[28] KALE A, CHOWDHURY K R , CHELLAPPA R. Towards a view invariant gait recognition algorithm[C]. IEEE Conference on Advanced Video and Signal Based Surveillance, United States of America, 2003: 143-150.
[29] GOFFREDO M, BOUCHRIKA I, CARTER J, et al. Self-calibrating view-invariant gait biometrics [C]. IEEE Transactions on Systems, Man, Cybernet, B, 2009, 40(4): 997-1008.
[30] 张鹏. 耦合度量学习理论及其在步态识别中的应用研究[D]. 济南: 山东大学, 2016.
[31] MAKIHARA Y, SAGAWA R, MUKAIGAWA Y, et al. Gait recognition using a view transformation model in the frequency domain[C]. European Conference on Computer Vision, Austria, 2006: 151-163.
[32] KUSAKUNNIRAN W, WU Q, LI H, et al. Multiple views gait recognition using view transformation model based on optimized gait energy image[C]. IEEE International Conference on Computer Vision (THEMIS Workshop), Japan, 2009: 1058-1064.
[33] 杨琪. 人体步态及行为识别技术研究[M]. 辽宁: 辽宁科学技术出版社, 2014: 3-4.
[34] 赵晓东. 基于步态的骨架识别技术的研究[D]. 太原: 中北大学, 2013.
[35] DAVID CUNADO, MARK S N, JOHN N, et al. Using gait as a biometric, via phase-weighted magnitude spectral[C]. Proceedings of 1st International on Audio and Video-Based Biometric Person Authentication, Spring Verlag, 1997: 95-102.
[36] YAM C Y, NIXON M S, Carter J N. Automated person recognition by walking and running via model-based approaches[J]. Pattern Recognition, 2004(5): 1057-1072.
[37] AARON F, BOBICK Y, JOHNSON. Gait recognition using static, activity-specific parameters[C]. Proceeding of the 2001 IEEE Computer Society Conference on Computer Vision and Pattern Recognition, 2001(1): 423-430.
[38] WAGG D K, NIXON M S. On automated model-based extraction and analysis of gait[C]. Sixth IEEE International Conference on Automatic Face and Gesture Recognition, 2004: 11-16.
[39] 胡荣. 人体步态识别研究[D]. 武汉: 华中科技大学, 2010.

[40] ARAVIND S, AMIT R C, RAMA C. A hidden model based framework for recognition of humans from gait sequences[C]. Proceedings 2003 International Conference on Image Processing, 2003(2): 14-17.

[41] JU H, BIR B. Individual recognition using gait energy image[J]. IEEE Transaction on Pattern Analysis and Machine Intelligence, 2006(2): 316-322.

[42] LI Z L, HU A M, LI H A, et al. Gait recognition based on optimized neural network[C]. Tenth International Conference on Digital Image Processing. 2018, 10806 ON-127: 1-12.

[43] ZHANG Z D, LIANG X. TILT: Transform invariant low-rank textures[J]. International Journal of Computer Vision, 2012, 99(1): 1-24.

[44] LI Z L, YUAN P R, YANG F, LI H A. View-normalized gait recognition based on gait frame difference entropy Image[C]. International Conference on Computational Intelligence and Security. IEEE Computer Society, 2017: 456-459.

附录 中英文缩写对照

缩略语	英文解释	中文解释
	A	
AI	Artificial Intelligence	人工智能
	C	
CRC	Collaborative Representation based Classifier	协同表示分类
	E	
ECM	Explicit Camera Model	显式摄像机模型
	G	
GEI	Gait Energy Image	步态能量图
GFDEI	Gait Frame Difference Energy Image	步态帧差能量图
GFDEnI	Gait Frame Difference Entropy Image	步态帧差熵图
GR	Gait Recognition	步态识别
	H	
HMM	Hidden Markov Model	隐马尔可夫模型
	I	
ICM	Implicit Camera Model	隐式摄像机模型
IVA	Intelligent Video Analytics	智能视频分析
	K	
KCRC	Kernel Collaborative Representation based Classifier	核协同表示分类
KNN	K Nearest Neighbor	K 近邻
KPCA	Kernel Principal Component Analysis	核主成分分析
	L	
LDA	Latent Dirichlet Allocation	文档主题生成模型

缩略语	英文解释	中文解释
	M	
MSR	MultiScale Retinex	多尺度 Retinex
	N	
NN	Nearest Neighbor	最邻近分类
	P	
PCA	Principal Components Analysis	主成分分析
PSNR	Peak Signal to Noise Ratio	峰值信噪比
	Q	
QBA	Quasi-linear Bundle Adjustment,	准线性光束平差
	R	
RMSE	Root Mean Square Error	均方根误差
	S	
SIFT	Scale Invariant Feature Transform	尺度不变特征变换
SNR	Signal to Noise Ratio	信噪比
SRC	Sparse Representation based Classification	稀疏表示分类
SVM	Support Vector Machine	支持向量机
	V	
VA	Video Analysis	视频分析
VCA	Video Content Analysis	视频内容分析